碳中和投融资
指导手册

杨之曙 迟永胜 等◎编著

清华大学出版社
北京

本书封面贴有清华大学出版社防伪标签，无标签者不得销售。

版权所有，侵权必究。举报：010-62782989，beiqinquan@tup.tsinghua.edu.cn。

图书在版编目(CIP)数据

碳中和投融资指导手册 / 杨之曙等编著 . -- 北京：清华大学出版社，2025.5.
ISBN 978-7-302-68896-9

Ⅰ. X511-62；F832.48-62

中国国家版本馆 CIP 数据核字第 20252R8C09 号

责任编辑：顾　强
封面设计：周　洋
责任编辑：方加青
责任校对：宋玉莲
责任印制：沈　露

出版发行：清华大学出版社
　　　　　网　　址：https://www.tup.com.cn，https://www.wqxuetang.com
　　　　　地　　址：北京清华大学学研大厦 A 座　　邮　　编：100084
　　　　　社 总 机：010-83470000　　邮　　购：010-62786544
　　　　　投稿与读者服务：010-62776969，c-service@tup.tsinghua.edu.cn
　　　　　质 量 反 馈：010-62772015，zhiliang@tup.tsinghua.edu.cn
印 装 者：艺通印刷（天津）有限公司
经　　销：全国新华书店
开　　本：170mm×240mm　　印　　张：18　　字　　数：312 千字
版　　次：2025 年 6 月第 1 版　　印　　次：2025 年 6 月第 1 次印刷
定　　价：89.00 元

产品编号：109997-01

本书编委会

编委会顾问

潘家华 中国社会科学院学部委员，国家气候变化专家委员会副主任，联合国可持续发展独立科学家。

杨开忠 国际欧亚科学院院士，中国社会科学院学部委员，中国区域科学协会会长，中国社会科学院生态文明研究所党委书记，中国社会科学院大学应用经济学院院长。

编委会主任

杨之曙 清华大学全球证券市场研究院院长，清华大学经济管理学院金融系教授、博士生导师，证监会第十七届发审委兼职委员。

编委会执行主任

迟永胜 清华大学全球证券市场研究院院长助理，中国上市公司市值管理研究、ESG 研究负责人，高级工程师。曾主持或参与了相关部委、地方政府及国家电网、南方电网、中国联通、中国电信、中国远洋、中国石化、华为等多家央国企/上市公司的相关课题或实战项目，涉及宏观战略、数字化、市值增长、商业模式与金融创新、ESG 与低碳发展等领域，受聘为中国绿色金融 50 人论坛专委、北京交通大学兼职教授、《中国气候金融发展报告》编委会副主任。

编委会副主任

柴麒敏 国家气候战略中心战略规划部主任、研究员，联合国亚太经合理事会环境和发展技术专家组副主席，清华大学现代管理研究中心客座教授，对外经贸大学绿色金融与可持续发展研究中心副主任、客座教授，中国环境科学学会碳达峰碳中和专委会副主任委员兼秘书长、减污降碳协同治理专委会副主任委员、中国能源研究会能源系统工程专委会副秘书长，作为政府代表团成员长期参与联合国气候变化谈判。

李传轩 复旦大学法学院教授、党委副书记兼纪委书记。华东政法大学经济法学院法学博士。兼任上海市法学会环境和资源保护法研究会秘书长，中国法学会环境资源法学研究会理事，国家环境损害司法鉴定评审专家。

宾　晖 上海环境能源交易所原副总经理，中国节能协会碳中和专家委员会副主任，清华大学全球证券市场研究院学术委员会委员，复旦大学经济学院专业学位兼职导师，曾参与全国碳市场系统建设，主持和承担了国家发展改革委、生态环境部、财政部以及上海市的30多项碳交易和排污权交易的重大项目和课题。

编委会委员（按姓氏拼音为序）

　　靳汝雪 清华大学全球证券市场研究院研究助理
　　孔　瀛 北京太铭基业投资咨询有限公司创始人兼首席执行官、执行董事
　　李　政 清华大学苏州环境创新研究院碳中和与绿色金融实验室副主任兼执行秘书长
　　齐　康 上海市节能减排中心有限公司副总经理
　　孙轶颋 中国环境科学学会理事、气候投融资专业委员会常务委员
　　王军纯 中国环境科学学会双碳专委会委员、上海碳汇林实业有限公司执行董事
　　王宇露 复旦大学可持续发展研究中心教授、上海能源环境交易所专家
　　相　超 中国石油集团经济技术研究院研究员
　　徐子淇 澳门城市大学博士生
　　闫保磊 启润零碳数科公司总经理
　　苑佳玲 汉萃（上海）生物科技有限公司财务总监、董事
　　岳庆松 SGS通标标准技术服务有限公司风险管理解决中心中国区总经理兼能源与低碳事业部总经理

张一章　复旦大学中国风险研究中心研究员（兼职）
邹宛桥　清华大学全球证券市场研究院研究助理（兼职）

作者团队

第一篇　"碳达峰碳中和"全球视野
第一章　全球气候变化、碳中和能源技术与经济变革　　相超
第二章　气候变化治理的科学基础及演进逻辑　　相超
第三章　碳中和经济学理论与政策效用分析　　邹宛桥、徐子淇

第二篇　"碳达峰碳中和"的中国路径
第四章　中国"碳达峰碳中和"目标与气候投融资政策　　柴麒敏、张义斌
第五章　中国"碳达峰碳中和"制度体系建设与法治保障　　李传轩、邹宛桥

第三篇　碳市场的建设和发展
第六章　碳市场要点解析　　齐康、张义斌
第七章　国际碳交易参与路径与机会　　孔瀛、邹宛桥
第八章　跨境碳市场与金融科技应用　　邹宛桥
第九章　碳市场核算与投融资　　齐康、孔瀛

第四篇　碳资产管理理论与实践
第十章　产品碳足迹管理　　岳庆松、徐子淇
第十一章　CCER项目开发体系与实践　　王军纯、徐子淇
第十二章　企业碳资信评价体系及应用　　王宇露、张一章
第十三章　碳管理体系建设　　宾晖、许之恺

第五篇　碳中和产业投融资体系
第十四章　碳中和融资及国际资金利用　　孙轶颋、徐子淇
第十五章　碳中和产业投资解析　　李政、徐子淇

第六篇　碳中和投融资典型案例
案例一　新疆智能分布式光伏用能自洽系统研究探索——新疆交投集团　　徐小勇
案例二　绿色债券承销发行——天风证券　　程先知、杨柳

案例三　绿色金融服务平台赋能碳资信与评价——启润零碳数科　　刘必迪、魏玮成、闫保磊

案例四　综合能源行业节能与降碳实践——金房能源集团　　韩爽、张超

案例五　能碳管理综合实践推动绿色低碳产业运营——中红普林　　池毓云、吕双辉

案例六　智慧能碳打造低碳智能工厂——广州南网能源综合利用公司　　皎天谋、干定祥

评审专家（按姓氏拼音为序）

金勇军　清华大学经济管理学院副教授
刘宝龙　朗朗科技集团董事长
吴宏杰　中国碳中和五十人论坛副秘书长
赵明琪　正中德信息科技有限公司董事长

校对人员（按姓氏拼音为序）

许之恺　利物浦大学
苑佳玲　汉萃（上海）生物科技有限公司
张一章　东方证券研究所
朱子明　北京邮电大学

特别致谢（按姓氏拼音为序）

曹　静	段茂盛	李贞兰	鲁　玺	聂利彬
蒲红霞	滕　飞	张会成	张焰峰	赵吉诗

在本书编写期间，感谢所有支持的单位，谨向本书编委会、作者团队、评审专家、校对人员以及所有支持本书编写的人们致以最诚挚的谢意！

推荐序 01

为贯彻落实党中央决策部署，推进全面深化改革，加快绿色低碳转型和推进中国式现代化建设，编委会组织有关专家、学者编写了这本《碳中和投融资指导手册》，可谓恰逢其时，具有重要的社会价值。2020年9月，我国提出"双碳"发展目标，这是一项复杂的系统工程，是需要长达几十年的科学和社会的系统转型过程，它呼唤深度的管理创新、科技创新，需要更多的金融领域支持和广泛的企业及个人参与。这一目标政策性很强，不能一蹴而就，全社会需要进一步把握好节奏，积极而又稳妥地进行，需要一套系统的方法，更需要从碳中和投融资角度思考和积极推进，配合相关政策出台，推进这一事业稳健发展。过程中既要避免"一刀切"简单化，又要避免推进和转型不力，带来落后和无效投资，这就需要一本系统阐释碳中和投融资，从金融角度推进和把好事办好，深刻推动经济、社会变革和进步的图书。

在"双碳"目标实施过程中，投融资起着至关重要的作用。这本《碳中和投融资指导手册》，聚焦碳中和主题，书中注重理论与实践相结合，以系统化的思维对碳中和投融资进行了全面深入的理论探讨和分析，并充分结合具体案例实践解析，具有较强的指导和参考意义。书中系统阐述了气候变化的发展趋势、碳中和提出的背景，介绍了碳中和的全球视野和中国路径、国内外碳市场的形成机制和发展趋势，说明了碳资产管理体系、碳资信评价体系、碳中和投融资体系的组成和机制，介绍了碳中和投融资的典型案例，可以让读者更好地掌握碳中和的背景和趋势，具有带着问题、分析问题、解决问题的实际意义。希望本书对大家有所帮助，把资金用好。

碳中和的投融资不仅是一个金融问题，而且是一个推动国家实现"双碳"目标的重要问题，是专家和企业家们就"新质生产力推进产业绿色低碳转型"相关事业贡献智慧的机会，我是这个领域的学习者。希望大家在未来几十年的进程中，不仅用金融手段推动"双碳"目标的实现，而且为促进国家的经济社会全面绿色转型和低碳发展作出新的贡献！

杜祥琬

中国工程院院士

中国工程院原副院长

中国碳中和五十人论坛主席

推荐序 02

气候变化是人类社会所面临的一场严峻的且正在不断加剧的生态与发展危机。频发的极端天气事件、不断升高的海平面、加速融化的冰川等各种"黑天鹅"和"灰犀牛",对全球经济、社会以及自然生态系统是巨大的风险和威胁。从高碳的化石燃料转向零碳能源的发展轨道,碳中和目标的提出不仅是应对气候变化的核心策略,更是推动全球经济社会转型的重要契机。这一目标的实现不仅需要科学理论的支持,还需要政策创新、金融工具的应用以及全社会的共同努力。

根据2023年联合国第一次全球盘点的结果,相对于2019年的排放,即使全部温室气体在2035年减少60%、2050年减少84%,也只有50%的概率可能实现相对于工业革命前温升不超过1.5℃的目标。如果是化石能源排放的二氧化碳,则要在2050年减少99%。无论是发达国家还是发展中国家,无疑都需要巨额资金实现减少温室气体排放的目标。根据发展中国家缔约方提交的气候行动资金需求的测算,到2030年,资金需求总量高达5.1万亿~6.8万亿美元,平均每年4550亿~5840亿美元。2024年联合国气候变化大会达成的"巴库气候团结契约",明确了发达国家提供给发展中国家的资金额度从2020年的1000亿美元提升到2035年的3000亿美元,而且各方每年需要从公共和私人部门筹集1.3万亿美元资助发展中国家。这些只是给发展中国家的资助,并不包括高收入国家的资金需求。如何通过有效的金融手段调动更多社会资本参与低碳转型,成为各方关注的重点。《碳中和投融资指导手册》正是在这样的背景下应运而生。欣闻清华大学全球证券市场研究院组织专家、学者精心编撰此书,旨在为政府决策者、企业界人士、投资者及广大读者提供一份碳中和投融资领域的全面且实用的指南。本书系统梳理了碳中和经济学理论与政策工具，并结合最新国际气候治理进展，特别是国际气候谈判所强调的气候金融议题，构建了一个从全球视野到中国实践的完整框架。

本书深入探讨了碳中和目标中金融的作用机制及其在中国的具体应用，包括绿色债券发行、碳交易制度的发展和完善等方面，为理解并利用气候金融提供了宝贵的视角。书中详细介绍了绿色金融体系的建设过程，包括绿色信贷、绿色保险、绿色基金等金融工具的使用方法，以及如何通过这些工具促进低碳项目的融资和发展。

在碳市场的建设与发展方面，《碳中和投融资指导手册》也进行了深入剖析。书中不仅涵盖了国际主要碳市场的运作模式，还重点介绍了中国碳市场的现状和发展趋势。通过对碳排放配额分配、碳交易规则、自愿减排量市场等内容的讲解，帮助读者全面理解碳市场的运作机制。此外，本书还特别强调了跨境碳市场的重要性，探讨了金融科技在碳市场中的应用前景，如区块链技术如何提高碳交易的透明度和效率，智能合约如何简化交易流程等。

书中不仅涵盖了碳市场的建设与发展，还详细解析了碳资产管理的重要性。通过对产品碳足迹管理、CCER项目开发体系、企业碳资信评价体系等内容的介绍，帮助读者建立起全面的碳资产管理概念。同时，为了更好地说明理论与实际操作之间的联系，本书还选取了一系列典型案例进行分析。这些案例来自能源转型、工业减排、绿色金融等多个领域，生动展现了不同行业如何克服挑战，在实践中成功实施碳中和技术和管理的措施。

在全球碳中和进程中，中国零碳发展的投资规模最大，实际效果最好。根据相关机构预测，中国要实现碳中和目标，在2℃和1.5℃的温控情景下，从2020年到2050年的总投资需求分别达到127万亿元和174万亿元人民币，各行各业转轨零碳的投资需求巨大。书中详细分析了能源、工业、建筑和交通等领域的投资机会，并指出了各种零碳能源尤其是可再生能源发展的巨大潜力。

编撰团队以深厚的理论基础、广泛的实践经验和丰富的案例研究，为所有关心和支持碳中和事业的人士提供了宝贵的资源。无论是对于决策者寻求制定更加有效的政策措施，还是对于学术研究者希望深入了解相关领域的进展动态，抑或是对于企业管理者意图抓住低碳转型带来的机遇，本书都是不可或缺的参考资料。我们相信，随着越来越多有识之士加入转轨零碳的进程之中，人类一定能够找到一条通向可持续发展的光明大道，迈向人与自然和谐共生的美好未来。

最后，祝贺《碳中和投融资指导手册》出版，谨此为序。

潘家华
中国社科院学部委员
国家气候变化专家委员会副主任
联合国可持续发展独立科学家

本书推荐语

本书以系统性和前瞻性为特点，全面解析了碳中和目标下的技术发展、政策路径与投融资策略。作为推动绿色化工和技术创新的学术佳作，这本书不仅为实现"双碳"目标提供了宝贵思路，也为全面绿色转型升级提供了指导方法。本书可给企业家作科普、作指导！资金投到哪儿，一念决定成败！

金涌　中国工程院院士，清华大学化学工程系教授，
中国碳中和五十人论坛联席主席

碳中和是经济社会全面绿色转型的核心目标和任务，而绿色和转型金融是碳中和的关键支撑。本书全面地梳理了碳金融、碳资产管理与政策框架，以创新视角解读碳中和投融资模式，兼具理论深度与实践价值，对推动可持续发展具有重要意义。

杨开忠　国际欧亚科学院院士，中国社会科学院学部委员，
中国区域科学协会会长

在全面绿色转型的大潮中，本书犹如一盏明灯，照亮了碳中和投融资的前行之路。本书内容涵盖碳中和的全球视野、中国实践、碳市场发展、碳资产管理、碳资信评价及投融资体系等多个维度，理论与实践并重，案例与策略兼具。对于致力于碳中和事业以及绿色环境发展的人士而言，本书无疑是一本不可或缺的实战宝典，可有助于深刻理解碳中和背景，精准把握投融资机遇，推动经济社会向绿色低碳转型。

刘书明　清华大学环境学院院长，清华苏州环境创新研究院院长、教授

碳中和，不仅事关环境保护，更牵涉经济转型。本书内容覆盖政策和相关实践，特别是容纳了相关法律法规，可为投资者布局低碳经济提供重要参考，是绿色投融资领域不可多得的指南之作。

金勇军　清华大学经济管理学院副教授

碳中和是人类为应对气候变化而开展的，是全球范围内长达数十年的宏大工程。而天量资金的投入是实现这个目标的基本要求。本书以深入浅出的方式，为读者揭示了绿色技术投融资的巨大潜力，探讨了实现碳中和目标的金融策略和投资机会，是一本不可多得的气候投融资指南。

汪军　气候未来创始人，《碳中和时代》作者

目前，我国面临实现"双碳"目标与持续改善环境质量的双重挑战与迫切需求，协同推进降碳、减污已成为中国社会经济发展实现全面绿色转型的必然趋势。近年来，我国一系列大气污染防治政策措施的实施推动了空气质量显著改善。全球气候变化和碳排放问题愈发突出，加剧了对全球民众健康和生态平衡的威胁。本书通过进一步梳理总结碳中和经济学理论，为寻求有效的气候投融资政策手段提供了策略支撑，助力实现美丽中国建设和"双碳"目标。

蔡慈澜　中国清洁空气政策伙伴关系（CCAPP）秘书处负责人

碳中和治理与经济治理是融合统一的，不能简单归结于碳排放指标的管理。这本著作系统总结了碳中和目标背后的经济高质量转型理论与碳中和投融资实践，值得深入研读。

王军锋　南开大学环境学院教授，南开大学循环经济与低碳发展研究中心主任

未来三十年迈向碳中和的路径中将会涌现大量的投融资机会。本书围绕碳减排相关的政策、技术、市场环境和投融资案例进行了系统的剖析。这本书表述清晰、深入浅出，能够给企业家、学者和从业人员开展碳减排投融资活动提供参考。

梁希　伦敦大学学院（UCL）建筑与基础设施可持续转型教授，巴特莱特可持续建筑学院副院长

本书是一本基于气候变化科学来深入探讨气候投融资理论、实践与政策体系的专业图书，为实现"双碳"目标提供了宝贵的发展路径与模式经验参考。它不仅涵盖了气候投融资的国际经验，还结合国内发展现状，提出了加强气候投融资与碳市场、碳中和产业投资、碳中和投融资、碳资产管理及可持续金融等协调发展的建议。对于碳市场、碳金融从业者、气候变化政策制定者以及对碳中和、气候变化议题感兴趣的读者来说，本书是理解和参与碳中和投融资活动的重要指南。

张晓玲　香港大学房地产及建设系教授，香港大学可持续发展科学与创新技术实验室主任

目 录

第一篇 "碳达峰碳中和"全球视野

第一章 全球气候变化、碳中和能源技术与经济变革 / 3
一、全球气候变化概况 / 3
二、全球碳循环视角下的碳中和 / 5
三、碳中和带来的能源技术与经济社会变革 / 7

第二章 气候变化治理的科学基础及演进逻辑 / 11
一、气候变化的科学基础 / 11
二、气候变化国际治理与合作的分析框架 / 15
三、碳中和目标下国际气候治理面临的新挑战 / 16

第三章 碳中和经济学理论与政策效用分析 / 20
一、气候变化与经济学 / 20
二、碳中和与经济高质量增长的关系 / 23
三、碳中和的政策工具与分析 / 25
本篇总结 / 36

第二篇 "碳达峰碳中和"的中国路径

第四章 中国"碳达峰碳中和"目标与气候投融资政策 / 39
一、中国"碳达峰碳中和"目标历程、政策与未来 / 39

二、中国实现"碳达峰碳中和"目标的挑战 / 41

　　三、中国实现"碳达峰碳中和"目标的实施路径 / 44

　　四、相关重点领域行业、地方转型和企业实践 / 52

　　五、新时期投资布局"碳达峰碳中和"的策略 / 56

第五章　中国"碳达峰碳中和"制度体系建设与法治保障 / 59

　　一、"碳达峰碳中和"目标的提出及其实现的法治保障 / 59

　　二、"碳达峰碳中和"制度发展的立法维度与司法维度 / 65

　　三、碳交易制度的发展与完善 / 69

　　四、碳金融制度的创新与发展 / 76

　　本篇总结 / 81

第三篇　碳市场的建设与发展

第六章　碳市场要点解析 / 85

　　一、碳排放配额简介 / 85

　　二、国际主要碳市场概述 / 87

　　三、中国碳市场概述 / 88

　　四、中国配额分配和管理制度 / 92

　　五、中国碳市场面临的挑战与发展机遇 / 93

第七章　国际碳交易参与路径与机会 / 95

　　一、国际碳市场分类与强制碳市场 / 95

　　二、国际配额市场参与路径 / 96

　　三、自愿减排量市场介绍 / 97

　　四、国际自愿减排量市场的参与路径 / 99

　　五、国际碳市场项目和技术发展趋势 / 100

第八章　跨境碳市场与金融科技应用 / 102

　　一、跨境碳市场的联通与协调 / 102

　　二、金融科技在碳市场的应用 / 104

第九章　碳市场核算与投融资 / 107

　　一、碳排放核算概论及实践 / 107

　　二、碳减排量市场的投资策略 / 117

三、碳金融市场融资工具与产品 / 122

本篇总结 / 127

第四篇　碳资产管理理论与实践

第十章　产品碳足迹管理 / 131

一、产品碳足迹概况 / 131

二、碳足迹评价开展流程 / 135

三、ISO 14067 标准解读和计算 / 138

第十一章　CCER 项目开发体系与实践 / 149

一、CCER 项目开发体系 / 149

二、CCER 项目开发的逻辑过程 / 152

三、CCER 项目开发的工具 / 156

四、CCER 项目开发实践 / 158

第十二章　企业碳资信评价体系及应用 / 162

一、企业碳资信评价思路 / 162

二、企业碳资信评价体系 / 167

三、企业碳资信评价案例分析 / 169

第十三章　碳管理体系建设 / 172

一、碳管理体系背景和环境 / 172

二、碳管理体系总体架构 / 174

三、企业内部碳定价 / 178

四、碳资产定价 / 180

五、碳管理体系数字化 / 183

六、碳管理体系与地方经济发展 / 185

本篇总结 / 186

第五篇　碳中和产业投融资体系

第十四章　碳中和融资及国际资金利用 / 191

一、"碳达峰碳中和"目标与碳中和融资 / 191

二、"碳达峰碳中和"目标带来的项目机遇 / 192

三、服务"碳达峰碳中和"目标的融资工具和模式 / 197

四、碳中和项目典型案例 / 203

第十五章　碳中和产业投资解析 / 205

一、碳中和产业投资的政策体系 / 205

二、碳中和产业投资的技术体系 / 210

三、碳中和产业投资的培育体系 / 214

四、碳中和产业投资方向的选择分析 / 215

五、ESG（环境、社会和公司治理）投资 / 224

本篇总结 / 228

第六篇　碳中和投融资典型案例

案例一：新疆智能分布式光伏用能自洽系统研究探索——新疆交投集团 / 231

案例二：绿色债券承销发行——天风证券 / 236

案例三：绿色金融服务平台赋能碳资信与评价——启润零碳数科 / 245

案例四：综合能源行业节能与降碳实践——金房能源集团 / 251

案例五：能碳管理综合实践推动绿色低碳产业运营——中红普林 / 257

案例六：智慧能碳打造低碳智能工厂——广州南网能源综合利用公司 / 261

本篇总结 / 267

附录 / 268

第一篇 "碳达峰碳中和"全球视野

全球气候变暖问题引起了国际社会的高度关注。人为排放的二氧化碳等温室气体被认为是引起气候变化的主要原因。随着气候模式发生改变，极端天气事件如干旱、洪水、台风和热浪等变得更加频繁和强烈，以致对人类生存形成了巨大挑战。为应对这一挑战，各国政府围绕碳中和目标，正采取联合行动。全球气候治理是一个不断探索的过程，对气候变化的科学研究奠定了全球气候政策和决策的基础，其中遵循气候变化伦理学、制定公平合理的气候治理方案、兼顾碳中和的公正转型和国家安全等成为核心议题。气候变化对全球经济体系影响深远，而经济学在理解和应对气候变化问题上具有理论意义和实践意义。

本篇从全球视角出发，着重讨论气候变化的科学基础及其对全球气候治理和政治演进的影响，介绍全球应对气候变化治理与合作的主要进展，以及其历史演进的脉络，探讨碳中和目标下各国气候治理面临的公正转型和国家安全挑战，以及从碳中和经济学理论中寻找政府制定有效气候政策的科学依据。

第一章
全球气候变化、碳中和能源技术与经济变革

政府间气候变化专门委员会（Intergovernmental Panel on Climate Change，IPCC）认为，全球人为排放的大量温室气体导致了气候变化。实现全球碳中和，需要关注碳排放和吸收，力争减少大气中的温室气体含量，这需要多种方式、多种减排技术共同发力。

一、全球气候变化概况

1. 气候变化原因及影响

工业革命以来，全球温室气体浓度大幅上升。大气中二氧化碳（CO_2）浓度自 280ppm 增加到 400ppm 以上，大气中甲烷（CH_4）和氧化亚氮（N_2O）浓度分别达 1866ppb 和 332ppb，其浓度是最近 80 万年所未见，如图 1-1 所示。

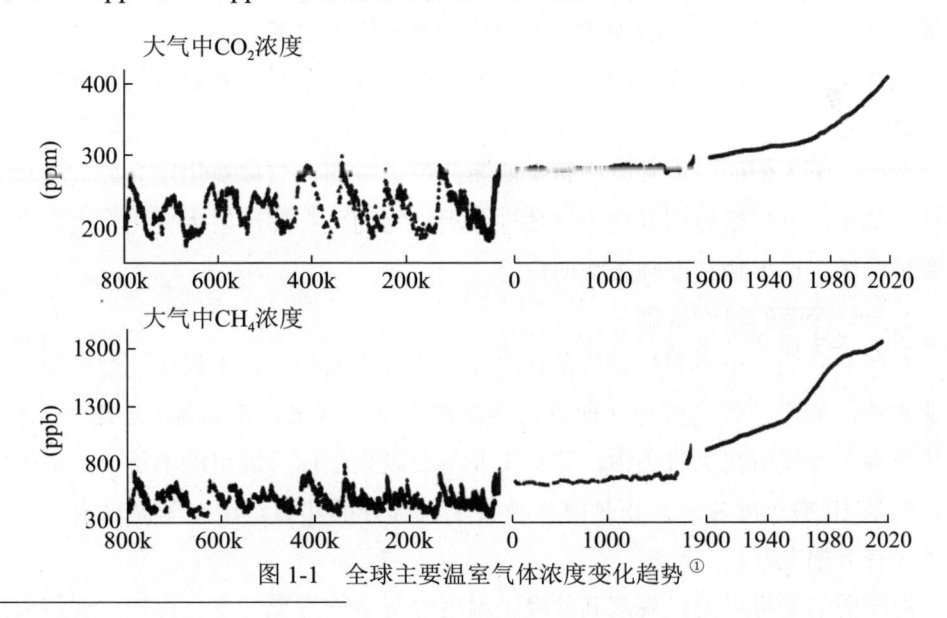

图 1-1　全球主要温室气体浓度变化趋势[1]

---

[1] Hong Kong Observatory, n.d. Global Climate Change - Greenhouse Gases[EB/OL]. https://www.hko.gov.hk/sc/climate_change/obs_global_greenhouse_gases.htm.

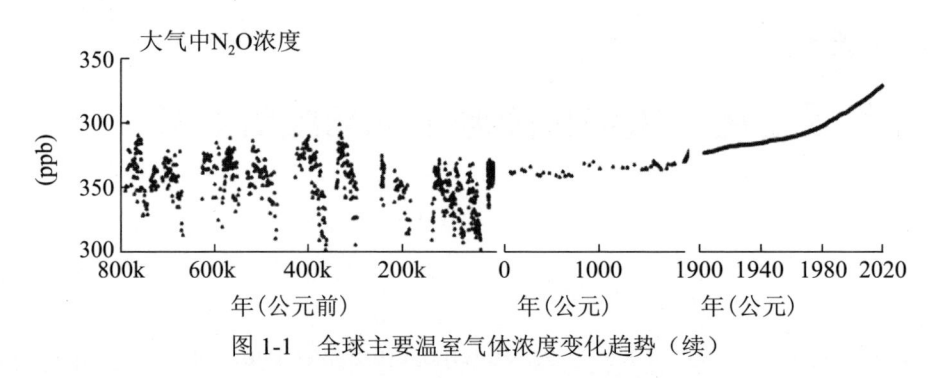

图 1-1　全球主要温室气体浓度变化趋势（续）

人类活动造成的温室气体增加是地球升温的主要原因。在没有人为活动干预的情况下，全球气温会有波动，但仅是水平性波动。大量的科学研究和模拟证明，人类活动叠加在自然活动中，能够更好地推演过去全球气温的变化情况。这进一步佐证了是人类活动造成了全球明显的升温。

全球增温引起北极海冰、南北半球的冰川、冰帽和极地冰盖呈现显著融化趋势。卫星资料显示，1980 年后北极海冰面积以每十年 4.8% 的速率退缩，夏季 9 月海冰退缩率更是高达每十年 12.9%，大约 50% 的夏季海冰已经消失。以上冰雪圈的变化和海洋增温造成了地球热膨胀，这是全球海平面呈上升趋势的主要原因。自 1900 年以来，全球平均海平面上升了约 160 毫米，1900—1990 年平均上升速率为每十年 14 毫米。2013—2021 年全球平均海平面上升速度达到了每年 4.4 毫米，这比 1993 年以来 3.2 毫米 / 年的平均速度快了很多。

气候变化还会导致天气的极端化，如极端高温、干旱、暴雨等气象事件的频率和强度增加。一方面，这些极端气象事件将会导致洪涝、风灾、干旱等自然灾害的发生，给人们的生命和财产带来威胁；另一方面，气候变化还会导致生物多样性的减少，全球温度的升高会导致许多动植物的生存环境发生变化，生态系统平衡被破坏，许多物种面临灭绝的危险。

2. 全球变暖的科学依据

全球变暖的一个重要科学依据是海洋的热量在增加。与水相比，空气的比热容非常小，如果净辐射强迫（即进入并停留在某一区域的净热量）2 瓦 / 平方米的热量进入并停留在大气当中，那么工业革命以来全球升温可能不是 1 点多摄氏度，而是 10 摄氏度左右。正是海洋吸收了大部分的热量，工业革命以来全球气温才没有大幅上升。

海洋的热量可以通过观测其盐度、温度等基本物理属性变化得知。观测数据显示，全球表层与深层海水的热量都在上升，海洋承担了地球大部分的热量，但这个过程是不可持续的，如果长期热量不平衡，海洋温度升高，会产生深远的影响，如形成威力巨大、破坏力极强的台风、飓风及热带气旋。另外，由于水在变暖时会轻微膨胀，海洋热含量的升高也会增加海水体积，直接造成海平面上升。

工业革命以来，人类使用的大量化石能源排放的温室气体，造成了全球气温的升高。化石能源燃烧释放二氧化碳对全球气候上升造成的影响会不会呈边际递减，直至为零呢？根据不同国家对未来情景的预测和对气候模式的推演，这一现象大概不会出现。全球气候正处于极为脆弱的短暂稳定状态，如果二氧化碳排放持续增加，二氧化碳浓度进一步升高，全球气温将呈线性上升趋势，进而打破当前的平衡，使气候进入极不稳定的状态。这种风险可能成为全球难以应对的挑战。因此，推动减排措施、实现净零排放和碳中和，正是为了应对和缓解气候变化。

二、全球碳循环视角下的碳中和

碳中和涉及碳循环的排放和吸收两个关键环节。现在全球的状态明显是碳排放大于碳吸收。碳中和涉及人为的排放，需要与人为的碳吸收形成平衡，从而抵消多余的碳排放，减少人为活动对气候的影响。

1. 全球碳循环的概念

碳循环是指碳元素在地球的生物圈、岩石圈、大气圈和水圈中交换循环的现象。生物圈中的碳循环主要表现为绿色植物先吸收二氧化碳，经过光合作用转化为植物体的碳水化合物，再经自然界食物链的传递转化为动物体的碳水化合物，其中一部分碳会通过呼吸作用释放到大气中；另一部分碳会组成生物的有机体，贮存下来，最后动植物死亡后，微生物将其分解以二氧化碳的形式排放到大气中；还有一部分碳会在地质条件下形成沉积物，经过漫长的年代转化为化石燃料，经过燃烧再把碳转化为二氧化碳排放到大气中。另外，大气和海洋、陆地之间也存在着碳循环。空气中的二氧化碳经过与雨水和地下水溶解形成碳酸，碳酸把石灰岩变成可溶态的碳酸氢盐，并随水流入海洋中，其中的碳酸盐经过长期化学作用形成石灰岩等，这些岩石经过风化所含的碳又以二氧化碳的形式排放到大气中。

2. 碳中和在碳循环中的作用

通过对2010—2019年人类活动对全球碳循环造成的平均扰动进行梳理，可以看到人类活动对碳循环具有较大影响。在人类扰乱环境之前，自然过程（如有机物分解）排放的碳与所吸收的碳（如植被生长）大致相等，大气中的二氧化碳浓度一直相对稳定，有助于确保地表空气温度保持相对稳定。然而，碳循环与全球气候之间的平衡十分脆弱，很容易被打破。1750年，人为排放的二氧化碳开始扰乱全球碳循环，人类从地下开采了化石能源，包括煤、油、气，然后在空气中燃烧利用，这大大加速了碳排放过程。

碳中和是指化石燃料利用和土地利用的人为排放量被人为作用和自然过程吸收，即实现净零排放。二氧化碳的碳平衡可分成源与汇两个方面。源是指从哪排放的，汇是指流向哪里；源主要是化石能源燃烧和土地利用、土地改变造成的碳排放，碳排放的汇主要是空气、海洋和生物圈。从自然活动看，火山与地壳运动带来的碳排放约为每年5亿吨，全球人为排放的二氧化碳每年约410亿吨，其中，人为使用化石能源带来的碳排放每年大约350亿吨，土地使用变化引起的二氧化碳排放量约为60亿吨。每年410亿吨排放中，约190亿吨的二氧化碳会停留在空气中，产生温室效应，改变着全球的气候，还有约130亿吨二氧化碳进入了生物圈，剩余约90亿吨二氧化碳进入了海洋系统，如图1-2所示。二氧化碳在空气中会停留很长时间，这样西方发达国家在工业革命期间产生的碳排放仍在目前全球变暖过程中发挥着作用。

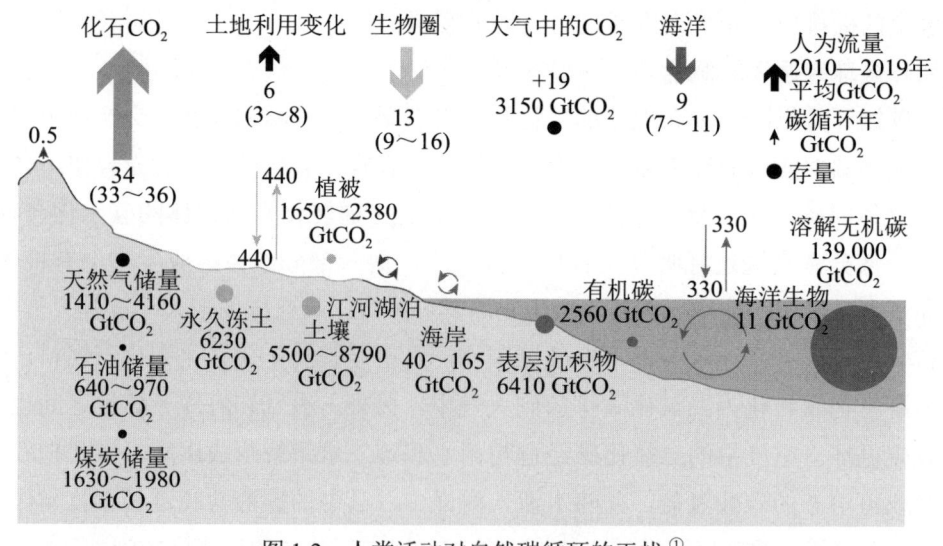

图1-2　人类活动对自然碳循环的干扰[1]

注：统计时间为2010—2019年，取全球平均数值，单位：$GtCO_2/yr$。

---

[1] Friedlingstein, P., et al. Global Carbon Budget 2020. Earth System Science Data, 12, pp.3269–3340. [EB/OL]. https://doi.org/10.5194/essd-12-3269-2020.

全球化石能源燃烧带来的二氧化碳排放量逐年增高，同时土地使用方式的改变也造成了大量的碳排放。这些碳排放在空气中滞留会造成二氧化碳浓度逐年上升。海洋和陆地生物圈的碳吸收也在逐年增加，大量的二氧化碳进入海洋之后，会带来海水酸化等影响海洋生态系统的一系列问题。另外，生物圈相邻两年的碳吸收波动性是非常大的，生物圈总体来看是碳汇，但是相邻两年可能出现短期从碳汇变成碳源的情况，这也是全球关注、巩固和提升二氧化碳增汇的原因之一。

三、碳中和带来的能源技术与经济社会变革

1. 碳中和推动下的新能源技术发展

全球碳中和与净零排放需多种减排措施、技术共同发力。能源转型可分为经济转型情景和净零情景。经济转型情景，是指清洁能源技术仅在经济性上具有成本竞争力或消费者选择采用的情况下部署，而政策未对清洁技术提供进一步的支持。净零情景，是指2050年将全球温升控制在1.75℃以内的转型情景。全球未转型情景下，2050年燃料燃烧产生的二氧化碳将达到约500亿吨，较2023年增长56%。净零情景需清洁电力贡献45%的减排量，电气化贡献24%的减排量，CCS（Carbon Capture and Storage，碳捕集与封存）技术贡献14%的减排量，其他如能效提升、氢能利用、生物质能和碳清除均需有贡献，如图1-3所示。综合

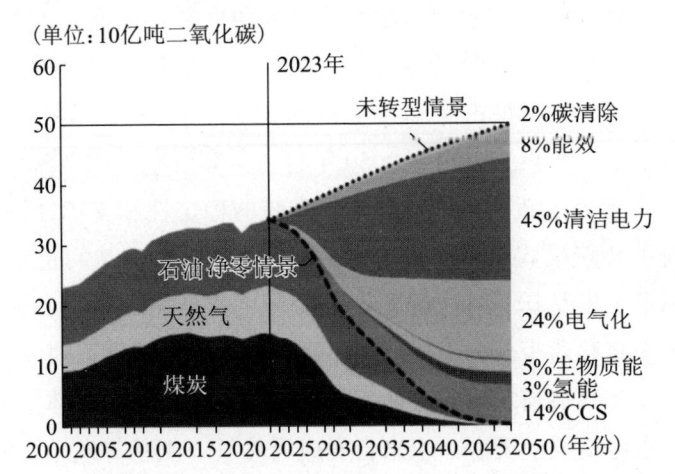

图1-3　各类技术、措施对燃料燃烧所产生二氧化碳的减排作用[①]

---

① Bloomberg China，2023. Press Release-30 May 2023[EB/OL]. https：//www.bloombergchina.com/press/press-release-20230530/.

来看，电力行业脱碳几乎占目前至 2050 年期间可避免排放量的一半，终端用途行业（包括道路交通运输业、建筑业和工业等）的电气化占可避免排放量的四分之一，剩余四分之一的减排量依靠的技术较为分散且具有挑战性，如发展航运业和航空业中的生物质能、工业和交通运输业中的氢能，以及工业和电力行业中的碳清除等，这些技术难度较高。

目前，碳中和技术从研发到应用还有很长的一段路要走，但预计技术创新周期将会缩短。科技部对 21 世纪碳中和技术做过分析，认为处于市场化应用阶段、实验室阶段、示范阶段的碳中和技术各占三分之一，分析表明，要实现碳中和还有很长的路要走，而且有很大的科技创新空间。现有投资数据显示，传统油气的投资正逐渐下降，与之相反，一些类似碳捕集利用与封存技术、氢能技术、生物质技术、风能技术等零碳路径技术的投资正在上升。预计技术创新周期将会缩短。减少二氧化碳排放的技术中有一半左右目前还处于示范或原型设计阶段。清洁能源技术的创新周期比过去要快了许多，目前尚未大规模应用的清洁能源技术最迟于 2030 年进入市场。如在水泥生产场景中利用碳捕集利用和封存（CCUS）技术、在船舶能源场景中使用氢基燃料，这些技术或将在未来 3～4 年投入市场，基于氢的钢铁生产、直接空气捕集和其他处于原型设计阶段的技术大约在 6 年内进入市场。

风光资源将在全球电力行业的碳减排中发挥核心作用，直接或间接为建筑、工业和交通减少碳排放作出重要贡献。从全球角度看，风能、太阳能发电量将大幅增长，有助于降低电力系统的碳排放。经济转型情景下，可再生能源（尤其是光伏和风电）到 2030 年将占全球发电量的 51%，到 2050 年将占全球发电量的 70%。净零情景下，可再生能源到 2050 年将占全球发电量的 80%。然而，风光资源的快速发展也带来了新的挑战，如电力系统的稳定性和支撑经济发展的能力问题。电力系统的传统模式是以能量平衡交换为基础，但未来可能需要更多灵活资源的参与。目前，发达国家电力系统灵活资源的主要来源是煤、天然气、少部分油、水电，未来将存留少部分天然气，而煤炭几乎完全淘汰，氢基的燃料及核能、水电、电池等将在终端需求响应方面发挥重要作用。新兴经济体主力能源还是煤、天然气和油，水电是灵活资源，未来会变成天然气、氢基等发电资源，还有电池、核能等灵活资源。

碳捕集利用技术是实现碳中和"最后一公里"的技术，也是实现碳中和的托底技术。CCUS 技术与火电、煤化工、钢铁、水泥等传统高碳排放行业和新能源的耦合集成不断加深。全球高度重视 CCUS 产业化发展和技术创新研发投入。能源咨询公司伍德麦肯兹于 2024 年 8 月发布报告称，未来 10 年，全球将拥有每年 4.4 亿吨的碳捕集能力，而碳存储能力将达到每年 6.64 亿吨，总投资将达到 1960 亿美元。在未来 25 年内，CCUS 技术会与传统高碳排放产业耦合集成，欧洲、美国的 CCUS 技术的减排量贡献将分别达到 6.1 亿吨 CO_2/年、5 亿吨 CO_2/年。根据《全球碳捕集与封存现状》，到 2050 年，全球碳捕集装置的投资能达到万亿美元，但市场上 CCUS 仍面临资金支持不充分、源汇匹配困难、跨部门合作机制不明确、政策法规不完善等挑战。

2. 碳中和推动下的经济社会变革

碳中和驱动社会经济结构从资源依赖型向技术依赖型转变。新的技术虽然对油气这类化石能源的依赖会减弱，但是对一些关键材料的依赖会增强，关键矿产资源的价值预计随着能源转型而增加。目前煤炭生产的收入是能源转型矿产收入的近 10 倍，然而随着清洁能源转型的加速发展，2040 年之前，矿产公司能源转型矿产的总收入将超过煤炭的总收入（见图 1-4）。

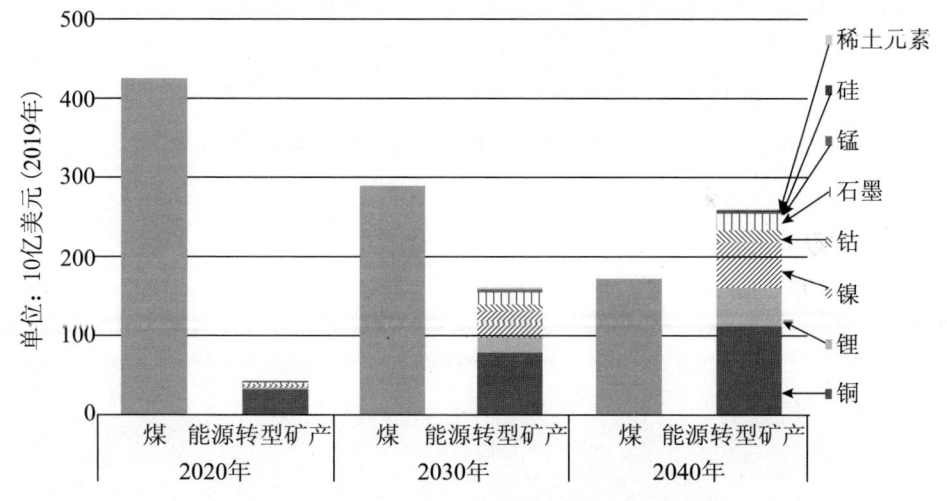

图 1-4 煤炭和某些能源转型矿产的生产收入[①]

全球转向碳中和的过程也将影响就业市场，一方面会增加新的就业机会，另一方面也会引起就业结构的重大转变，例如，对高等教育人群的需求会更大。转

---

① International Energy Agency（IEA），2021. Net Zero by 2050：A Roadmap for the Global Energy Sector（Executive Summary）[Chinese]. [EB/OL].https://iea.blob.core.windows.net/assets/dc803226-3782-4d5a-92cb-1cddba1d9ea9/NZ_Roadmap_ES_Chinese.pdf.

变整体是有益的，但是对个体而言，如果要从一个长期从事的行业迅速跳转到另一个行业，转型过程会极具挑战性。

全球电气化是碳中和转型的一个主要特征（图1-5）。从度电成本来看，变化相对稳定。从2020年到2045年，度电成本会有一个升高的过程，这个过程伴随着电力系统基础设施的投资和建设，包括新能源的扩增会出现显著增长。2045年后，低碳发电技术会逐渐占据重要甚至是主体地位，之后度电成本会出现下降趋势。碳中和转型会推动化石能源和低碳能源由8∶2的结构比例转变成2∶8的结构比例。

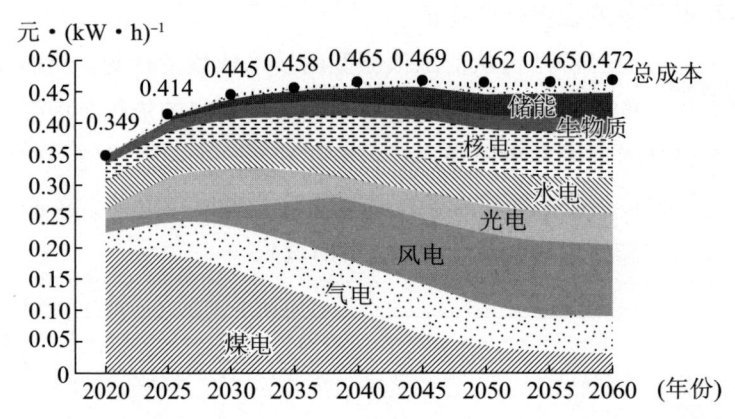

图1-5 2020—2060年总度电成本构成中各种电源成本份额[①]

---

① 孙启星，张超，李成仁，等."碳达峰、碳中和"目标下的电力系统成本及价格水平预测[J]. 中国电力，2023，56（1）：9-16.

第二章
气候变化治理的科学基础及演进逻辑

全球气候变化问题由科学议程逐渐进入国际视野。科学的气候变化评估报告受到国际社会的普遍重视，成为推动气候治理的重要依据。

一、气候变化的科学基础

1. 气候变化相关的科学

全球气候治理最初以国家行为体为主导，以"气候外交"的形式展开，之后逐渐有非国家行为体加入，各行为体共同制定及实施减排政策，以应对全球层面的气候变化问题[①]。

1988年，联合国环境规划署和世界气象组织联合建立政府间气候变化专门委员会（Intergovernmental Panel on Climate Change，IPCC），目的是定期为政治领导人提供关于气候变化的科学评估。1990年，IPCC完成的第一次评估报告为气候变化提供了科学依据。该报告指出，过去一个世纪内，全球平均地表温度上升了 $0.3 \sim 0.6℃$，海平面及大气中温室气体浓度均有不同程度的上升。

1991年，联合国召开大会，决定于1992年6月在巴西里约热内卢举行人会，签署《联合国气候变化框架公约》。这是全球主要国家共同签署的应对气候变化的第一个框架性公约，其中第二条明确提出全球气候治理的最终目标："将大气中温室气体浓度稳定在避免气候系统受到危险人为干扰的水平上，从而使生态系统自然地适应气候变化、确保粮食生产免受威胁并使经济发展可持续进行。"1995年，IPCC发布第二次评估报告，指出二氧化碳排放是人为导致气候变化的最重要因素，并表示气候变化带来许多不可逆转的影响。第二次评估报告有力地促进了《京都议定书》（1997年）的通过。

IPCC第三次评估报告（2001年）推动化解了气候治理进程险些停滞的风险。

---

① 张海滨，等. 全球气候治理的中国方案 [M]. 北京：五洲传播出版社，2019：15.

《京都议定书》的生效需要两个"55%目标"：一是需要比例超过55%的缔约方批准，这一目标在2002年冰岛批准《京都议定书》后得以实现；二是占总排放量55%的缔约方通过该议定书，IPCC第三次评估报告的气候科学分析进一步增强了国际社会合作的信心，特别是俄罗斯的加入，使其达到生效条件。IPCC第四次评估报告称，全球气候的变暖毋庸置疑，观测到的全球平均地面温度升高，可能是人为排放温室气体浓度的增加导致的，且可能性达到90%。本次评估报告推动了联合国气候变化大会第13次缔约方会议（即COP13，在印度尼西亚巴厘岛举行）启动了一个为期两年的行动计划（也称"巴厘路线图"），目的是在2009年丹麦哥本哈根举行的COP15上能够形成对2012年以后国际气候治理制度的谈判。IPCC第五次评估报告于2014年11月正式发布，本次评估报告以全面的数据来凸显应对气候变化的紧迫性，并指出2007—2013年，全球海平面上升速度约为此前10年的2倍；到21世纪末，全球海平面可能较20世纪末水平升高0.5米。本次评估报告得出的主要结论，为各国2015年12月在法国巴黎召开COP21期间通过《巴黎协定》提供了科学依据。这一协定具有一定的历史意义，《巴黎协定》确定将全球升温控制在高出工业革命前水平2℃并尽量控制在1.5℃范围内。

2. 气候变化相关的伦理学

伦理学，简而言之，就是从行为规范上应该怎么做。科学技术的创新无法应对气候治理中出现的群体分化、利益多元和相互竞争等问题。由此，解决气候问题的路径还需要从自然科学转换为涉及人与人之间关系的伦理学与政治学的论域，从而以气候正义破除资本逻辑、重塑生态价值、摆脱气候危机[1]。气候伦理学要求全球必须应对气候变化问题，并为应对气候危机提供关键原则。气候危机敦促全世界以公平正义原则为根本价值诉求，对温室气体排放指标进行分配。

气候治理本质上就是把目标分解给不同的国家，但是目前全球责任分担是一个非常困难的伦理学问题。例如，如何将减排的责任在各国之间分担，发达国家与发展中国家谁应该多减排。为了应对这些伦理学上的挑战，各国应对气候变化的合作必须遵循一些基本的原则。只有在这些基本的原则之上，才能把各国团结在一起，并照顾到不同国家的情况。因此，应当综合考虑公平原则、历史责任原则、人均排放原则、生产者和消费者责任原则、预防原则和代际间的可持续发展原则等，以此为依据，确立公平合理的减排标准。

---

[1] 王雨辰，张星萍. 论后巴黎时代全球气候治理的伦理困境与可能的出路[J]. 江汉论坛，2018(11)：22-29.

第一，公平原则。在应对气候变化的框架下，公平原则主要体现为共同但有区别的责任和各自能力原则，这是全球应对气候变化的一项基本原则。

第二，历史责任原则。按照历史责任原则，自工业革命以来发达国家向大气排放大量温室气体，他们应该为排放承担主要责任。自工业革命开始以来，二氧化碳的累积排放量与已经发生的1.2℃的变暖密切相关。据测算（如图2-1所示），1850—2021年，美国约排放了5090亿吨二氧化碳，占全球二氧化碳排放总量的20%，是全球最大的累计排放国，引起了0.2℃的全球升温。中国累计排放二氧化碳2884亿吨，占全球二氧化碳排放总量的11%，导致了全球升温约0.1℃。

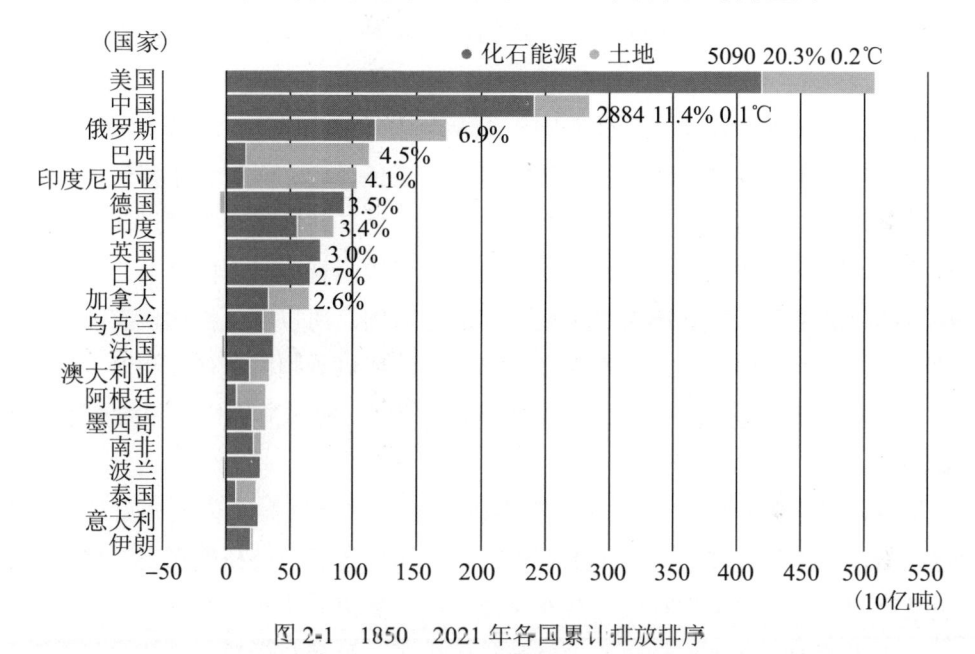

图2-1 1850—2021年各国累计排放排序

数据来源：Carbon Brief. Analysis: Which Countries Are Historically Responsible for Climate Change?[EB/OL]. https://www.carbonbrief.org/analysis-which-countries-are-historically-responsible-for-climate-change/.

第三，人均排放原则。公平原则的主体是人，其本意是指对于温室气体的排放份额这一公共财产，世界各国每一个人都平等地享有排放权。因此，人口数量也是分配减排责任应考量的因素。人均历史累积排放量，既反映了人均排放权原则的人均平等要求，也反映了"共同但有区别责任原则"中的历史责任要素。累积人均排放强度有两种计算方法：第一种方法，是将一个国家每年的累积排放量除以该国当时的人口数量，隐含地将过去的责任分配给今天活着的人；第二种方法，是将一个国家每年的人均排放量加起来，这使得过去和现在的人均排放量具有同等重要性。

不论采用哪种方法，累计人均排放强度前10名中，中国、印度、巴西和印度尼西亚都没有出现。这4个国家占世界人口的42%，但仅占1850—2021年累计排放量的23%。相比之下，前10名中，美国、俄罗斯、德国、英国、日本和加拿大占世界人口的10%，但占累计排放量的39%。发达国家的排放远远高于全球人均排放水平。因此，发达国家要对发展中国家进行大规模的转移支付帮助，以实现全球人均排放的平衡。但是这又涉及全球的、跨国的转移支付问题，以及利益重新在各国分配的问题，会导致众多争议，而且某些发达国家认为，人均排放高是资源禀赋决定的，这也成了一项反对人均排放原则的理由。

第四，生产者和消费者责任原则。出于全球分工的考量，排放责任的划分不应该按照生产者责任界定，而应该按照消费者责任界定。一国为了降低领土范围内的二氧化碳排放量，可能将高碳排放产业转移至其他国家，而通过国际贸易最终消费他国产品。生产国家没有享受到以自身资源消耗生产出的产品，却被计入了更大的排放责任。发达国家是主要的商品进口国，所以要承担比现有的排放更大的责任；而发展中国家是主要的商品出口国，所以承担的责任要相对少些。对于消费排放的责任也有不同的观点，因为从理论上看，消费排放很难进行准确核算。

第五，预防原则。气候变化具有不确定性，涉及气候变化的概率。有一些观点认为，既然气候变化具有不确定性，可以再等等看，等研究者对气候变化有了更准确的认识，再采取行动。现在采取行动，如果未来气候变化实际升温的幅度远远小于预期，那么行动的努力就得不偿失了。虽然科学研究表明气候变化具有不确定性，但是采取应对气候变化的措施和不采取应对气候变化的措施，面临的未来是截然不同的。如果不采取应对气候变化的措施，温升的不确定性会更大，结果是未来温升有可能幸运地落在1～2℃之内，但是更大概率是全球温升6～7℃甚至7℃以上。现有的科学表明，全球温升超过6℃，对地球将是一种毁灭性的灾难。

第六，代际间的可持续发展原则。在考虑当代发展的同时，也要考虑为后代预留可持续发展空间，不能在当代就耗尽地球资源，甚至产生"气候赤字"，把这个责任推给后代。气候变化相关的伦理学，不仅体现在区域的差异性上，也体现在代际的差异性上。

二、气候变化国际治理与合作的分析框架

1. 气候变化国际治理的历程

全球气候治理体系经过 30 多年的曲折发展，形成了自身的演进规律和特征。全球气候变化治理，以《联合国气候变化框架公约》和此公约框架下的《京都议定书》与《巴黎协定》为基础制度安排，全面协调和规范国际社会的气候政策和行动。《联合国气候变化框架公约》是国际社会在应对全球气候变化问题上进行国际合作的一个基本框架，该公约具有相应的法律效力。

1997 年，各国经过多次激烈谈判最终形成了《京都议定书》，规定了有法律约束力的量化减排指标：37 个工业化国家和转型经济体以及欧盟，在 2008—2012 年内的温室气体排放量要比 1990 年减少 5.2%。2012 年，联合国第 18 次缔约方会议通过《京都议定书》之多哈修正案，要求发达国家继续在 2013—2020 年，承诺将温室气体排放量比 1990 年水平至少减少 18%。2015 年《巴黎协定》获得通过，确立了 2020 年后全球气候治理新机制，国际气候谈判由"自上而下"的谈判模式转变为"自下而上"的承诺模式。"自上而下"的谈判模式就是首先确定全球的减排目标，然后确定全球未来允许温室气体排放的总量，把总量按照一定的方式分配给各个国家。"自下而上"的承诺模式，是指由各个国家自愿承诺自己的减排目标，并且把这些目标累加起来，形成一个全球的目标。"自上而下"可以保证各国实现设定的全球目标，但是不能保证各国可以接受"自上而下"的分配。联合国只承担协调的任务，并不能命令各国承担"自上而下"所分解的目标。这和地方政府与中央政府的关系是截然不同的。"自下而上"的方式虽然能够激励各国政府提出符合国情的目标，但是难以确保这些目标加总之后可以实现应对气候变化的全球目标[①]。

2. 气候变化各国治理的模式

国家的气候治理模式与政策出台情况和表现相关联。我们通过梳理碳排放大国、地区的气候制度差异，将国家气候治理模式分为四种类型：气候技术政策主义者、气候发展主义者、碳碎片主义者和碳源中心主义者[②]。

气候技术政策主义者，表现出较高水平的国家气候治理和机构自治能力，如法国、德国、英国等国家均形成了纲领性的气候法律，并且具备较高的行业政策

---

① 相超. 碳市场发展与石油石化企业应对举措 [M]. 北京：石油工业出版社，2024.10.
② Johnathan, G., Esther, S. and Jonas, M. Author Correction: National Models of Climate Governance Among Major Emitters[J]. Nature Climate Change, 2023, 13 (7): 13.

覆盖度，进而引领各部门脱碳减排。在机构设置方面，英、法、德等国均设置了发展类部门，这有利于将气候因素纳入行业政策的制定；在机制协调方面，英国由首相指定负责能源、气候和净零排放经济事务的内阁委员会成员。

气候发展主义者，尝试将气候减缓措施纳入更广泛的国家主导发展计划，可以通过规范或者产业政策促进新兴清洁技术的发展，如巴西、印度尼西亚、韩国、越南、波兰、印度、中国、墨西哥。气候发展主义国家具有中高水平的国家能力和科学专业化程度。其中，一半国家拥有气候法律，协调机构通常在气候政策执行的中期建立，并由环境部门领导。

碳碎片主义者，尽管具有中高水平的国家能力和科学研究机构，但仍然表现出气候减缓政策制定的分散、杂乱。例如，加拿大、美国，大多数政策的制定发生在地区或地方层面，是在省级或州级层面实施碳定价和监管。美国的国家级气候政策主要是通过分散的、以环保部门为中心的零散规定开展，立法过程中民主党和共和党均具有否决权，任何一方均难以单独通过某部法律。另外，党派更替也显著影响了其气候变化机构的改革与更替。

碳源中心主义者，通常是指化石能源的主产区国家，其气候变化政策的制度化程度较低，且专业化较弱，缺乏全面的气候法律，在有限的减缓政策中侧重能源安全和经济增长的协同性，如伊朗、土耳其、俄罗斯、沙特阿拉伯。中东既是主要的化石能源产地，又具有脆弱的生态环境，会受气候变化较大负面影响，其制定了低碳政策目标，但制度化程度较低。阿联酋、阿曼、沙特阿拉伯、科威特等国陆续做出了碳中和承诺。2023年，COP28在阿联酋迪拜举行，也是中东国家参与全球气候治理的重要体现，但这些行动也引发了某些批评，这些批评认为中东国家以参与气候治理为借口，进一步拓展化石能源贸易[①]。

三、碳中和目标下国际气候治理面临的新挑战

1. 碳中和与公正转型

碳中和背景下，世界各国亟须加大行动力度，尽快转向兼具低碳和气候韧性的发展道路，然而转型并非易事，需要建立科学、全面的政策和机制，否则可能造成或加剧社会不平等、失业等问题。为了确保照顾到弱势群体，公正转型在各

---

① 朱兴珊，沈学思. 从巴黎到迪拜：全球气候治理回顾与展望 [J]. 国际石油经济，2024，32（2）：22-35.

国自主贡献中开始被提及。

公正转型要求"以不会产生或加剧不平等，或造成其他意想不到的经济社会危害的方式，推动全球迈向更加绿色的未来"[①]。2022年，联合国气候变化大会第27次缔约方会议（COP27）提出了公正转型工作方案。该方案将促进知识共享，开展符合公正转型原则的最佳气候行动实践，鼓励各国与政策制定者、非政府组织和地方社区等利益攸关方进行对话，探索更有效的解决方案，实现经济社会和环境领域的公正转型。

公正转型工作方案倡导"以人为本"的转型路径，必须保护和增进民生福祉，尤其是将边缘化、脆弱群体的权利作为核心考量因素，促进社会公平。例如，通过创新融资，促进能源的便利获取，如部署分布式光伏，在恢复生态系统的同时增加农村居民收入。

公正转型工作方案需要解决全球不平等问题，需要避免减排措施带来的意外负面影响。不同的国家处在不同的阶段，应当采取适合自身国情的减排措施。在2021年的气候变化大会上，印度和中国反对煤炭的淘汰，主要是受中印两国国内结构性因素的制约。中印两国的煤电厂基本上是在最近一二十年建设的，中国煤电厂的平均年龄只有11年，印度煤电厂的平均年龄要更小，而美国煤电厂的平均年龄是40年。煤电装置新旧不同导致了中印两国在淘汰煤炭的时候，面临着远比美国要大得多的困难。因为电厂的技术寿命大约是30年，要淘汰煤炭，意味着中国和印度有很多的燃煤电厂要在其技术寿命到头之前就关闭。这种关闭意味着这些资产就变成了沉没资产，会对中国和印度的经济金融系统造成相当大的冲击。而美国绝大多数燃煤电厂的存续时间已经远远超过了其技术寿命，关闭这些电厂并不会对美国产生重大的转型风险和负担。因此，在碳中和过程中需要进一步讨论哪些基础设施先退役，否则会严重影响碳中和转型进程。

2. 碳中和与国家安全

碳中和转型过程中会引发新的国家安全问题，包括能源安全、粮食安全和供应链安全等。通常情况下，传统的能源安全主要是关注油气供应来源是否可靠和价格是否稳定，以及防范、化解出口国可能采取的限供或价格管控造成的进口国能源短缺风险。新形势下，除了应对传统的能源安全挑战，各国还需要考虑其他影响，例如，提升能源系统面对易变气候的灵活性，以及应对日益增加的极端天

[①] 气候行动公正转型工作方案 [EB/OL].[2024-07-05]. 世界资源研究所，https://wri.org.cn/guandian/qihouxingdonggongzhengzhuanxinggongzuofanganwudajibenyuanze.

气的举措。

气候变化形势严峻导致了能源体系的脆弱性。极端气温会降低各类能源设施的工作效能，增加故障概率和运维难度，从而缩减能源生产规模。极端低温容易使光伏设备地基出现冻胀，从而损坏光伏板基础；低温状态下水汽容易冻结在涡轮机叶片等部件上，影响风轮旋转。极端高温不但会影响电池板的发电效率和使用寿命，还容易形成大范围的静风环境，造成风电机组停摆。极端干旱也影响全球水电的运行。极端低温和极端高温还会引起全社会制热或制冷用能需求的增加，如果此时再叠加电力供给能力削弱和运行风险，会形成电力负荷激增、电源出力骤降的电力供需失衡，增加能源保供难度。

气候变化影响全球粮食安全。全球气候变化对于粮食生产的影响是广泛而复杂的。气候变化主要通过气温、降水和极端天气（如热浪、洪水、冰雹、干旱等）直接或间接对粮食生产产生不同的影响。对于粮食安全，主要考虑四个维度，分别为足量供应、稳定供应、可支付性和营养健康（食品安全）。二氧化碳浓度升高会导致水质酸化加重，全球气温升高影响了农业生态，导致粮食生产率受到影响，进而增加粮食供应风险。极端天气的频发导致粮食产量的稳定性变弱，不利于稳定供应。粮食产量受到影响，将导致粮食供需关系遭到破坏，进而影响粮食价格，当粮食价格升高时，可支付性会受到损害，而粮食价格降低又会危害农村经济，影响农业GDP（国内生产总值）。同时，全球气候变化还会引起疾病发作率上升，影响营养健康（食品安全）的保障。

日益频发的极端天气事件使数百万人面临严重的粮食问题，其中影响最大的地区在非洲、亚洲、中南美洲，涉及欠发达国家、小岛屿和北极地区的许多群体，以及全球范围内的小规模粮食生产者、低收入家庭和本土人口。根据联合国粮食及农业组织（FAO）发布的《2022年世界粮食安全和营养状况》[1]，尽管2015年之后的一段时间内，食物不足发生率保持相对不变，但从2019年开始至2020年，食物不足发生率从8.0%上升到9.3%，出现了较大提升，2021年升幅虽然放缓，但仍攀升到9.8%。

关键矿产是能源绿色低碳转型、高端装备制造等领域不可或缺的材料。关键矿产需求在能源低碳转型中呈爆发式增长，陆上风力发电设施对铜、镍、锰、

---

[1] Food and Agriculture Organization (FAO). The State of Food Security and Nutrition in the World 2022: Repurposing food and agricultural policies to make healthy diets more affordable[EB/OL].https://www.fao.org/publications/sofi/2022/en/.

钴、锌、钼等金属矿物的需求量是燃料电力的 8 倍之多，而诸如电动汽车对铜、锂、镍、锰、钴、铬等关键矿物的需求量也已达到燃油汽车的 6 倍。资源输出国为推进产业链本土化，相继出台限制原料矿出口和提高矿业税费的政策。印度尼西亚政府先后于 2014 年和 2020 年两次宣布禁止镍矿出口，菲律宾也颁布了镍原矿出口贸易禁令。缅甸政府在 2019 年 12 月以环保为由封关，造成我国重稀土进口中断。

多国实行"国家干预"的防御性策略，以确保关键矿产供应链安全。美国加强多边合作，优化稀土、锂、钴等矿产供应链战略布局。2019 年美国与刚果（金）、赞比亚、纳米比亚、博茨瓦纳、秘鲁、阿根廷、巴西、菲律宾和澳大利亚 9 个资源富裕国签订《能源矿产资源治理倡议》，形成"关键矿产同盟"，加强对全球资源的控制力。

为了应对关键矿产供应安全挑战，全球需要找到一个合适的治理方案，以使位于关键金属领域下游的国家不会产生恶性竞争。各国之间有着合作的潜力，特别是通过联合研发能够减少低碳技术对稀有元素的消耗，通过联合研究能够增加对稀有元素的回收，也可以在某种程度上缓和全球对供应链和产业链安全的担心，促进全球围绕低碳转型开展合作。

第三章
碳中和经济学理论与政策效用分析

气候变化作为当今世界面临的最为严峻的环境挑战之一，不仅影响了自然生态系统，还深刻波及了全球经济体系。碳中和相关经济学理论研究如何通过经济手段实现温室气体净零排放、促进可持续发展，该理论强调碳定价、碳交易、碳税等政策工具的综合应用，以激励减排技术创新和绿色投资。

一、气候变化与经济学

气候经济学是一个跨学科领域。在应对气候变化问题上，需要自然科学与社会科学相结合，寻找气候减排和适应路径的最优方案。通过自然科学理解全球气候变化，再通过社会科学参与设计有效的控制策略。从经济学视角出发，使用气候变化经济学的工具可以帮助人类更深入地认识碳排放的经济本质，评估全球变暖的经济影响，降低应对气候变化的成本，并设计出实现理想减排目标的政策工具。

1. 对经济成本的影响

气候变化对经济成本的影响是显著且广泛的。这些影响可以从极端天气事件、生产力、健康成本与迁移和安置四个方面来说明。

极端天气事件，如飓风、洪水和干旱会造成巨大的经济损失。这些灾害不仅毁坏基础设施，破坏农业生产，还会造成巨大的财产损失。如表3-1所示，根据美国国家海洋和大气管理局（NOAA）的报告，1980—2023年，美国的重大灾害事件损失累计超过1万亿美元。2023年，美国共发生28起极端气候灾害，造成损失至少达951亿美元。类似事件在全球范围内频发，对经济产生持续且严重的冲击。基础设施的修复、农作物的再种植、被毁坏房屋的重建等都需要投入巨额资金，且恢复过程漫长。此外，极端天气事件还会导致保险行业赔付额增加，进而提高保险成本。

表 3-1　近 40 年损失 10 亿美元以上灾害统计汇总（截至 2024 年 8 月）①

时间	损失 10 亿美元以上的灾难数量	耗资（亿美元）	死亡人数（人）
1980—1989 年	33	2189	2994
1990—1999 年	57	3341	3075
2000—2009 年	67	6196	3102
2010—2019 年	131	9934	5227
2019—2020 年	102	6175	1996
2021—2023 年	66	4418	1690
2023 年	28	951	492

高温和极端天气对生产力的影响也不容忽视。研究表明，气温每升高 1℃，劳动生产率就可能下降 1%～3%。特别是在农业和户外工作领域，高温不仅让工作变得更加艰难，还可能导致中暑和其他与高温相关的健康问题②。例如，在印度和巴基斯坦等国，极端高温已经成为农民和建筑工人需要面临的常态，他们的劳动效率和工作时长因此受到严重影响，从而直接影响到经济生产。

健康成本也是气候变化带来的重大经济影响之一。气候变化引发的极端天气和气温变化可能导致疾病的传播和流行，如疟疾、登革热和呼吸道疾病。全球变暖和污染加剧使得哮喘和过敏等疾病的发病率上升，增加了医疗系统的负担。一个显著的例子是 2010 年俄罗斯的极端高温导致了约 5.6 万人的意外死亡，这不仅给医疗系统造成了巨大压力和经济负担，也给社会带来了沉痛的打击。

气候变化引发的自然灾害和海平面上升，可能导致大规模的人口迁移和安置问题。这不仅影响迁出地区的经济活动，也给迁入地区带来额外的社会经济压力。例如，孟加拉国是世界上受海平面上升威胁最大的国家之一，预计未来几十年内将有数百万人因气候变化而被迫迁移。这些"气候难民"要重新安置，需要住房、医疗、教育等基本服务，这也需要巨大的资金和资源投入。

极端天气事件的破坏、生产力的下降、健康成本的上升及迁移和安置的复杂性都对全球经济构成了严峻挑战。这些影响不仅需要政府和社会共同应对，还需

---

① NOAA Climate.gov. NCEI Billion-Dollar Disaster[EB/OL].https: //www.ncei.noaa.gov/access/billions/summary-stats.

② Somanathan, E., Somanathan, R., Sudarshan, A., et al.The Impact of Temperature on Productivity and Labor Supply: Evidence from Indian Manufacturing[J]. Journal of Political Economy, 2021, 129（6）: 1797-1827.

要国际合作和政策创新，以减轻气候变化对经济的冲击，实现可持续发展。

2. 对经济部门的影响

气候变化对农业、能源和保险业等关键经济部门的影响深远且复杂。这些部门面临着经济风险和挑战，需要通过创新和适应性措施实现可持续发展。政府、企业和社会各界需要共同努力，制定和实施有效的应对策略，以减轻气候变化对经济部门的负面影响。

农业是对气候变化最敏感的行业之一。气温升高、降水模式变化和极端天气事件增加都会对农作物生长周期、产量和种植区域产生重大影响。例如，温度的上升可能使一些传统农业区变得不再适宜种植某些作物。作物生长季节可能缩短或延长，导致农作物的生产力下降。此外，极端天气如干旱和洪水会直接毁坏农田和农作物，造成粮食减产和价格波动。比如，2010年俄罗斯出现干旱天气，导致全球小麦价格大幅上涨，影响了全球粮食市场的稳定。

气候变化还会增加病虫害和杂草的威胁，进一步影响农业生产。这些变化不仅威胁粮食安全，还可能导致农民收入不稳定，增加农业部门的经济风险。为了应对这些挑战，农业部门需要将更多投资用于应对气候变化的技术和设施上，如改良抗旱作物品种、改进灌溉系统和实施可持续农业发展。

能源部门在气候变化中扮演着双重角色。一方面，能源部门是温室气体排放的主要来源之一；另一方面，能源部门也是受气候变化影响的受害者。气温升高和极端天气事件增加会导致能源需求的变化。例如，高温天气会增加电力需求，特别是空调和制冷设备的使用，从而加大电网负荷。在一些地区，极端高温还可能导致电力设备故障和电力供应中断。

此外，气候变化也推动着化石能源向可再生能源的转型，带来了新的经济机会和挑战。风能、太阳能和水能等可再生能源技术的发展不仅有助于减少温室气体排放，还能创造新的就业机会和经济增长点。然而，这一转型需要大量的投资和政策支持，例如，建立更加灵活和智能的电网系统，促进能源储存技术的发展，以及制定有效的碳定价机制。

气候变化对保险业的影响尤为显著。随着极端天气事件的频发和严重程度的增加，保险公司面临的风险和赔付金额显著上升。例如，美国佛罗里达州的年度洪水损失，预计从2019年的19.8亿美元增加到2050年的29.4亿美元。这不仅影响了保险市场的稳定性，也增加了受灾居民和企业的经济负担。保险公司需要通过多关注气候风险的长期影响，并在保单中加入更多的风险缓释措施来调整其风险评估和定价模型，以迎接气候变化带来的新挑战。同时，保险公司还可以通过投资绿色项目和气候适应性基础设施，积极参与气候变化的应对工作。

二、碳中和与经济高质量增长的关系

碳中和与经济高质量增长之间有着密切的关系。加快绿色转型，协同推进碳中和与稳增长，实现"碳达峰碳中和"目标具有重大的战略意义。兼顾长期目标和短期目标，处理好碳中和与稳增长的关系，走生态优先、绿色低碳的发展道路。2024年8月，中共中央、国务院印发了《关于加快经济社会发展全面绿色转型的意见》，这不仅有助于中国经济的可持续发展，还能以对社会和环境更友好的方式实现长期稳健的高质量增长，在经济发展中促进绿色转型，在绿色转型中实现更大发展，推动碳中和与稳增长的有效协同。

中国在推进"碳达峰碳中和"目标的过程中，经济增长的方式和动力将经历显著的转变。这需要立足中国的能源资源禀赋，积极稳妥推进"碳达峰碳中和"，减少对进口能源的依赖。

1. 碳中和增长方式的选择

2021年召开的中国环境与发展国际合作委员会主题论坛，讨论了落实"碳达峰碳中和"目标和赋能高质量发展之间的关系。过去70年里，世界经济增长显著，中国在过去40年里人均生产总值增长迅速。然而，这一时期的增长，能源主要基于化石燃料的使用，也就是传统的增长模式。这种模式依赖资本积累和化石能源驱动，一定程度上会带来严重的污染问题、气候变暖和生物多样性遭到破坏，长期来看将严重阻碍未来经济的发展，降低人民的生活水平。

基于碳中和的新增长模式，不仅超越了物质与人力资本，还拓展到土地、水、森林、海洋等自然资本，以及增加社会凝聚力、增强人民对社会机构和制度的信任，促进社会成员互助、收入和健康医疗资源合理分配。新的碳中和增长路径，意味着在中国的生态文明发展中，财富积累和总体目标需要反映自然资本和社会资本的积累，而不只是传统增长模式下的物质与人力资本。

可持续发展是一种平衡经济增长、环境保护和社会进步的方法。传统的经济增长模式往往以资源的过度消耗和环境的严重破坏为代价。可持续发展强调在满足当前需求的同时不损害子孙后代满足其需求的能力。气候变化要求大家重新审视经济活动对环境的影响，推动经济发展与环境保护协调并进。通过实施可持续发展的政策和措施，政府和企业可以减少温室气体排放，保护自然资源，改善生态环境。这不仅有助于缓解气候变化，还可以带来多重经济效益和社会效益。例如，发展可再生能源、提高能源效率、推广绿色建筑和交通方式，可以减少对化石燃料的依赖，降低能源成本，减少污染，改善公共健康。此外，这些措施还可以创造大量就业机会，推动经济结构优化，增强经济韧性。

2. 碳中和推动经济增长

要实现新的经济增长模式，需要新的基础设施和投资。2060年前中国要实现碳中和，意味着电力部门在2040—2050年或需要实现零碳电力。对于一个以煤炭为主的电力系统，这意味着进行革命性的转型改造。通过电力驱动交通、氢能和供暖的发展，推动电力系统及相关行业的发展，都需要大量的投资。

此外，资源生产力也需要进一步投资。通过循环经济对垃圾废物进行循环利用，提高效率，以及在新型能源、交通、城市建设、土地等体系的管理上加大投资，不仅需要在物质上和人力资本上加大投入，还需要在自然和社会资本上进一步考虑。中国在可再生能源、电动汽车和数字化经济管理领域有许多比较优势。按照熊彼特的理论推算，未来10～15年，中国需要依靠这些碳中和路径上的发明创新来驱动增长，这些都是持续增长的新机遇。

3. 碳中和与经济高质量发展

实现碳中和不仅有助于环境保护，还能推动培育新质生产力，促进经济高质量发展。高质量发展强调经济增长的质量和效益，包括经济结构优化、创新驱动和环境可持续。碳中和目标的实现，需要经济结构的深度调整和创新驱动。发展绿色技术、提高能源效率、推广清洁能源，可以推动经济从依赖高碳排放的传统产业转向低碳环保的新兴产业。这不仅有助于减少环境污染、改善生态环境，还能提高经济竞争力。

此外，碳中和目标的实现还需要政策和制度创新。政府需陆续制定和实施有效的政策措施，如碳定价、环保法规、绿色金融等，引导市场资源配置，促进绿色低碳发展。同时，需要加强国际合作，共同应对气候变化挑战。通过参与全球气候治理，推动绿色技术的国际合作和交流，可以为中国的绿色转型和高质量发展提供更多的机遇和支持。

碳中和与经济高质量增长之间联系紧密。实现碳中和目标不仅是应对气候变化的必要举措，还是推动中国经济可持续发展的重要路径。通过绿色转型、技术创新和政策支持，可以实现经济增长方式的深刻变革，推动经济从依赖化石燃料的传统模式转向绿色低碳的高质量发展模式。政府、企业和社会各界需要共同努力，抓住机遇，迎接挑战，为实现"碳达峰碳中和"目标和经济高质量发展奠定坚实基础。

三、碳中和的政策工具与分析

在全球气候变化的背景下，各国政府正寻求有效的政策工具，以减少温室气体的排放。常见的政策措施包括命令控制型减排政策、基于价格的碳税政策和基于市场机制的碳排放权交易政策。这些政策均遵循成本有效性原则，属于污染物控制政策[1]。

命令控制型减排政策（command-and-control regulation），是传统的环境管理手段，具有直接性和强制性的特点，涵盖了具体的技术规范和排放标准。基于价格的碳税政策，因其税率具有可调整性和激励经济行为减排的特点，被许多国家和地区采纳，成为气候政策的重要组成部分。基于市场机制的碳排放权交易政策，通过建立碳市场并允许碳排放权交易，为企业提供了灵活的减排途径，并通过市场信号提高了整体的减排效率，是实现碳中和目标的关键政策工具。

根据目前的政策出台情况，欧洲倾向于支持碳税，美国则倾向于支持碳市场政策。因此，在分析命令控制型政策和市场激励型政策时，我们会更多参考欧盟、美国的气候政策，为中国"碳达峰碳中和"目标下的"1+N"政策体系提供对比和参考。

1. 命令控制型减排政策

命令控制型减排政策是指由政府主导，通过立法和规定，直接控制和限制温室气体排放，主要依赖排放标准。判断一项标准是否有效，应关注阈值概念、标准等级设置、统一标准或区域标准、排污时间表、浓度与暴露度五个方面。一般来讲，这类政策具有强制性，企业和个人必须遵守，否则将面临法律处罚。具体措施包括排放限额、技术标准、许可制度和禁令等（见表3-2）。

---

[1] Tietenberg, T., & Lewis, L. 环境与政策经济学 [M]. 第11版，王晓霞，等，译. 北京：中国人民大学出版社，2021.（Original work: Environmental and Natural Resource Economics，11th Edition）

表 3-2 命令控制型减排政策的类型

政策类型	定义	"双碳"政策示例
排放限额	政府设定污染物的最大允许排放量，并要求污染源在限额内排放。限额可以针对特定污染物、特定行业或特定区域	《碳排放权交易管理暂行条例》（国务院令第775号）[1]等
技术标准	要求污染源采用特定的减排技术或设备，以达到规定的排放水平。这类政策通常针对特定行业或生产过程，确保污染控制技术的统一应用	《碳达峰碳中和标准体系建设指南》[2]和《建立健全碳达峰碳中和标准计量体系实施方案》[3]等
许可制度	要求污染源在排放污染物之前，必须获得政府颁发的排放许可证。许可证通常包括排放限额、技术要求和监测义务等内容，政府通过许可制度进行全面监管	《碳排放权交易管理办法（试行）》[4]等
禁令	政府禁止特定的污染活动或使用某些有害物质。这种政策通常适用于危害性大、难以控制的污染源，直接通过立法手段杜绝污染	《海南省碳达峰实施方案》关于禁售燃油车相关规定[5]

虽然命令控制型减排政策较为传统（见表 3-3），但依旧被发达国家采用。

表 3-3 命令控制型减排政策的优缺点

优点	缺点
明确性与确定性：通过法律法规明确规定污染源排放要求，具有法律约束力，便于监管部门监控和执法，提高政策执行的可预见性	缺乏灵活性：命令控制型减排政策采取统一标准，缺乏灵活性，可能导致某些企业合规成本过高，影响经济效益
直接性与强制性：确保污染源遵守排放限额和技术标准，直接有效，尤其在应对紧急环境问题时有明显优势	高监管成本：需要大量行政资源，尤其是在污染源众多、分布广泛的情况下，成本较高

---

[1] 中华人民共和国国务院.碳排放权交易管理暂行条例[EB/OL].https：//www.gov.cn/zhengce/zhengceku/202402/content_6930138.htm.
[2] 中华人民共和国国务院.关于印发《碳达峰碳中和标准体系建设指南》的通知[EB/OL].https：//www.gov.cn/zhengce/zhengceku/2023-04/22/content_5752658.htm.
[3] 中华人民共和国国务院."十四五"节能减排综合工作方案[EB/OL].https：//www.gov.cn/zhengce/zhengceku/2022-11/01/content_5723071.htm.
[4] 中华人民共和国生态环境部.关于印发《"十四五"全国危险废物规范化环境管理评估工作方案》的通知[EB/OL].https：//www.mee.gov.cn/xxgk2018/xxgk/xxgk02/202101/t20210105_816131.html.
[5] 海南省人民政府.海南省碳达峰实施方案[EB/OL].https：//www.hainan.gov.cn/hainan/szfwj/202208/911b7a2656f148c08e5c9079227103a7.shtml.

第三章　碳中和经济学理论与政策效用分析

（续）

优点	缺点
保护健康和环境：通过严格的排放限额和技术标准，有效减少有害物质排放，保护公众健康和生态环境，如控制汽车尾气排放标准可显著改善空气质量，减少呼吸系统疾病	创新激励不足：可能导致企业仅满足于遵守标准，缺乏创新动力，抑制减排技术的进步，不利于长远环境保护目标的实现 经济效率低下：未能充分利用市场机制调节排放行为，可能导致资源配置效率低下。例如，在技术标准统一的情况下，不同企业的减排成本差异可能很大，整体经济效益不高

以下是欧盟和美国的部分命令控制型减排政策。

（1）欧盟的命令控制型减排政策

欧盟采取了严格的气候控制政策，以确保成员国共同实现减排目标。

《工业排放指令》（Industrial Emissions Directive，IED）。该指令要求工业设施采用最佳可行技术（BAT），减少有害物质的排放，包括二氧化碳等温室气体。IED覆盖了数万家工业企业，并规定了严格的排放限值和监测要求。

《建筑能效指令》（Energy Performance of Buildings Directive，EPBD）。EPBD要求成员国制定建筑能效标准，新建和翻修建筑必须符合严格的能效要求。该指令还推动了建筑物能效证书的使用，提高了公众对建筑能效的认识。

欧盟《新电池法》（New Batteries Regulation）[1]。为了应对电动车和可再生能源存储需求的快速增长，欧盟推出了《新电池法》。该法案要求电池在生产、使用和回收过程中必须符合严格的环境标准。具体措施包括提高电池的回收率，确保电池的生产和处置过程最大限度减少对环境的影响。

（2）美国的命令控制型减排政策

美国的命令控制型减排政策主要通过环保署（EPA）实施，通过设定国家环境空气质量标准（National Ambient Air Quality Standards，NAAQS）控制各类常规污染物。其环境标准一般分为两级：一级标准是保护人类健康，二级标准是保护人类福利的其他方面免受污染物单方面的影响。一级标准对所有污染物都会制定标准，二级标准仅对二氧化氮、一氧化硫和细微颗粒物制定标准[2]。

---

[1] European Union. Regulation（EU）2023/1542. Official Journal of the European Union[EB/OL]. https://eur-lex.europa.eu/eli/reg/2023/1542/oj.

[2] U.S. Environmental Protection Agency.National Ambient Air Quality Standards（NAAQS）Table[S].

《清洁空气法》（Clean Air Act，CAA）。该法案授权 EPA 制定和执行空气污染标准，包括温室气体排放限值。EPA 通过《清洁能源计划》（Clean Power Plan，CPP），要求各州编制州实施计划（State Implementation Plan，SIP），SIP 得到 EPA 批准后，才得以实施。对于新污染源，CAA 制定了新污染源评估（New Source Review，NSR）计划。

汽车排放标准。EPA 与国家公路交通安全管理局（NHTSA）合作，制定了汽车燃油经济性和温室气体排放标准。新标准要求汽车制造商提高车辆燃油效率，减少温室气体的排放。

2. 基于价格的碳税政策

碳税政策是基于经济学的外部性理论形成的。温室气体排放具有负外部性，因此，对全球气候造成了广泛的负面影响。通过对二氧化碳等温室气体排放征税，可以将外部成本内化，使排放者承担相应的社会成本[1]。通过对碳排放征税，提高使用化石燃料的成本，从而激励企业和个人减少碳排放。这种基于价格的碳税政策被认为是一种有效的市场激励工具。

碳税通过提高碳排放成本，向市场传递减排信号。企业和个人在面对增加的碳排放成本时，会主动寻求降低碳排放的技术和措施，从而实现成本效益的减排[2]。这种基于价格的激励机制，相比行政命令更具灵活性和效率。

在欧洲，瑞典是全球最早实施碳税的国家之一。自 1991 年起，瑞典对化石燃料征收碳税，其初始税率为每吨二氧化碳 250 瑞典克朗，经过多次调整，已提高到每吨二氧化碳 1150 瑞典克朗。瑞典的碳税政策促进了清洁能源的发展和温室气体排放的显著下降。

在美洲，加拿大于 2019 年正式实施《温室气体污染定价法案》（Greenhouse Gas Pollution Pricing Act），旨在通过碳定价机制减少温室气体排放。该政策被视为加拿大实现气候目标的重要工具。加拿大的碳税从每吨二氧化碳排放量 20 加拿大元起步，每年逐步提高，并计划每年增加 10 加拿大元，到 2024 年 4 月已达到每吨 80 加拿大元。除联邦碳税外，加拿大一些省份也实施了自己的碳税政策。加拿大各省和地区可以选择实施自己的碳定价机制，但其严格程度必须达到或超过联邦政府设定的标准。若加拿大某省或地区未能制订符合标准的碳定价计划，

---

[1] Pigou, A.C. The Economics of Welfare[M]. London: Macmillan, 1920.
[2] Nordhaus, W.D. A Question of Balance: Weighing the Options on Global Warming Policies[M]. New Haven, CT: Yale University Press, 2008.

联邦政府将直接在该地区实施碳税。目前不列颠哥伦比亚省、阿尔伯塔省和魁北克省等省份已实施本地的碳定价机制。例如，不列颠哥伦比亚省自2008年起实施碳税，2024年税率达到每吨80加拿大元。

在亚洲，新加坡于2019年开始实施碳税，是东南亚第一个实施碳税的国家。新加坡的碳税初始税率为每吨二氧化碳排放量5新加坡元，2024年新加坡把税率调至每吨25新加坡元，并预计2030年将达到50～80新加坡元。新加坡碳税政策旨在推动企业提高能效、减少碳排放，支持国家的长期减排目标。新加坡政府设立了"绿色基金"（Green Fund），用于支持低碳和可持续发展项目。该基金的资金来源包括碳税收入，主要用于资助清洁技术和可再生能源的研发，推动绿色创新，同时为企业和家庭提供能效提升项目的资助和补贴，降低能源消耗，并投资于绿色建筑、公共交通和可再生能源设施建设。

引入碳税政策可能直接增加企业的生产成本，尤其是高碳排放行业如化石燃料能源、钢铁和水泥等行业将面临更大的成本压力。这将促使企业提高能效、采纳清洁技术或转向低碳能源，以减轻税负。同时，碳税可能通过价格传导机制导致消费者面临能源和交通成本上升的问题、税收返还机制可以在一定程度上缓解这一影响。例如，加拿大的碳税政策就是通过返还部分税收收入，以帮助低收入家庭抵消生活成本的增加。

碳税政策在实施过程中常常遭遇政治阻力，尤其是在高碳排放行业具有重要经济地位的国家或地区，其中利益相关者可能通过游说等手段影响政策的制定与执行。同时，碳税可能加剧收入不平等，对低收入家庭和发展中国家的影响尤为明显[1]，因此在设计碳税政策时需要考虑经济公平性，并通过返还机制或减税措施来缓解碳税对弱势群体的影响。此外，气候变化作为全球性问题，需要国际合作，单一国家的碳税政策可能导致"碳泄漏"，即企业可能转移到没有碳税的国家，减弱政策的有效性。因此，国际协调与合作是达成全球减排目标的关键。

3. 基于市场机制的碳市场政策

（1）碳市场的机制和效果

碳市场由强制性碳排放权交易市场和自愿性减排交易市场构成，通过配额分配与清缴、市场交易等方式，引导企业主动减排，推动实现"碳达峰碳中和"目标。配额分配采用碳排放强度基准法，企业需在履约截止日期前提交配额或

---

[1] Bento，A.M.，Goulder，L.H.，Jacobsen，M.R. and Von Haefen，R.H. Distributional and Efficiency Impacts of Increased US Gasoline Taxes[J]. American Economic Review，2009，99（3）：667-699.

核证自愿减排量抵消其碳排放。市场交易通过碳排放配额交易，为企业履行降碳责任提供灵活选择。数据管理方面，建立碳排放数据监测、报告和核查制度（MRV），并运用信息化手段进行监管。企业需定期报告碳排放数据，第三方机构负责核查其数据的真实性和准确性。监管机构通过严格的监测和核查，确保市场参与者的合规性。自愿减排交易市场支持生态系统碳汇、可再生能源等项目，推动低碳、零碳、负碳技术的应用。

此外，市场稳定机制（Market Stability Mechanism）旨在防止碳市场价格的过度波动，保障市场的长期稳定。常见的市场稳定机制包括市场稳定储备和价格走廊两种。

市场稳定储备（MSR）。在市场供需失衡时调节配额供给，防止价格过度波动。

价格走廊（Price Corridor）。设定最低和最高价格，确保碳价格在合理范围内波动。

（2）碳交易市场定价体系

全球变暖和气候变化已成为当今世界面临的重大挑战。为应对这一挑战，各国政府和国际组织纷纷采取措施减少温室气体排放。在众多政策工具中，碳交易市场因具有市场导向和灵活性而受到广泛关注。

碳交易市场（Emissions Trading System，ETS）是一种市场导向的环境政策工具，通过设定排放总量上限和分配排放配额，使市场参与者可以在配额内进行碳排放，并通过市场交易实现减排目标。这种机制是利用市场力量，将减排成本最小化，从而实现环境和经济效益的双赢。

强制性碳市场和温室气体自愿性碳市场是碳市场的两个主要类别。强制性碳市场由政府或国际组织设立并监管，具有法律约束力，典型代表包括欧盟碳排放交易体系（EU ETS）和中国碳排放交易市场[1]。温室气体自愿性碳市场则由企业或个人自愿参与，主要用于碳中和与企业社会责任等方面。

碳市场的核心是碳配额（也称碳排放配额）分配和交易机制。政府根据减排目标设定排放总量上限，并将配额分配给市场参与者。参与者可以根据自身需求购买或出售配额，通过市场机制确定碳价格。未使用的配额可以储存或转售，从而提高了市场的灵活性。

---

[1] Zhang, D., Karplus, V.J., Cassisa, C. and Zhang, X. Emissions Trading in China: Progress and Prospects[J]. Energy Policy, 2017, 107: 298-309.

碳价格在碳市场中通过供需关系形成。供给方面，碳配额的总量由政府设定，配额分配和拍卖机制影响市场供给。需求方面，市场参与者的排放量、减排技术和成本等因素决定碳配额的需求量。市场均衡价格反映了碳排放的边际减排成本。

（3）《欧洲绿色新政》及其对全球碳中和的影响

《欧洲绿色新政》（*European Green Deal*）是欧盟在应对气候变化、促进可持续发展方面的一项重大政策举措。这里将详细探讨欧洲绿色新政的主要内容，及其对全球碳中和目标的影响。

2019年12月，欧盟委员会发布《欧洲绿色新政》。这是一项覆盖广泛的政策框架，旨在应对气候变化、保护环境、促进经济增长和维护社会公正。其核心目标是在2050年之前实现欧洲碳中和，并推动经济和社会的全面绿色转型[①]（见表3-4）。

表3-4 《欧洲绿色新政》主要目标及措施

目标	措施
2030年减排目标	到2030年，温室气体排放量至少比1990年减少55%
2050年碳中和目标	到2050年实现温室气体净零排放
经济和社会转型	涉及能源、工业、建筑、交通、食品、生态和环境等领域
绿色金融、环保预算、科技创新、教育培训	相关政策中纳入可持续发展理念
碳边界调整机制（CBAM）	全球首个碳关税政策，对进口商品内含的碳排放征收关税，旨在防止"碳泄漏"
碳排放交易系统	欧盟委员会提议进一步降低总排放量上限，并提高年减排率
可再生能源和能源效率	增加可再生能源的使用，提高能源效率
低碳排运输交通模式	支持低碳排的运输交通模式，以及相关的燃料推广和基础设施建设
土地利用、林业和农业	制定政策以保护和发展天然碳汇，扩大碳汇以实现气候中立

《欧洲绿色新政》的核心是气候行动，包括设定严格的减排目标、加强气候

---

① THE EUROPEAN COMMISSION 2019—2024[J].Energy focus, 2019（3）：36.

适应能力和建立碳定价机制。欧盟提出了"2030年减排计划",旨在通过立法和政策工具,确保成员国共同实现减排目标[①]。

推动清洁能源的广泛使用是实现碳中和的关键。《欧洲绿色新政》强调了可再生能源的开发与利用,如风能、太阳能和水力发电。同时,还注重提高能源效率,减少能源浪费[②]。

《欧洲绿色新政》推动循环经济的发展,旨在通过设计、生产和消费的各个环节减少资源浪费和环境影响。具体措施包括推广可再生材料、延长产品寿命和提高回收利用率[③]。

《欧洲绿色新政》强调了生物多样性保护和生态系统恢复的重要性。欧盟计划通过一系列措施,保护自然栖息地、恢复退化土地和维护海洋生态系统,并加强对有害物质的管控[④]。

可持续交通是《欧洲绿色新政》的重要组成部分。欧盟致力于发展清洁交通方式,如电动汽车和公共交通系统,并改善交通基础设施,以减少交通运输对环境的影响[⑤]。

实现绿色转型需要巨大的资金支持。欧盟通过绿色金融和投资策略,动员公共和私人资金投入绿色项目,并设立"公正转型基金",以帮助受影响的地区和行业平稳过渡[⑥]。

《欧洲绿色新政》作为一项雄心勃勃的政策框架,通过全面的气候行动、清洁能源转型、发展循环经济和维护社会公正等措施,推动欧盟在2050年实现碳中和目标。其对全球碳中和目标的实现具有重要影响,不仅在国际气候治理中发挥领导作用,还通过技术创新、市场影响和国际合作,推动全球绿色转型。然而,实现这些目标仍面临诸多挑战,需要持续的政策支持和国际合作。未来,欧盟需在坚持《欧洲绿色新政》的同时,注重经济和社会的公平与包容,确保绿色

---

① European Commission. A European Climate Law - Making the EU Climate Neutral by 2050[EB/OL]. https://climate.ec.europa.eu/eu-action/european-climate-law_en.

② European Commission. The European Green Deal Investment Plan and Just Transition Mechanism Explained.

③ European Commission. A New Circular Economy Action Plan For a Cleaner and More Competitive Europe.

④ European Commission. EU Biodiversity Strategy for 2030.

⑤ European Commission. Sustainable and Smart Mobility Strategy – Putting European Transport on Track for the Future.

⑥ European Commission. Just Transition Mechanism: Making Sure No One is Left Behind.

转型的可持续性和全面性。

（4）欧盟碳边境调节机制实施背景及其对国际贸易的影响

随着全球气候变化问题日益严重，各国政府纷纷采取措施减少温室气体排放。2021年7月，欧盟委员会提出《碳边境调节机制条例》，作为"Fit for 55"2030一揽子气候计划[①]的一部分，需达成2030年将温室气体净排放量削减至1990年水平至少55%的目标。欧盟碳边境调节机制（CBAM）旨在防止"碳泄漏"，保护本地企业的竞争力。通过对进口产品征收碳费用，欧盟确保了本地企业与国外企业在相同的环境标准下竞争。这不仅有助于保持本地工业的经济活力，还能促进本地企业的技术创新和减排。

2023年10月1日，CBAM过渡阶段正式开始，并预计于2025年底结束。在此期间，CBAM覆盖六大行业（钢铁、水泥、铝、化肥、电力和氢）的进口商，需每3个月上报一次数据，以维持其申报商身份。申报内容应包括上一日历年进口的每类商品总量及其总隐含碳排放量、已清缴的碳排放权总数及核查报告副本等[②]。在过渡阶段，进口商无须支付碳税和调整费用（见图3-1）。

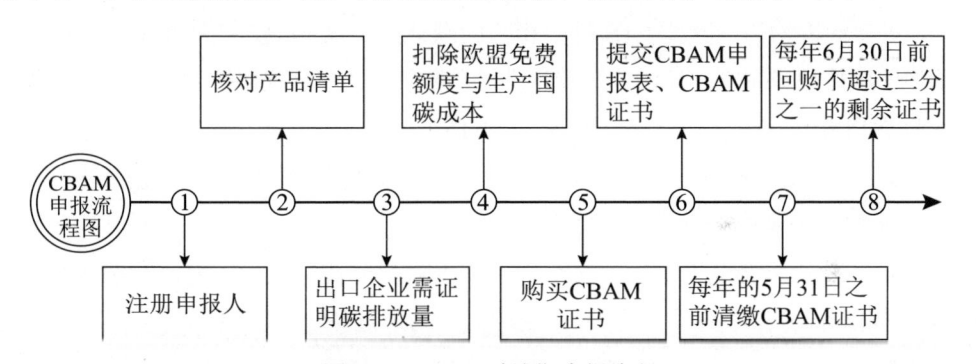

图3-1 CBAM过渡期申报流程

自2026年1月1日起，CBAM全面实施，欧盟授权的申报人代表进口某些商品的进口商，需购买并提交CBAM证书，以抵消其进口商品中内含的碳排放。由于这些证书的价格来自欧盟排放交易系统（EU ETS）的配额价格，而且监测、报告和核查（MRV）规则是基于EU ETS的MRV系统设计的，这使得进口商

---

① "Fit for 55"指的是到2030年，欧盟将温室气体净排放量与1990年的水平相比至少减少55%的目标，拟议的一揽子计划旨在使欧盟立法与2030年的目标保持一致。

② 孙瑾，庄婧玙. 欧盟碳边境调节机制CBAM的影响与启示[EB/OL]. 中央财经大学绿色金融国际研究院. https://iigf.cufe.edu.cn/info/1012/7924.htm.

品与参与 EU ETS 的设施生产商品所承担的碳价相等[①]。随着碳关税的逐步实施，EU ETS 的免费排放配额将逐步减少，直至 2034 年完全停止免费发放。

碳边境调节机制可能被视为新的贸易壁垒。进口国特别是发展中国家可能认为 CBAM 是一种隐性的保护主义措施，旨在保护欧盟本地工业，进而影响其出口到欧盟的商品竞争力。此外，进口商品的碳费用增加可能导致进口产品在欧盟市场的价格上涨，减少进口量。一方面，发展中国家的工业基础相对薄弱，减排技术和资金相对匮乏；另一方面，碳边境调节机制可能增加发展中国家出口产品的成本，削弱其在国际市场的竞争力。对于中国，CBAM 的实施意味着相关产品出口成本的增加，产品竞争力也可能受到影响。因此，中国政府需要加强与欧盟的政策协调和对话，提升环保标准，鼓励低碳技术发展，推动碳市场发展，提高碳排放管理水平；中国企业则需要按要求尽快进行技术升级和能源结构调整，采用清洁能源和低碳技术，降低产品碳足迹。

欧盟的碳边境调节机制旨在对进口产品征收碳费用，使其价格反映出生产过程中产生的碳排放成本。具体来讲，CBAM 覆盖排放密集和贸易暴露型（EITE）行业[②]。进口商需购买与欧盟 ETS 价格相当的碳证书，以补偿其产品在生产过程中未能承担的碳排放成本[③]。具体的计算步骤为：确定碳足迹（直接排放、间接排放）→数据收集和报告→确定碳价格（基于 EU ETS）→计算应付费用→减免和调整。

CBAM 应缴费用 =（EU ETS 碳价 - 出口国碳价）×（产品碳排放量 - 欧盟同类企业的免费碳排放额度）

欧盟的碳边境调节机制逐渐在全球范围内对产业转型施加压力，特别是对碳密集型行业的出口商。为保持在欧盟市场的竞争力，这些出口商将不得不提高生产过程的碳效率，采用清洁能源与技术，这一转变不仅推动了全球的减排进程，促进了低碳经济的发展，还可能促进全球碳定价机制的发展。随着碳定价受到越来越多国家和地区的关注，全球碳市场和碳交易体系将进一步发展，这不仅有助于实现全球减排目标，还能加强国际气候治理合作。此外，碳边境调节机制也逐渐成为推动全球供应链向绿色化转型的催化剂。企业为保持市场竞争力，将致力于减

---

① European Commission. CBAM Guidance Document[EB/OL]. https://taxation-customs.ec.europa.eu/system/files/2023-11/CBAM%20Guidance_EU%20231121%20for%20web_0.pdf.

② Kardish, C., Duan, M., Tao, Y., Li, L., & Hellmich, M. 欧盟碳边境调节机制与中国：政策设计选择、潜在应对措施及可能影响 [EB/OL].https://adelphi.de/system/files/mediathek/bilder/欧盟碳边境调节机制与中国.pdf.

③ European Commission.Carbon Border Adjustment Mechanism: Questions and Answers.

少碳足迹，促进全球绿色供应链的发展，推动形成可持续生产和消费模式。

欧盟碳边境调节机制（CBAM）作为应对"碳泄漏"、保护本地工业竞争力的重要政策工具，具有重要的战略意义。其实施背景反映了欧盟在全球气候治理中寻求领导地位的决心。CBAM的实施逐渐对国际贸易产生深远的影响，涉及贸易壁垒、产业转型、全球碳定价机制和绿色供应链等多个方面。欧盟需在后续完善和实施CBAM时，充分考虑国际贸易规则和各国的实际情况，推动全球气候合作，实现可持续发展目标。

（5）美国《清洁竞争法案》的核心内容与实施效果评估

《清洁竞争法案》（*Clean Competition Act*，CCA）是一项旨在减少环境污染，并提升美国国内产业竞争力的立法提案。2022年6月7日，CCA由参议员谢尔顿·怀特豪斯（Sheldon Whitehouse）和其他几位议员引入，美国财政部负责管理和实施该法案[①]。

法案提出，2024年碳边境调整开始适用于包括化石燃料、精炼石油产品、石化产品、化肥、氢气、己二酸、水泥、钢铁、铝、玻璃、纸浆和纸、乙醇等在内的高碳密集型行业。到2026年，范围扩展至包含至少500磅（大致相当于227千克）覆盖能源密集型初级产品的进口成品（见图3-2）。

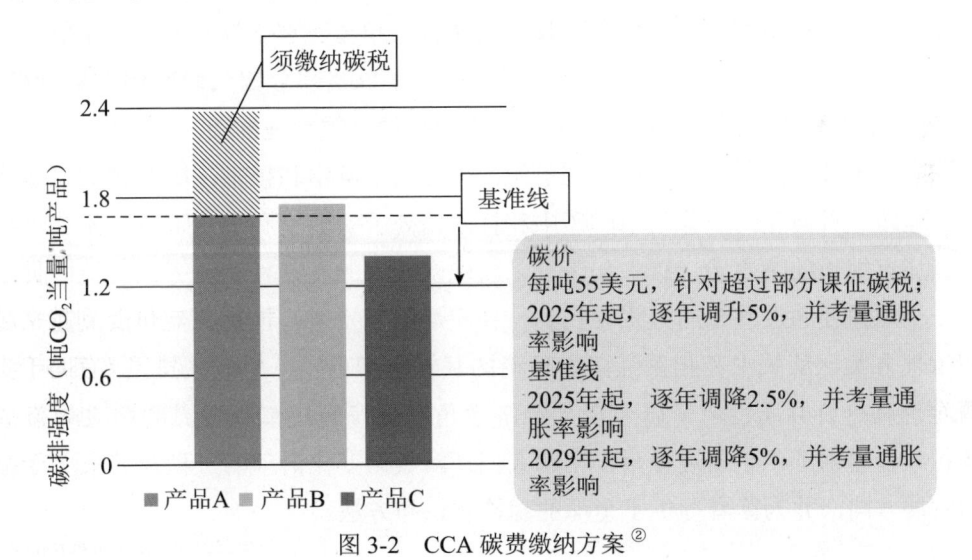

图3-2 CCA碳费缴纳方案[②]

---

① United States Congress，2022. Clean Competition Act. H.R. 6622, 117th Congress[EB/OL]. https://www.congress.gov/bill/117th-congress/house-bill/6622.

② Reccessary，2024. Clean Competition Act in US[EB/OL].https://www.reccessary.com/zh-cn/reccpedia/carbon-tax/clean-competition-act-in-us.

碳边境调整费用标准为每吨二氧化碳 55 美元，并且每年按高于通胀率 5% 的比例增加。对于在透明经济体中生产的进口商品，费用将根据原产国相关行业的平均碳密度超过美国相应行业的平均碳密度的程度来计算。对于在不透明经济体中生产的进口商品，费用将基于原产国的经济碳密度与美国经济碳密度的比例来计算。

由于目前中国经济的平均碳密度高于美国，中国的商品预计面临更高的碳边境调整费用。这可能增加中国商品在美国市场的成本，从而影响中国商品出口到美国的商品竞争力。同时，该法案还鼓励中国等高碳密集度国家采取更多的减碳措施，以降低商品的碳密度，减少碳边境调整费用的影响。此外，《清洁竞争法案》还将通过提供资金支持和技术援助的方式，帮助发展中国家实现低碳转型，促进全球范围内的气候治理合作。

本 篇 总 结

自工业革命以来，人类在社会活动中使用了大量的化石能源，排放的巨量温室气体引起了全球变暖。从全球碳循环角度看，化石燃料利用和土地利用的碳排放需要为人为作用和自然过程所吸收，实现碳中和与净零排放。全球气候变化问题由科学研究逐渐演变为国际政治议程，形成了以《联合国气候变化框架公约》《京都议定书》和《巴黎协定》为基础制度安排的气候治理框架。在气候治理中，美国表现出政策摇摆，欧盟则力图引领治理行动。碳中和技术从研发到应用还有较大差距，目前，约三分之二的碳中和技术仍处于实验室和示范阶段，要实现碳中和还有很长的路要走。碳中和带来了新能源技术的发展和就业等经济结构的变化。全球需要通过联合的方式寻找到一种应对能源安全、粮食安全和供应链安全的治理方案。从碳中和相关经济学理论的基本框架出发，气候减排具有外部性，同时也具有公共属性，所以可以从经济学角度寻找解决市场失灵的相应政策工具。本篇提供了一个宏观视角，帮助人们理解气候变化治理的进程及其未来可能的发展方向，并为读者提供了全面的理论知识和方法。

第二篇 "碳达峰碳中和"的中国路径

为应对气候变化、实现能源独立，中国提出了"碳达峰碳中和"目标，这既是大国责任的担当，又是推动经济结构转型的重要举措。由于不同领域和行业的特点不同，需要的减排路径也不相同，中国在实现"碳达峰碳中和"目标的过程中面临着诸多挑战。如何将长期战略转化为具体工作部署是市场关注的重点，其中对于激励约束政策，有些需要做"加法"，有些需要做"减法"，需要进一步通过实践检验。中国实现"碳达峰碳中和"目标，需要构建一套完整的绿色低碳转型制度体系，并加强法治保障，这不仅涉及多层面的立法、司法制度建设与完善，还涉及碳交易和碳金融制度的创新和发展，包括碳市场、碳信贷和碳证券等制度。

本篇将讨论中国在实现"碳达峰碳中和"目标方面的进展，特别是结合党的二十大报告中对碳中和目标系统全面的论述和相关政策的解读，探讨未来推动和部署工作的方向，并深入探讨"碳达峰碳中和"目标提出及其实现的法治保障、"碳达峰碳中和"制度发展的立法与司法维度、碳交易制度的发展与完善、碳金融制度的创新与发展。

第四章
中国"碳达峰碳中和"目标与气候投融资政策

为实现"碳达峰碳中和"目标,中国在政策方面逐步形成了"1+N"的政策体系。"碳达峰碳中和"目标落实过程中可能持续面临产业、能源转型的困难与挑战,需要提前做好战略谋划和部署,有步骤、分阶段地实施。

一、中国"碳达峰碳中和"目标历程、政策与未来

1. 中国提出应对气候变化"碳达峰碳中和"目标的历程

中国首次提出"碳达峰碳中和"目标是在 2020 年 9 月,习近平主席在联合国大会上明确:中国二氧化碳排放力争于 2030 年前达到峰值,努力争取 2060 年前实现碳中和。早在 2014 年,中国已在《中美气候变化联合声明》中提及碳达峰的目标,此次由习近平主席对碳达峰目标的时间表做了进一步明确和要求。

2020 年,国内对碳中和的研究并不多,但在目标提出之后,该话题迅速升温。碳中和议题的探讨不仅关乎温室气体减排,还触及经济、产业结构、社会发展、国际角色、产业链定位等,是复杂的系统性国家战略。习近平主席高度重视"碳达峰碳中和"目标,在重大的国际外交场合和中央会议上曾多次强调,2020 年后的中央经济工作会议亦连续几年提及,足见其在国家发展蓝图中的核心位置。

气候变化领域的科学家经过数十年研究积累后达成了共识,指出人类活动正显著影响气候系统,工业革命以来的化石能源使用虽推动经济发展,但也带来了环境风险。气候变化对全球影响深远,需要全球各个国家合作应对。气候变化涉及能源消费与产业转型,与全球经济紧密相关,甚至会影响各国金融体系变革。

因此,"碳达峰碳中和"目标不仅是环保议题,还是发展策略与全球竞争与合作的舞台。在新能源、绿色金融等领域,中国在国际上展现出卓越的领导力。"碳达峰碳中和"目标的提出,不仅回应了全球挑战,也促进了国内经济转型与

产业升级，展现了中国在国际舞台上的主动担当与作为。

2. 党的二十大报告中有关"碳达峰碳中和"论述的解读

回顾气候变化与可持续发展的讨论，党的十八大和十九大已明确提及气候变化议题，彼时正值全球气候变化多边谈判的关键节点。党的十八大召开时，国际气候谈判局势尚不明朗，故焦点多集中在国际动态。而至党的十九大召开，随着美国特朗普政府宣布退出《巴黎协定》，国际目光转向了中国。作为全球二氧化碳排放大国之一，中国在党的十九大报告中积极响应，宣示成为全球生态文明建设的积极参与者、贡献者和引领者，特别强调以人民为中心的发展理念。

2020年后，讨论呈现出明显的国内转向，许多讨论聚焦国内政策与实践。这反映出中国在应对气候变化方面已取得显著进展，其重要性日益凸显。中国设定的"碳达峰碳中和"目标，是对国际社会的承诺，也是对国内发展的长远规划。实施过程中，策略的灵活性显得尤为重要，需对时间安排与减排难度进行权衡。

党的二十大报告提出"积极稳妥推进碳达峰碳中和"，强调了统筹协调与系统思维，标志着中国进入了多目标平衡推进的新发展阶段。相较于以往单一维度的经济增长目标，如今的发展策略更加注重产业结构调整、降污减排与高质量发展的协同，力求在保障经济增长的同时，实现气候友好型发展。

通过培育新兴产业，以及生态保护修复、森林增汇等解决方案，中国致力于减少排放的同时增强碳汇能力，实现经济增长与碳排放脱钩。这要求在实施减排措施时，既要考虑"减法"（温室气体减排），也要考虑"加法"（经济发展和碳汇），并借助技术创新驱动，培育绿色、低碳、循环经济，形成广泛接受且可持续的发展模式。

面对复杂的国际环境与能源转型挑战，中国在确保能源安全的前提下，推动传统化石能源特别是煤炭的有序替代。这一过程需谨慎行事，确保新型能源体系的稳定可靠，避免转型风险。简而言之，中国正以实际行动展示出对气候变化的严肃态度，通过综合施策、系统推进，将迈向人与自然和谐共生的现代化征程视为国家发展的重要使命。未来，随着更多具体政策与行动的出台，中国将持续在应对气候变化中发挥重要作用。

3. 中国"碳达峰碳中和"目标与"1+N"政策体系综述

在探讨中国"碳达峰碳中和"目标与"1+N"政策体系之前，需要理解这一体系的构成及其背后的逻辑。目前国家出台了30余项政策，且相关政策在不断增加。例如，国资委要求所有央企，不仅是能源行业的央企，还包括其他领域的央企，都需提出碳中和的行动方案，这表明了国家对于实现碳中和目标具有坚定的实施决心。

此外，地方政府也在积极制定与中央"1+N"政策相呼应的政策。以浙江省为例，该省实施了"1+1+6+X"政策，其他区域也在制定或已发布类似的政策。这些政策的延续和细化，体现了从中央到地方对于"碳达峰碳中和"目标的全面落实。

二、中国实现"碳达峰碳中和"目标的挑战

1. 经济结构调整的难度

中国的经济发展模式，一段时间内依赖高能耗、高排放的行业，特别是电力、钢铁、水泥等行业。这些行业占据了全国碳排放很大的比例，要实现"碳达峰碳中和"目标，必须对这些高排放行业进行大幅度的结构调整和技术升级。调整过程不可避免地会带来经济波动和社会影响，特别是在就业和地方财政收入方面。

由于经济结构调整难度大，中国二氧化碳排放量仍处在较高水平。中国现在仍是发展中国家，各个行业的经济发展很大程度上需要消耗大量的传统能源（如煤炭、石油、天然气等）。根据《世界能源统计图鉴（2024）》，2011—2023年中国二氧化碳排放量居全球第一，且除了2015年有少量下降外其余每年都在逐步递增。2023年，中国二氧化碳排放量占世界总排放量的32.9%[1]。

中国高耗能企业还具有一定数量，碳关税将一定程度上削弱中国产品的出口竞争力，倒逼高耗能企业采取节能减排措施，需求之下有利于中国碳市场机制的完善和经济结构转型升级。

2. 能源结构转型的挑战

中国的能源结构以煤炭为主，煤炭在能源消费中的比重仍然较高。尽管近年来中国大力发展可再生能源，但在短期内实现能源结构的彻底转型依然面临技术和经济上的双重挑战。例如，风电和光伏等可再生能源具有间歇性和不稳定性特点，需要大量投资建设储能设施和智能电网，以保障能源供应的稳定性和安

---

[1] KPMG. 2024年世界能源统计年鉴[EB/OL].https://assets.kpmg.com/content/dam/kpmg/cn/pdf/zh/2024/08/statistical-review-of-world-energy-2024.pdf.

全性。

以钢铁为例,在中国钢铁产业的发展历程中,"富煤、贫油、少气"的国情决定了中国的钢铁生产工艺以煤炭为主要能源。由于发展初期对环境不够重视,且多从成本控制的角度考量,一定程度上形成了"以高炉转炉法为主的高排放、高产能钢铁产业"的现状。

中国的钢铁生产主要采用长流程工艺,废铁回收规模小,技术成熟度需要进一步提升。长流程工艺包括高炉转炉法和还原法两类。高炉转炉法中热源为煤炭,其排碳量为主流工艺中最大:每生产 1 吨钢铁至少排放 1.8 吨二氧化碳。还原法工艺的排碳量高低,取决于还原剂种类和所使用二级能源的清洁程度。例如,采用烷烃类化合物为还原剂,会排放一定量的碳;采用氢气为还原剂,理论上不会产生任何含碳化合物,故无碳排,见图 4-1。

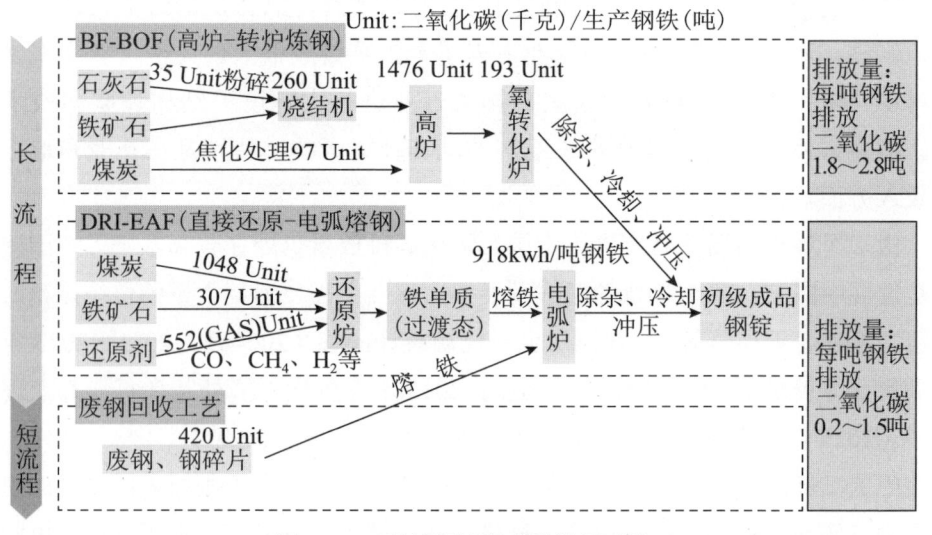

图 4-1　三种炼钢流程碳排放量对比

全球重要钢铁企业已经对自身的碳排放义务做出承诺。为了达到减排目标,更先进的氢基还原法和无化石电能或将逐渐普及。据不完全统计,全球重要钢铁企业中,美国 Cleveland Cliffs 公司、美国钢铁公司和 NUCOR Steel 公司已经实现低排放目标,瑞典 SSAB 公司、巴西 CSN 公司、中国宝武钢铁集团和韩国浦项制铁控股公司分别计划在 2030 年、2044 年、2050 年、2050 年实现碳中和,印度 TATA Steel 欧洲公司则计划在 2030 年实现 30% 的减排目标,见图 4-2。

第四章 中国"碳达峰碳中和"目标与气候投融资政策

承诺碳义务	全球重要钢铁企业	改进工艺
2030年实现碳中和	瑞典SSAB公司	氢基还原法
2050年实现碳中和	中国宝武钢铁集团	
2030年减排30%	印度TATA Steel欧洲公司	无化石电能
已实现低排放目标	美国Cleveland Cliffs公司	
已实现低排放目标	美国钢铁公司	CCS提效
已实现低排放目标	美国NUCOR Steel公司	
2044年实现碳中和	巴西CSN公司	电弧熔钢工艺
暂无计划	土耳其Erdemir公司	
2050年实现碳中和	韩国浦项制铁控股公司	富氢高炉工艺

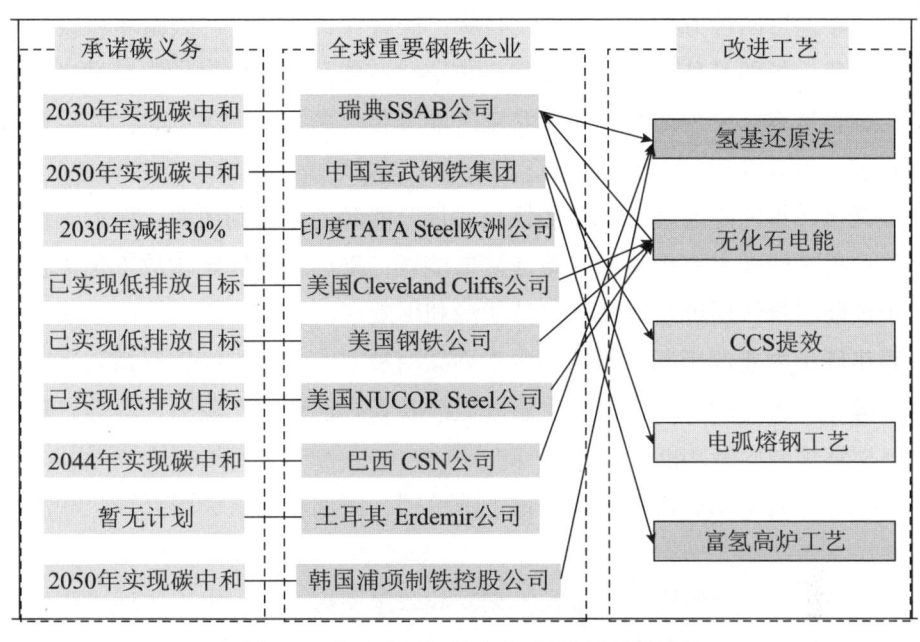

图4-2 全球重要钢铁企业减排目标及途径

从外贸角度看，随着欧美等发达地区对碳排放的政策日益严苛，中国钢铁行业的绿色转型显得尤为紧迫。首先，中国钢铁企业承担了大量的海外订单，一旦碳边境调节机制（CBAM）等政策实施，出口产品的价格优势将被重税削弱。其次，企业的绿色转型需要一定的适应期，中国钢铁企业应抓住这一"窗口期"，集中解决根本性的碳排放问题，若错过"窗口期"，可能增加绿色转型的时间成本。最后，更清洁的制钢工艺往往伴随着更简化的生产流程，工艺差异将影响产品成本和质量，不利于行业的可持续健康发展。

此外，从自身发展的角度来看，国内钢铁企业如果不及时进行绿色转型，其巨大的碳排放量将对中国实现"碳达峰碳中和"目标造成实质性阻碍，并可能导致欧美国家的"碳泄漏"问题。因此，中国钢铁行业需要加快绿色转型步伐，这不仅是为了满足国际市场的需求，也是为了实现国内的环境目标和可持续发展。

3. 技术创新和应用的不足

实现"碳达峰碳中和"目标需要大量的技术创新，尤其是在碳捕集、利用与封存（CCUS）技术、氢能技术和智能电网技术等方面。目前这些技术在中国的研发和应用尚处于起步阶段，技术成熟度和经济性有待提高。同时，推动这些技术的商业化应用还需要大量的资金投入和政策支持。

自提出"碳达峰碳中和"目标以来，中国一直在为实现这一目标而努力。目前中国主要通过四种方式来实现这一目标：碳替代、碳减排、碳循环和碳封存。

碳替代，指的是使用零碳能源替代传统化石能源。具体包括：通过光伏和风电替代燃煤发电；采用地热、光热和空气能等替代燃煤和燃气供暖；利用可再生能源制氢、甲醇等替代化石燃料。

碳减排，指的是通过节能和减排技术提升能源的综合利用率。例如，通过优化工艺和提高能效来避免能源浪费或降低能耗；采用新型低碳排放工艺进行工业过程的余能回收；通过互联互济提升能源利用效率。

碳循环，主要包括人工固碳和生态固碳两种方式。人工固碳包括利用二氧化碳制甲醇、一氧化碳等化合物；生态固碳涉及森林、草原、湖泊、湿地、碱性土壤等自然环境的固碳功能。

碳封存，是将二氧化碳封存于地下油气层、深部咸水层、废弃煤矿和深海海底等地。

这些方式的综合应用，结合技术创新和政策支持，将为中国实现"碳达峰碳中和"目标提供坚实的基础。

实现"碳达峰碳中和"目标需要一系列政策和机制的支持，如碳定价机制、碳市场建设、绿色金融政策等。当前，中国的碳市场建设尚处于初级阶段，碳排放权交易市场的规则和体系有待完善，市场机制的作用尚未充分发挥。同时，绿色金融政策也需要健全，以支持低碳产业的发展。

三、中国实现"碳达峰碳中和"目标的实施路径

1. 能源领域的变革

（1）提高可再生能源比重

"十四五"期间，中国致力于大幅提高可再生能源的比重。国家出台了一系列支持政策，推动风电、光伏发电、水电等可再生能源的快速发展。未来，中国将继续加大对可再生能源的投资力度，优化电力系统结构，提升新能源的消纳能力。

可再生能源发电装机容量的增加，将扩大电力部门的清洁能源供应，推动电力部门去碳化，同时推动其他部门逐步用清洁电力替代化石能源。近年来，中国在绿色能源发展方面取得了显著成效，2023年新增加的风电和光伏装机容量已接近3亿千瓦，创历史新高。可再生能源装机容量约占全球总量的40%，约贡献

了全球新增容量的 50%，见表 4-1。

表 4-1 2020—2023 年中国累计发电装机容量　　（单位：亿千瓦）

年份	水电	核电	风电	光伏	火电	合计
2020	3.70	0.50	2.62	2.53	12.45	21.80
2021	3.91	0.53	3.28	3.07	12.97	23.76
2022	4.14	0.56	3.65	3.93	13.32	25.70
2023	4.22	0.57	4.41	6.09	13.90	28.19

数据来源：Wind。

中国可再生能源的发展采取集中开发与分散发展相结合的方式。集中开发主要是推进沙漠、戈壁、荒漠地区的大型风电光伏基地项目建设；分散发展则侧重县、区级政府主导的分布式光伏开发等。通过这两种方式的结合，中国可再生能源装机容量迅速增长。

（2）推动传统能源绿色转型

中国现阶段的能源使用主要包括煤炭、石油和天然气。从能源使用结构分布来看，中国能源使用中煤炭占比较大，主要应用于工业和电力领域；石油主要用于交通领域；天然气主要用于建筑领域，同时对工业和电力领域也有一定的贡献。可再生能源和低碳能源在电力领域的占比较小。

在碳中和情况下的能源平衡图中，电力需求预计大幅增长，总供电量可能达到 16 万亿度电，电气化率占到 70%。未来主要的电力来源可能是风能、光能和水能等可再生能源。届时煤炭仍将保留一部分，但需要通过碳捕集与利用技术来减少碳排放。总体而言，电力服务将占能源服务的主导地位，电气化进程大大提高，成为能源服务的主力。

在这一过程中，许多一次能源形式将主要用于发电，对于一些难以减排的工业部门，依然需要煤炭等固态燃料的支持，以及石油等液态燃料的辅助。在能源转型过程中，电力系统将逐步实现低碳化，第一步是从以化石能源为主转变为以可再生能源和低碳能源为主，第二步是整个能源系统的电气化进程将显著加快，电气化率从 26% 增长至 70%。这两个特征实际上是传统能源绿色低碳转型的基本路径，相关政策见表 4-2。

表 4-2 传统能源绿色低碳转型政策

出台时间	政策文件	摘要
2021 年 10 月	《全国煤电机组改造升级实施方案》	到 2025 年，全国火电平均供电煤耗降至 300 克标准煤/千瓦时以下，节能降耗改造规模不低于 3.5 亿千瓦
2022 年 3 月	《"十四五"现代能源体系规划》	到 2025 年单位国内生产总值能耗比 2020 年下降 13.5%，单位国内生产总值二氧化碳排放下降 18%
2022 年 5 月	《煤炭清洁高效利用重点领域标杆水平和基准水平（2022 年版）》	新建煤炭项目依照标杆水平建设实施，存量项目依据标杆水平实施升级改造
2023 年 2 月	《加快油气勘探开发与新能源融合发展行动方案（2023—2025 年）》	积极扩大油气企业开发利用绿电规模。到 2025 年，通过油气促进新能源高效开发利用累计清洁替代增加天然气商品供应量约 45 亿立方米。通过低成本绿电支撑减氧空气驱等三次采油方式累计增产原油 200 万吨以上
2023 年 3 月	《2023 年能源行业标准计划立项指南》	涉及能源绿色低碳转型、新兴技术产业发展、能效提升和产业链碳减排等重点方向的行业标准计划
2023 年 4 月	《2023 年能源工作指导意见》	2023 年单位国内生产总值能耗同比降低 2% 左右；大力推进煤电机组节能降碳改造、灵活性改造、供热改造"三改联动"；加强化石能源清洁高效开发利用，稳步提升煤炭洗选率，加快油气勘探开发与新能源融合发展
2023 年 6 月	《关于推动现代煤化工产业健康发展的通知》	能效低于基准水平的已建项目须在 2025 年底前完成改造升级，主要产品能效须达到行业基准水平以上
2024 年 5 月	《2024—2025 年节能降碳行动方案》	2024 年，规模以上工业单位增加值能源消耗降低 3.5% 左右，非化石能源消费占比达到 18.9% 左右。2025 年，非化石能源消费占比达到 20% 左右
2024 年 7 月	《关于加快经济社会发展全面绿色转型的意见》	专门部署稳妥推进能源绿色低碳转型，要求加强化石能源清洁高效利用，大力发展非化石能源，加快构建新型电力系统

2. 工业领域的低碳转型

（1）推进产业结构调整

为了实现"碳达峰碳中和"目标，中国必须加快高耗能和高排放产业的转型升级，积极鼓励发展高技术含量和高附加值的产业。这包括淘汰落后产能，推动传统产业向智能化和绿色化方向发展，从而提升产业整体的竞争力和可持续发展能力。

尽管中国在产业结构调整和转型升级方面取得了一些进展，但任务依然艰巨。目前中国制造业总体仍处于全球价值链的中低端。根据2023年的数据，第一产业的增加值占国内生产总值的7.1%。尽管近年来第二产业的增加值有所下降，但2023年第二产业的增加值仍高达38.3%。与此同时，第三产业的比重有所上升，2023年达到了54.6%。

实现"碳达峰碳中和"目标过程中，中国产业结构调整呈现以下趋势：逐步降低第二产业的比重，同时提高第三产业的比重。在第二产业内部，重点在于严格控制高耗能高排放行业的增长速度，同时增加低耗能低排放行业的比重。在产品结构方面，关键是提高产品的附加值，降低单位增加值的能耗和碳排放强度。

针对第二产业，中国陆续出台了能源、钢铁、有色金属、石化化工、建材、交通、建筑等行业的"碳达峰碳中和"目标实施方案，严格控制高耗能高排放项目的无序扩展，提高能耗和碳排放的准入门槛，并积极推动传统产业的工艺、技术和装备升级，见图4-3。

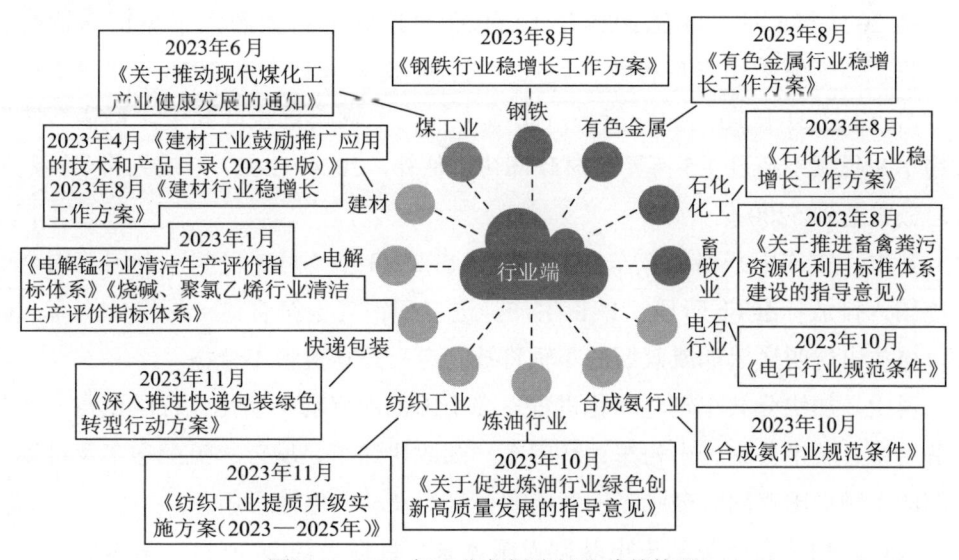

图 4-3　2023 年工业各细分行业政策梳理

（2）发展循环经济

循环经济是一种高效、低碳的经济发展模式，通过资源的循环利用，减少废弃物排放，降低资源消耗。中国应大力发展循环经济，推动资源的高效利用和再生利用，建立绿色低碳的生产和消费体系。

发展循环经济对中国碳减排的综合贡献率将超过三成。根据中国循环经济协会的测算，2022年，中国通过积极发展循环经济和推动废弃物的循环利用，共减少了约33亿吨二氧化碳排放。预计到2025年，循环经济对中国碳减排的综合贡献率将超过30%，到2030年这一比例将超过35%。

循环经济广义上属于绿色生活的一部分，还包括绿色社区、绿色出行、绿色商场、绿色建筑等。绿色生活理念有助于推广绿色生活方式，从而推动绿色消费，促进绿色发展。

3. 交通领域的绿色发展

（1）推广新能源汽车

新能源汽车是推动交通领域低碳化的关键。中国持续强化政策支持，促进新能源汽车技术的进步和产业化应用。与此同时，加快充电基础设施建设，完善新能源汽车的使用环境，以提升市场的接受度和普及率。

在政策层面，中国采取了四项行动来推动新能源汽车的发展。

首先，延续新能源汽车购置税减免政策。2023年6月，财政部、税务总局等联合发布《关于延续和优化新能源汽车车辆购置税减免政策的公告》，对购置日期在2024年1月1日至2025年12月31日期间的新能源汽车免征车辆购置税，每辆新能源乘用车免税额不超过3万元；对购置日期在2026年1月1日至2027年12月31日期间的新能源汽车减半征收车辆购置税，其中，每辆新能源乘用车减税额不超过1.5万元。财政部初步估算，2024—2027年减免的车辆购置税总额将达到5200亿元。

其次，实施更严格的汽车排放标准。自2023年7月1日起，全国范围全面实施国六排放标准6b阶段，禁止生产、进口和销售不符合这一标准的汽车。此外，排放出现明显黑烟或蓝烟的车辆将被判定为外观检验不合格。

再次，加快公共车辆电动化进程。在全国范围启动电动化先行区试点，涵盖公务用车、城市公交、出租车、环卫车、邮政快递车、城市物流配送车及机场等领域的车辆。国家同时鼓励老旧新能源公交车及动力电池更新。

最后，构建高质量的充电基础设施体系。目标是到2030年，基本建成一个范围广泛、规模适中、结构合理、功能完善的高质量充电基础设施体系。

（2）提升公共交通系统

大力发展公共交通系统是减少交通碳排放的重要途径。中国应优化公共交通网络，提升公共交通服务水平，鼓励市民优先选择公共交通出行。推广智能交通系统，提升交通管理和运行效率，减少交通拥堵和能耗。

优化交通运输结构的关键一步是提高铁路和水路在综合运输中的承运比重，即推动"公转铁、公转水"。2000—2023年，公路货运量的占比从79.50%降至73.72%。与此同时，水运货运量的占比从9.37%上升至17.12%。铁路货运量的占比从9.97%逐渐回升至12.41%，见图4-4。

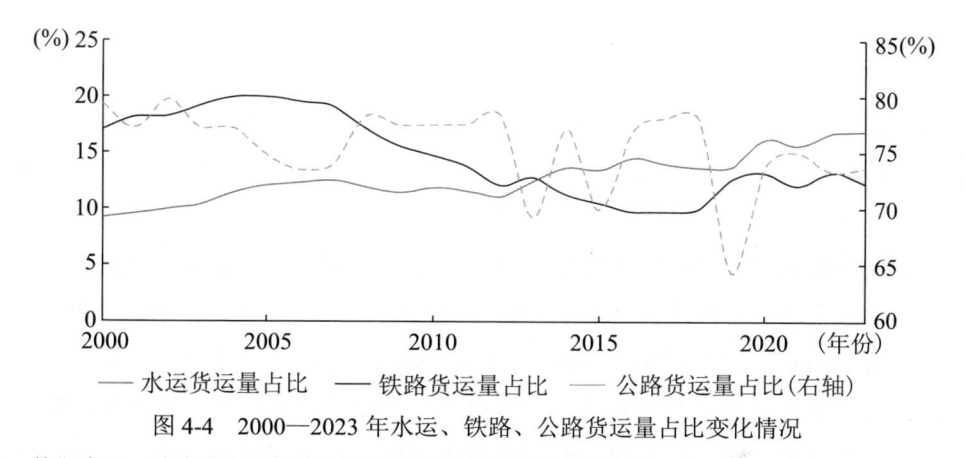

图4-4　2000—2023年水运、铁路、公路货运量占比变化情况

数据来源：综合自中国物流与采购联合会历年货运发展报告。

另一项重要措施是推广可持续燃料，作为推动节能低碳交通工具的核心内容。2023年11月，国家能源局发布了《关于组织开展生物柴油推广应用试点示范的通知》，旨在推广生物柴油的应用。生物柴油是以废弃油脂等生物质为原料生产的可再生能源，被国际社会广泛认定为绿色清洁燃料。

4.建筑领域的节能减排

（1）提高建筑能效

建筑领域的能耗和碳排放在整体能源使用和排放中占据了重要份额。因此，中国应积极推动绿色建筑标准的实施，提高建筑能效，采用高效节能的材料和设备，从而减少建筑运营过程中的能源消耗。同时，也需加强既有建筑的节能改造，以提高其能效水平。

（2）发展低碳建筑技术

推广应用低碳建筑技术，如太阳能利用、地源热泵、智能控制系统等，提升建筑物的能源自给率和使用效率。鼓励建筑设计和施工过程中采用绿色技术和材料，减少建筑全生命周期的碳足迹。

太阳能利用是低碳建筑技术中的重要一环。太阳能是一种清洁、可再生的能源，可以大幅减少建筑物的碳排放。利用太阳能技术，建筑物可以实现部分甚至全部的能源自给。具体应用包括太阳能光伏系统和太阳能热水系统。据统计，使用太阳能热水系统可以减少 30%～50% 的热水能源需求。

地源热泵技术也是低碳建筑技术的一个重要组成部分。地源热泵利用地下恒温的特点，通过地下热交换系统为建筑物提供制冷和供暖。这种技术不仅节约了能源，还减少了二氧化碳排放。研究表明，地源热泵系统比传统的供暖、制冷系统效率高 30%～60%。在实际应用中，地源热泵系统的使用可以减少建筑物的能源消耗和运营成本。例如，瑞典的一个地源热泵项目每年减少了约 30% 的能源消耗，显著降低了运营成本和碳排放。

智能控制系统在提高建筑物能源效率方面也发挥了重要作用。智能控制系统通过对建筑物内部环境进行实时监测和自动调节，可以有效减少能源浪费。研究表明，智能照明系统可以节省 20%～40% 的照明能耗。智能温控系统也是智能控制系统的重要组成部分，通过对室内温度、湿度等参数的实时监测和调整，智能温控系统可以大幅提高供暖、制冷系统的效率。据美国能源部统计，采用智能温控系统可以节省 10%～30% 的供暖和制冷能耗。

5. 金融领域的绿色支持

（1）推动绿色金融发展

绿色金融是支持低碳转型的重要手段。中国正在加快建立绿色金融体系，持续出台绿色金融政策，支持绿色产业和项目的发展。推动金融机构开发绿色金融产品，提升绿色金融服务能力，鼓励更多资金流向低碳领域。在绿色金融领域，政策端主要采取了以下三项措施。

首先，增加了对绿色产业的资金支持。2024 年 7 月 31 日，中共中央、国务院印发《关于加快经济社会发展全面绿色转型的意见》[1]，提出延长碳减排支持工具实施年限至 2027 年末。部分地方法人金融机构和外资金融机构已纳入碳减排

---

[1] 中华人民共和国中央人民政府. 中共中央 国务院关于加快经济社会发展全面绿色转型的意见[EB/OL]. https://www.gov.cn/zhengce/202408/content_6967663.htm.

支持工具的金融机构范围。2023 年 4 月，财政部修订《节能减排补助资金管理暂行办法》，将节能减排补助实施期限延续至 2025 年，并细化了补助资金的重点支持范围。同时，国家发展改革委鼓励民间资本积极参与清洁能源等领域的投资。

其次，扩展了绿色产业的定义和范围。《绿色产业指导目录（2023 年版）》中的绿色产业更新为节能降碳产业、环境保护产业、资源循环利用产业、清洁能源产业、生态保护修复和利用、基础设施绿色升级和绿色服务七大产业。

最后，丰富了绿色转型金融工具。在规则方面，深交所发布了专项品种公司债券发行指引，废止了原有的绿色、科技创新等公司债券创新品质业务指引。在产品方面，中国交易商协会发布了中国绿色债券指数，其样本选择覆盖全市场并汇集多种债券品种。在转型金融领域，中国率先研究并出台了地方转型金融标准。比如，重庆市发布了《重庆市转型金融支持项目目录（2023 年版）》，湖州市更新了《湖州市转型金融支持活动目录（2023 年版）》。这些标准和目录多涉及化工、有色金属等传统重点行业，旨在推动这些行业向绿色低碳转型。

（2）加强环境信息披露

环境信息披露是绿色金融发展的基础。中国陆续制定和实施环境信息披露标准，要求企业定期披露碳排放、能耗等环境信息。提升企业环境信息披露的质量和透明度，增强投资者对绿色金融产品的信任和信心。

为了提升环境信息披露的质量和透明度，促进绿色金融的发展，中国正在采取一系列有力的措施，制定和实施环境信息披露标准。

第一，制定统一的环境信息披露标准。制定和完善统一的环境信息披露标准，进一步明确规定企业需要披露的环境信息种类、内容和格式，确保信息披露的规范性和一致性。

第二，强制实施环境信息披露制度。逐步完善强制实施环境信息披露制度，要求所有上市公司和大型企业定期披露环境信息，确保信息披露的全面覆盖和持续性。

第三，建立环境信息披露平台。逐步建立统一的环境信息披露平台，为企业提供便捷的信息披露渠道，同时为投资者和公众提供便捷的信息查询和分析工具。

第四，鼓励第三方评估和认证。按需鼓励第三方机构对企业的环境信息披露进行评估和认证，提升信息披露的公信力和透明度。

第五，增强投资者和公众的环境意识。进一步增强投资者和公众的环境意识教育，引导其关注企业的环境表现和信息披露情况。

四、相关重点领域行业、地方转型和企业实践

1. 资金需求与气候投融资政策

中国应对气候变化及实现"碳达峰碳中和"目标，需要投入大量的资金，据国家气候战略中心测算，实现目标所需的投资总额大约为139万亿元，而目前公共财政每年提供的资金大约为5000亿元，这意味着每年还需要3万亿～5万亿元的资金投入，还存在较大的资金缺口。由此可见，未来需要创建良好的投融资政策和制度环境，吸引更多社会资本的关注和进入。

在对外投资方面，中国已承诺全面停止新建境外煤电项目，这一决策考虑了国际舆论压力和财务风险。随着全球持续推动碳中和进程，高碳资产可能成为搁置资产，影响资产估值和投资回报率。未来对外的投资方向将从传统能源转向新能源，预计在可再生能源、智能电网、储能、碳捕集利用与封存（CCUS）、氢能利用等方面，共建"一带一路"国家将有超过100万亿美元的投资市场空间。

为满足巨大的资金需求，国家正在积极发展绿色金融和转型金融，中国人民银行牵头设立的碳减排货币政策工具自2021年底设立以来，已通过商业银行安排了8000多亿元的专项低息贷款。此外，绿色债券、绿色基金、绿色保险和绿色信托等的发展也非常迅速。国家还计划研究设立低碳转型基金，在碳减排领域提供更多的资金供给。

中国倡议发起设立的多边金融机构——亚洲基础设施投资银行（AIIB）已宣布，2024年其核准融资中气候融资的比例达到了50%以上，显示出在气候融资方面的领导力。中国自2020年底开始推动气候投融资相关政策，目前已启动第一批全国试点，涉及23个城市或新区。

气候投融资关注资源配置、风险管理和市场定价。定价目前主要通过碳市场实现，全国及地方碳市场交易额已突破500亿元，但仍处于早期发展阶段。未来，碳市场将进一步扩容，纳入更多高耗能产业，并通过多行业总量控制和交易机制实现减排。

2022年证监会推出了碳金融产品的行业标准，提出发展交易工具、融资工具和支撑工具，如碳期货、碳期权、碳抵押质押融资、碳指数、碳保险等。财政

部还为碳排放权交易出台了会计处理规则，允许碳排放权纳入资产负债表。这解决了碳排放权的资产和金融属性问题。

标准化工作非常重要，"十四五"期间，中国制定或新增 2000 多项"碳达峰碳中和"相关标准，如产品碳足迹标准，地方和企业也开展了很多试点示范。重大项目碳排放管理尤为重要，中国正在创新实施项目碳排放环境影响评价制度，要求项目建设前进行碳排放评价，以推动源头控碳。

2. 地方产业和项目政策调控及试点示范

地方层面正在同步推进多项相关工作。截至 2024 年 12 月，我国各地已制定各自的"碳达峰碳中和"行动方案。实际上，自"十二五"以来，这些工作一直在积极推动，并取得了一系列实践成果。例如，通过三批低碳省市试点工作，中国已有超过 80 个城市提出提前于国家目标实现碳达峰的愿景。一些地方城市正在重新评估碳达峰的路线图，并做出相应的调整和优化。

国家低碳工业园区建设也在持续推动，全国已有 50 多家工业园区参与其中，通过集成绿色低碳技术应用和基础设施建设探索系统化的低排放解决方案。

传统的高碳地区，以内蒙古、陕西、山西等地为例，这些地区煤炭资源丰富，煤、电、钢、铝等相关产业规模较大。在"十四五"期间，这些地区的可再生能源装机量位居全国前列，这些地区正在经历变革，利用原有煤炭资源积累的工业优势，逐渐转向绿电绿氢产业，实现传统能源与新能源的优化组合。

以内蒙古鄂尔多斯为例，该市是一个以煤炭工业著称的城市，目前正在建设多个零碳产业园区，并规划利用更高比例的可再生能源。这为入驻园区的企业提供了接近零碳的能源综合服务。

东部地区因地制宜发展新能源，如沿海地区建设了海上风电和漂浮式光伏基地。此外，东部地区还通过特高压输电技术，将西北和西南地区的绿色电力资源调度至需求较大的地区。

四川地区水电资源丰富，并形成了风光互补，建设了多个大型新能源基地。基于这些优势能源资源，产业向上衔接原材料生产，如硅、锂、矾、钛等，向下衔接对绿电需求高的产业，如超算中心、新能源汽车、大型装备制造、电子信息及出口型产业。这为四川地区发展绿色低碳优势产业提供了巨大的空间。特别是在成都和重庆地区，这两个西南地区的发展引擎，已经制定《成渝地区双城经济圈碳达峰碳中和联合行动方案》，建设电走廊、氢走廊和智行走廊，这将对未来该地区的发展产生重要的牵引作用。

江西等中西部省份得益于丰富的稀土资源和锂矿资源，在"碳达峰碳中和"目标下具有新发展的比较优势，这些资源是许多新材料和新能源所必需的。目前江西正在建设规模较大的新能源和电动汽车相关配套生产基地。

安徽虽然在长三角地区的发展中不太显眼，但近年来后劲十足。几乎安徽所有的地级市都在从事新能源汽车制造，无论是整车还是零配件。许多造车新势力在安徽进行了大规模布局，这得益于其地理位置优势、较低的物流成本及政府对汽车产业的重视和投入，因此安徽的未来发展非常值得期待。

浙江作为制造业基地，其数字平台经济较为发达，许多数字化企业和互联网企业在此聚集。浙江结合了这两方面的优势，推出了"工业碳效码"，对企业进行评级。碳排放绩效越高，获得的优惠政策越多，如产业准入、节能政策等。更有实际效益的是，金融机构对这些绿色企业的投融资支持力度非常大，企业的发展越绿色，银行提供的贷款利率就越低，授信额度也越大。这种优惠政策实际上非常受企业的欢迎，这在一定程度上引导企业向绿色低碳方向转型。

上海是全国碳排放权交易所的所在地，同时拥有众多金融机构总部。上海正在打造碳交易、定价和创新中心，致力于成为全球性的绿色金融枢纽，以支撑更多产业和区域的绿色低碳转型。

目前全国有不少地方正在探索碳普惠机制创新，将碳减排或碳金融与普惠金融相结合，特别是针对小而散的排放源，关注中小企业或个人生活消费类的减排。例如，绿色低碳出行，乘坐公交车、骑共享单车等，虽然减排量小，但积少成多。浙江省将碳普惠与许多商业性应用相结合，如蚂蚁森林、菜鸟物流、虎哥回收等，将个人消费行为的转型与碳减排结合起来，并为这些行为提供了一定的经济或精神激励。

江苏省，尤其是常州市，被称为"新能源之都"，从光伏、光热、风电装备制造到储能，再到特高压、电缆、新能源汽车、氢能，每一款产品在全国都位于前列。未来该地区有望形成一个万亿级的产业集群。

中小企业虽然不像大型企业那样排放集中且量大，但对未来绿色低碳发展同样具有重要作用。例如，东莞地区中小企业和民营企业众多，因此自发组织了一个名为"'碳中和'绿色质造公约"的联盟，数百家企业参与其中。许多企业由于是出口外向型企业，在国际贸易中面临很大压力，因此，在广东和深圳的调研显示，相当数量的企业对碳足迹、碳标签、技术壁垒、贸易壁垒等方面有较为深入、具体的了解。

长三角地区还有一个有趣的现象，在浙江、江苏和上海交界处，有两区一县专门设立了一块"试验田"，称为长三角生态绿色一体化发展示范区。该示范区推出了联合碳达峰行动方案，旨在将该地区的科技、资金、技术等要素集聚起来，推动绿色低碳高科技产业的发展，从农业生产、住宅建筑到工业生产都在布局未来的产业形态。

云南省的宁洱哈尼族彝族自治县与东部地区不同，产业并不那么集聚，但该县非常特殊，是普洱茶的主要生产基地。因此，宁洱哈尼族彝族自治县因地制宜提出了碳中和茶叶的概念，将茶叶生产中的许多工艺，如烘焙、炒茶等，从原来的使用燃煤锅炉转变为使用光伏能源。同时，为了支持茶农的发展，云南省还推出了碳汇贷。宁洱哈尼族彝族自治县还将这一概念与乡村振兴相结合，引入中国宝武钢铁集团等企业来消纳碳汇。此外，还在该地举办了2022年联合国全球契约青年SDG创新者项目（YSIP）中国区闭幕式，组织了"一元碳汇"活动，参与者的捐款用于购买碳信用和植树造林项目，确保活动期间产生的所有温室气体排放被充分抵消，扩大了影响力。

3. 典型企业实施"碳达峰碳中和"行动计划的实践

目前国内已有200多家大型企业提出"碳达峰碳中和"目标，不仅包括传统的高耗能行业（如电力、石化、化工、冶金和建材行业），也涵盖了汽车制造、纺织、信息科技和金融机构。中国宝武钢铁集团联合国家绿色发展基金、中国太保、建信投资、中银资产等金融机构，成立了迄今为止全国最大的碳中和主题基金，规模约为500亿元人民币。到目前为止，发行碳中和债券、成立碳中和基金的数量已经非常可观。

以国家电投为例，作为中国五大发电集团之一，目前其新能源资产的比重已接近60%，并计划到2025年将这一比重提升至70%以上。从当前情况来看，国家电投已成为全球最大的新能源类企业之一。

宝武钢铁不仅在金融方面有所作为，还是中央企业中最早向国家提交碳达峰方案的企业之一。宝武钢铁提出，到2035年将排放量下降30%，到2050年实现碳中和。宝武钢铁不仅关注自身发展，还发起了全球低碳冶金创新联盟，将全球大部分钢铁行业上下游企业和众多研发机构纳入其中，推动未来新型技术标准的制定，这些低碳标准有望成为未来的全球性标准。

中石化正大力发展氢能，并制定了自家的"碳达峰碳中和"战略，其中氢能占据了非常重要的地位。原因在于氢能与传统油气在基础设施方面存在很大的兼容性，目前全球三分之一的加氢站由中石化建设。中石化不仅在化工生产中副产氢能，还与隆基绿能等新能源企业建立了战略同盟，共同发展绿电制氢产业。

宁德时代在四川宜宾经济开发区专门建立了零碳工厂，未来该工厂生产的所有动力电池产品将实现零排放，以应对国际贸易中对碳足迹限额标准的要求。虽然目前示范生产的成本较高，但预计未来通过规模化发展，会推动越来越多此类项目的发展。目前全国有 20 多家零碳工厂正在建设中，包括浙江沁园，一家专门生产净水器设备的制造企业，该企业正按照六星零碳标准建设示范工厂。

邮政物流行业也在绿色仓储、低碳运输、循环包装等方面做出了许多努力，这些努力对于引领整个行业的绿色低碳发展具有重要意义。酒类行业也在创建零碳酒企并对酒类产品进行碳足迹管理，许多上市酒企对 ESG[①] 较为重视，这不仅对国家的绿色低碳目标起到支撑作用，也为这些品牌未来的发展和品牌价值的提升提供了良好的支持。

新能源企业，如阳光电源，在 ESG 方面，特别是在"碳达峰碳中和"方面进行了布局，提出许多目标，并采取了降低光伏产品碳足迹和碳排放的措施，因此曾在近年的中国 ESG 评级中位列 500 强企业榜首。

从企业角度来看，未来在 ESG 领域，如碳排放信息披露、责任投资等方面的要求会越来越多。生态环境部、中国人民银行、财政部、国资委、证监会等都有相应的政策颁布。目前信息披露正由点到面、从自愿逐步走向强制。

五、新时期投资布局"碳达峰碳中和"的策略

1. 企业高质量实施"碳达峰碳中和"行动方案

未来企业在实施"碳达峰碳中和"行动方案时可以遵循一个简化的操作流程，即"四步法"。

第一步：企业需要对自身的碳排放情况进行清晰的盘点。目前国内外已经出台许多相关的行业标准和技术指南，企业可以对照行业标准和技术指南盘点自身的碳排放量，识别关键指标，并与全行业的平均水平及国家政策要求进行比较，以确定自身在行业中的位置。

---

① ESG 是英文 Environmental（环境）、Social（社会）和 Governance（公司治理）的缩写，是一种关注企业环境、社会、治理绩效而非财务绩效的投资理念和企业评价标准。

第二步：根据企业未来发展战略，设定一些具有特色的目标。例如，工业制造类企业可以设定产品碳足迹的目标，数据中心可以计算提供单位数字服务所产生的二氧化碳排放量，交通类行业可以设定单位周转量（无论是货物还是乘客）所产生的二氧化碳排放量，金融机构则可以穿透投资标的，评估其背后的碳排放情况。

第三步：设定目标并识别了未来减排的路径之后，企业需要考虑采取适当的减排策略。减排策略主要分为两类：一是通过技术创新、引入新技术、改造工艺流程或颠覆原有商业模式，实现系统性优化；二是通过合作或碳金融市场购买碳信用，形成良好的资产组合，以降低未来的碳排放，增强企业的竞争力。

第四步：企业需要关注碳排放信息披露的要求，并带动上下游产业同步减排。特别是金融机构，需要发挥赋能作用，为经济和产业转型提供支持，并完善合规性程序和相关制度。

在编制"碳达峰碳中和"行动方案时，企业应避免一些常见误区，如对自身碳排放数据质量的忽视、对未来产业布局缺乏考虑、转型力度不足等。国资委发布的《中央企业碳达峰行动方案编制指南》可以作为企业参考的基准。

企业应深度分析行业整体发展趋势，结合自身产业特点，提出未来发展的趋势和方向性内容，识别目标，并将企业从目前的被动状态转变为主动，以适应未来绿色低碳发展的要求。同时，企业还应强调对重点领域、重点任务和重大工程建设的推动和落地实施，并考虑能源替代、有效节能、市场机制及技术创新激励方案等具体措施。

方案制定后，企业还需要定期进行评估，分析前期工作成效，以及与国家政策和国际经贸领域新规则的契合度，确保企业的竞争力。

2. 新形势下投资布局"碳达峰碳中和"产业对策

在当前形势下，对于如何有效地进行"碳达峰碳中和"产业的投资布局，我们提出以下几点策略。

第一，企业应紧跟国家的政策导向。目前国家正强调以创新驱动为核心的"碳达峰碳中和"行动，通过技术和政策创新来引领和促进新的发展。对于企业而言，尤其要锚定全球未来零碳产业和金融发展的新赛道，并进行前瞻性的部署，这一点至关重要。

第二，从政府的角度来看，未来需要大幅提升绿色公共服务水平，特别是在财政税收、产业消费、投融资等方面。政府要加大政策改革力度，以应对国际贸易、技术、融资等方面日益增加的风险，同时为企业提供支持和服务，特别是通过碳市场机制和气候投融资相关机制，以政策扶持促进企业发展。

第三，对企业来说，技术创新是实现"碳达峰碳中和"目标的关键。企业需要认识到，尽管外部创造了有利于绿色低碳发展的环境，但真正的变革在于企业内部。中国的许多产业在全球产能中占有相当大的比例，因此，建立未来的碳排放行业标准是中国企业肩负的重要使命和责任。企业应考虑在国内建立碳中和科技和产业创新基地，特别是在新型电力系统、零碳工厂和园区建设运维、绿色装备制造、氢能冶金和化工、碳资源化利用等关键领域增加技术研发和项目投入。同时，将零碳技术与数智技术相结合，实现产业的真正转型和创新，建立新产业的竞争优势。

第四，评价一个地方或企业的"碳达峰碳中和"行动是否成功，唯一的标准是是否促进了经济或企业的高质量发展。在这一过程中，政府、企业和公众需要形成合力，为产业和金融发展提供低成本、优质的碳中和解决方案。在推动产业和企业向中高端发展的同时，也为社会提供更多的绿色投资、消费和就业机会。共赢的方案是实现长远发展的关键。

在新的历史时期，应该在"发展是硬道理"这一重要思想基础上融入新发展理念，或许提"绿色低碳发展才是硬道理"更契合新时代精神。

第五章
中国"碳达峰碳中和"制度体系建设与法治保障

为了确保"碳达峰碳中和"目标的顺利实现,中国正在积极构建一套完整的绿色低碳转型制度体系,并加强相关法治保障。这一过程不但涉及立法、司法等多个层面的制度建设与完善,而且涉及碳交易和碳金融制度的创新和发展,需要国家层面进一步明确各方任务和责任分工。

一、"碳达峰碳中和"目标的提出及其实现的法治保障

1. "碳达峰碳中和"目标的进展

"碳达峰碳中和"目标是基于全社会都面临着气候变化这一根本性威胁以及如何应对这一大变局的背景提出的。这个大变局,一方面,可以感受到气候变化对人类社会生存和发展的影响越来越深远、重大,相关的危机和挑战越来越清晰、严峻。由政府间气候变化专门委员会(IPCC)发布的历次气候变化评估报告可以看到,气候变化的危机在加剧[1],从之前的2℃控温到今天的1.5℃控温,充分应对的时间越来越短,压力也越来越大。另一方面,国际社会和主要国家开始认真对待气候变化问题,不断探求应对之道。国际社会经过长期讨论和艰难谈判逐渐达成了越来越多的共识,制定了相应的国际性法律规范,即联合国《气候变化框架公约》并在公约之下先后制定了两份重要的具体执行性文件,也就是《京都议定书》和《巴黎协定》。

《巴黎协定》通过之后,各国纷纷提出了自己的自主贡献或者说责任承担承诺,具体体现为设定了本国"碳达峰碳中和"目标。中国的"碳达峰碳中和"目标是国家主席习近平在2020年联合国一般性辩论大会上提出的,中国力争2030年前二氧化碳排放达到峰值,努力争取2060年前实现碳中和,即所谓的"30·60碳达峰碳中和"目标。美国、欧盟等都按照《巴黎协定》的要求,纷纷

---

[1] 李传轩. 碳金融法律制度的创新与发展[M]. 北京:知识产权出版社,2023:4-11.

做出自己的承诺。许多较早实现了工业化的国家已经实现碳达峰，甚至一些非工业国家也实现了碳中和。具体情况参见表 5-1。

表 5-1 各国和地区碳中和目标及进展情况[①]

进展情况	国家和地区（承诺年）
已实现	苏里南共和国、不丹
已立法	瑞典（2045）、英国（2050）、法国（2050）、丹麦（2050）、新西兰（2050）、匈牙利（2050）
立法中	欧盟（2050）、加拿大（2050）、韩国（2050）、西班牙（2050）、智利（2050）、斐济（2050）
政策宣誓	芬兰（2035）、奥地利（2040）、冰岛（2040）、美国（2050）、日本（2050）、南非（2050）、德国（2050）、巴西（2050）、瑞士（2050）、挪威（2050）、爱尔兰（2050）、葡萄牙（2050）、巴拿马（2050）、哥斯达黎加（2050）、斯洛文尼亚（2050）、安道尔（2050）、梵蒂冈城（2050）、马绍尔群岛（2050）、中国（2060）、哈萨克斯坦（2050）

由主要国家对碳中和目标的承诺情况可以看出，有些国家不仅实现了碳达峰目标，甚至实现了碳中和。通常一些国土面积或人口规模比较小的国家，工业经济占比比较小，所以比较容易实现碳达峰和碳中和。还有一些国家，特别是美国等工业化国家，经过了工业发展的巅峰期，或者说国内高碳排放的产业或企业较少，碳达峰目标的实现挑战较小。但是在碳中和方面，由于应对气候危机的压力依然巨大，这些国家同样面临重大的任务和挑战，仍需付出长期的努力。

2."碳达峰碳中和"目标实现的法治保障

党的二十大报告强调，"实现碳达峰碳中和是一场广泛而深刻的经济社会系统性变革"。在全面依法治国背景下，"碳达峰碳中和"目标的实现毫无疑问需要法律制度的有力促进和充分保障，这也意味着中国正在进行一场碳法治的重大变革[②]。在国际社会层面，这一重大变革必然影响到各国之间的利益分配格局，进而对国内产生一系列重大影响。而在国内层面，社会各界、各类主体、各相关部门会产生相应的权利（力）、义务和责任的重大变化。因此，"碳达峰碳中和"目标的推进实施及其最终实现，要遵循一定的法理逻辑，并由各国给予相应的法

---

① 北极星电力网. 全球超 130 个国家和地区设定了碳中和目标 [EB/OL]. https://news.bjx.com.cn/html/20210520/1153655.shtml.

② 李传轩."双碳"目标下消费者碳责任及其立法表达 [J]. 政治与法律，2023（1）：67.

治保障。

首先，最为重要的一个法理逻辑是气候正义。在国际社会层面上，关于气候责任如何分配和承担需要秉持和契合气候正义原则。有关气候正义有很多种说法和观点，不同的国家有不同的利益诉求，相互之间也存在着冲突和矛盾。但一般来说，需要充分考虑以下几个问题。

一是历史排放贡献情况。具体来说，不能只看当下一个国家的碳排放是怎样的，还要考虑其历史上碳排放的情况。特别是那些早期工业化发达国家，其历史碳排放很高。虽然现在的碳排放总量有所下降，但如果仅按照当前的碳排放来确定这些国家的气候责任显然是不公平和不公正的。因此，需要考虑到这些国家的历史排放贡献情况。

二是当下碳排放情况。对于碳排放总量或碳排放强度较大的国家来说，需要承担更多的减排压力和责任。

三是气候责任承担能力情况。综合考虑各国承担低碳转型成本的经济实力、推进碳减排的技术能力等因素，各国在气候责任承担能力方面有很大差异。在责任分配和承担方面，也要考虑相关国家能不能承担得起，没有能力承担的责任分配必然是无法落实的。基于气候正义的法理逻辑，在气候责任承担方面逐渐形成了责任分担的原则性共识和一些具体性规则。

在国际社会层面，已形成共同但有区别的责任的共识，即地球上每个国家和地区在应对气候变化方面都有责任，这是全球的共同责任；但是历史碳排放情况不一样、当下碳排放情况不一样、经济实力国情不一样，每个国家和地区所承担的具体责任是有区别的。根据上述三个要素，毫无疑问发达国家要承担更严格的、更重大的责任；发展中国家也要承担责任，但可以根据自己的能力，根据自己未来发展的情况适当减轻责任承担。

在国内层面，也存在责任分担的问题。"碳达峰碳中和"目标的推进实施，可以说是一项浩大的系统性工程。其中，政府要承担责任，生产者、经营者等企业主体要承担责任，消费者也要承担相应的责任。可能还有其他主体，如社会中间层、专业性中介主体，或者说并不实际产生碳排放的金融机构等，也要承担相应的责任。

其次，法治是"碳达峰碳中和"目标实现的基石和保障。"碳达峰碳中和"目标的提出，有着深厚的法理意义，也有着严密的制度逻辑。"碳达峰碳中和"目标的推进实施及其最终实现需要通过法治来引导、规范和保障。因为法治是当今世界国家社会治理的一种基本也是根本的方式。国家在提出和实施依法治国的基础上，进一步提出全面依法治国。在党的二十大报告中，能够充分感受到法治元素的丰富性和法治作用的重要性。例如，党的二十大报告中有 23 次提到了"法治"，并且前所未有地以专章形式论述、部署了法治建设工作。这在党的历史上是第一次。通过数据统计分析可以发现，党的二十大报告中共出现了 148 个"法"字，其中有 7 个"法"字可能与法治的"法"和依法治国的"法"没有太大的关联，剩下 141 个"法"字与全面依法治国中的"法"是同义或者说近义。表 5-2 是党的二十大报告中与全面依法治国相关"法"字出现频数梳理情况，由表 5-2 可以看出，党的二十大报告中每一个部分都有法治的"法"或相近意思的"法"出现。这充分体现了全面依法治国的重要性。

表 5-2　党的二十大报告中"法"字出现频数[①]

序号	"法"字所在部分主题简称	"法"字出现次数
1	过去成绩	14
2	马克思主义	1
3	未来使命	4
4	新发展格局	7
5	科教兴国	1
6	民主	9
7	法治	76
8	文化	2
9	民生	6
10	绿色发展	1
11	国家安全	5
12	国防和军队建设	3
13	"一国两制"	7
14	国际战略	1
15	全面从严治党	4

全面依法治国的提出及相应部署的推进，是习近平法治思想的重要体现和要

---

① 莫纪宏. 党的二十大报告中的"法"字及其价值特征[J]. 西北大学学报（哲学社会科学版），2023（2）：34-35.

求,"法"字在党的二十大报告中出现的频次揭示了全面依法治国在我国的充分确立及党和国家对全面依法治国的高度重视。"碳达峰碳中和"目标的实现、"碳达峰碳中和"工作的开展,毫无疑问也必须在法治轨道上去推进、实现。

由表 5-3 可见,体现习近平法治思想核心要义的 16 个重要词组在党的二十大报告中都出现了,有的不止出现一次,如"依法治国"出现了 9 次。由党的二十大报告中这些法治元素的"数读"(即用数据来解读)可知,在习近平法治思想的指引下,全面依法治国已经或正在贯穿我国社会发展的方方面面。从战略的角度来看,"碳达峰碳中和"目标的实现需要法律的保障;从中观的角度来看,想要实现这个目标,意味着国家社会发展的重大转向。这也意味着相关利益格局的重大改变,不同的主体在利益分配方面会出现很大变化,必然会产生许多利益冲突和纠纷。因此需要通过法律来定分止争,通过法律来事前分配好、规范好,事中调整好、规制好及事后解决好、救济好。

表 5-3 党的二十大报告中习近平法治思想核心要义的重要词组及其出现情况[①]

序号	词组名称	出现频次
1	中国特色社会主义法治道路	1
2	依宪治国	1
3	依宪执政	1
4	法治轨道	1
5	中国特色社会主义法治体系	3
6	依法治国	9
7	依法执政	3
8	依法行政	2
9	法治国家	5
10	法治政府	3
11	法治社会	4
12	科学立法	2
13	严格执法	1
14	公正司法	3
15	全民守法	1
16	涉外法治	1

如果从低碳经济的角度来看,经济的发展依赖法律制度的引导、规范、调

[①] 莫纪宏. 党的二十大报告中的"法"字及其价值特征[J]. 西北大学学报(哲学社会科学版), 2023(2): 34-35.

控、促进和保障。人类社会的发展历史已经表明，正是制度的变革创新，推进了生产力的发展，经济发展质量才能够持续提升。低碳经济可以说是"碳达峰碳中和"目标得以实现的重要一环或者说一个重要的方面、维度。要想积极稳妥地推进"碳达峰碳中和"目标，不能单靠从上到下的行政化管控，也不能靠短期的专项计划或行动，而是需要持久的、长期的经济发展模式转向低碳化。所以，我国提出不搞"碳运动"、不搞"碳冲锋"，要的是从根本上转变我国的经济发展模式，转向低碳甚至零碳。如此长久的、巨大的改变提升，不仅需要政府承担起相应的责任，还需要市场充分发挥其调节机制。从行政管控到市场调节，进行以制度为规范依据、以制度为依托保障、以制度为促进机制的系统性安排，从而有序引导、有效规范和有力约束低碳经济的发展。

最后，法治保障是包含不同层次和维度的丰富体系。如果说法治是"碳达峰碳中和"目标实现、工作推进的重要轨道和保障，那么要从哪些维度、哪些方面去构建这样一种法治的体系或机制？根据人们对法治的一般理解，所谓的法治主要包括两个层面、四个维度。亚里士多德在《政治学》一书中对法治做出了经典的界定：已成立的法律获得普遍的服从，所服从的法律应该是制定的良好的法律。一定意义上，这也是现在所提的良法善治的核心要义。良法是指制定的法律不仅要科学、具有生命力，还要能够解决实际问题。善治则是指仅有法律是不够的，法律需要得到有效实施。因此，良法善治的形成要求在两个层面上达到四个维度的目标。良法主要关注的是立法维度，善治除了包括立法维度外，还包括执法维度、守法维度和司法维度等方面的要求。换言之，执法、守法和司法是良法有效运用的三个关键层面，三者共同形成善治之理想局面。

在立法维度上，需要制定良好的碳相关法律制度规范。在执法维度上，执法主体必须明确，权责分明，并且需要有合法、高效的执法程序和丰富、灵活的执法手段，以提升和保障执法效率。在守法维度上，生产者、消费者等相关主体在碳法治领域内都应遵守法律的要求。在司法维度上，一旦出现违法行为，无论是执法还是守法方面的问题，都需要司法来裁定违法性并解决纠纷。司法作为最后一道防线，在法治中具有特殊而重要的地位。

二、"碳达峰碳中和"制度发展的立法维度与司法维度

1. "碳达峰碳中和"制度发展的立法维度

近年来，在碳法治领域最活跃的两个维度是立法和司法。"碳达峰碳中和"制度在立法维度的发展主要包括三个方面：生态环境保护层面总体立法、气候变化层面专门立法和资源能源开发利用保护层面相关立法。

首先，从整体生态环境保护层面进行总体制度立法，我国已形成与"碳达峰碳中和"相关的法律规范，为"碳达峰碳中和"相关制度提供了总体性依据。例如，《中华人民共和国环境保护法》《中华人民共和国海洋环境保护法》《中华人民共和国循环经济促进法》和《中华人民共和国清洁生产促进法》等，这些重要的基础性立法中包含了适用于碳减排等相关活动的制度安排。

其次，从气候变化层面专门立法，近年来进入政策立法的快车道。目前在气候变化方面的立法包括：2009年全国人民代表大会常务委员会通过的《关于积极应对气候变化的决议》，2021年中共中央和国务院发布的《关于完整准确全面贯彻新发展理念做好碳达峰碳中和工作的指导意见》，2024年8月中共中央和国务院印发《关于加快经济社会发展全面绿色转型的意见》。这三个文件，一个是决议，其他两个是意见，虽然法律效力不同，也都不是严格意义上的法律，但都为如何推进"碳达峰碳中和"目标的实现提供了规范和指导。两份意见作为较新的法律文件，为当前的行动提供了直接的指导。通过的决议虽然时间较早，但为"碳达峰碳中和"目标提供了基本立场和方向。

国际上一些发达国家，如英国和欧盟部分成员国，已有专门针对气候变化的法律，如英国于2008年制定了《气候变化法案》。我国也形成了与气候变化相关的具体举措方面的立法，如碳交易相关立法。碳交易是减少碳排放、应对气候变化的重要机制。近年来，相关立法比较活跃，包括2012年国家发展改革委发布的《温室气体自愿减排交易管理暂行办法》，以及2021年正式上线的全国统一碳市场的相关规则，如生态环境部于2020年12月31日公布的《碳排放权交易管理办法（试行）》等。在此基础上，2021年7月，全国统一碳市场正式启动。经过两年多市场的顺利运行，《碳排放权交易管理暂行条例》于2024年1月5日国务院第23次常务会议通过，自2024年5月1日起施行。这标志着全国碳市场在更加完善和严密的法治轨道上运行发展。

最后，从资源能源法维度看，与"碳达峰碳中和"制度密切相关的立法日趋

完备。碳排放与资源能源消耗密切相关。因此，从资源能源法的角度建立相关制度规范，对于"碳达峰碳中和"目标的实现至关重要。目前相关立法包括《中华人民共和国节约能源法》《中华人民共和国可再生能源法》《中华人民共和国电力法》《中华人民共和国煤炭法》和《中华人民共和国矿产资源法》等。

上述三个层面上的总体立法、专门立法和相关立法构成了"碳达峰碳中和"制度规范的基础。在此基础上，初步形成了颇具规模的制度体系。其中，碳交易制度是重要且专门的制度，规范了碳排放权的交易，吸引了社会各界的广泛关注。除了碳交易制度，碳金融制度也与碳排放密切相关。碳金融包括碳信贷、碳证券、碳保险等，是支持低碳经济和技术发展的重要投融资活动。目前碳信贷和碳证券是制度创新最为活跃的领域。此外，还有碳财政和碳税收制度，如财政部出台的财政补贴政策，以及环境保护税和消费税等，都间接支持了"碳达峰碳中和"目标的实现。节能减排制度，包括领跑者制度、合同能源管理和生产者责任延伸等，也是支持碳减排的重要制度。近几年，企业低碳治理制度受到高度关注。ESG 已成为公司治理的重要组成部分，要求企业积极承担碳治理和减排责任[1]。

2. "碳达峰碳中和"制度发展的司法维度

在司法方面，气候变化已成为一个热门且重要的焦点议题。在国际社会，关于气候变化的司法纠纷和诉讼案件不断增加。根据美国哥伦比亚萨宾气候变化法中心气候变化诉讼数据库的统计，全球已有逾 2500 起气候变化诉讼案件，其中美国有 1687 起气候变化诉讼案件，占全球诉讼总数的三分之二左右。1986—2014 年有 800 多起案件被立案，而 2014—2022 年有 1500 多起案件被立案[2]。过去，人们认为气候变化进入司法程序可能需要较长时间，但现在看来，这一进程正在迅速推进，尤其是在美国，大部分案件发生在 2020—2022 年。这表明借助司法手段解决气候变化问题在近年取得了显著进展。典型案例方面，荷兰地球之友诉壳牌案是全球首起法院判决私营企业实现特定减排目标的案件，引发了企业界对气候责任风险的广泛关注。

在国内层面，2023 年 2 月 16 日最高人民法院响应"碳达峰碳中和"目标的提出，制定发布《最高人民法院关于完整准确全面贯彻新发展理念为积极稳妥推

---

[1] 李传轩 . 上市公司绿色治理的法理逻辑及其实践路径 [J]. 清华法学，2023（5）：156-161.
[2] Setzer, J. and Higham，C.，2022. Global Trends in Climate Change Litigation：2022 Snapshot[EB/OL]. https://www.lse.ac.uk/granthaminstitute/publication/global-trends-in-climate-change-litigation-2022/.

进碳达峰碳中和提供司法服务的意见》，显示出积极作为的姿态。随着"碳达峰碳中和"目标的设立与推进、碳排放权交易市场发展与完善，中国涉碳诉讼即将进入高发期，应对气候变化逐渐出现在环境司法领域。[①] 事实上，国内涉碳案件已有不少，如果从与碳减排有相关影响这一宽泛意义上检视既有案件，涉碳案件已经达到惊人的数量。表 5-4 展示了中国自 2016 年签署《巴黎协定》以来，在涉碳领域的司法案件数量已达到显著规模。对于这一数据，可以从以下几个方面进行分析。

表 5-4 自中国签订《巴黎协定》以来统计中国涉碳司法案件比例分析 [②]

涉碳案件类型	涉经济社会绿色转型案件	涉产业结构调整案件	涉能源结构调整案件	涉碳市场交易案件	其他涉碳案件
数量（起）	15000	130000	900000	600	69000
比例（%）	1.40	11.90	80.40	0.06	6.20

一是涉经济社会绿色转型案件。在此，"涉碳"一词被广泛理解为与碳排放相关联的案件，包括但不限于直接涉及气候变化的案件。数据显示，此类案件数量已达 15000 起，且在不同程度上与碳排放有关。

二是涉产业结构调整案件。随着中国经济向绿色、低碳方向转型，产业结构调整引发的案件逐渐增多。

三是涉能源结构调整案件。能源结构的优化和调整同样带来了一系列与碳排放相关的司法案件。

四是涉碳市场交易案件。特别值得关注的是，随着中国碳交易市场的发展，市场规模的扩大带来了越来越多的交易纠纷。这些数据反映出在碳交易市场日趋活跃的背景下，相关的法律纠纷日益增多。同时也表明，随着绿色低碳转型的深入，司法领域在处理涉碳案件方面将面临更多挑战。

即便从狭义的角度界定涉碳案件，即与"碳达峰碳中和"目标直接且具体关联的案件（可以称为"碳达峰碳中和"案件），其数量也在不断增加，而且案例类型日益多样，代表性案件不断出现。具体参见表 5-5。

---

① 李传轩，卢红宇. 气候变化诉讼制度构建的中国方案 [J]. 江西社会科学，2024（10）：88-89.
② 张梓太，张叶东，等. 碳法律制度：维度与体系创新 [M]. 北京：知识产权出版社，2024.

表 5-5　中国典型"碳达峰碳中和"案件一览[①]

案件类型		案号
民事诉讼	碳汇交易	（2020）粤 01 民终 7279 号
	配额交易	（2020）粤 01 民终 23215 号
	清洁发展机制项目交易	（2016）闽 0783 民初 956 号
	核证自愿减排量交易	（2021）川 0193 民初 768 号
		（2017）赣 01 民终 800 号
		（2015）民提字第 143 号
		（2019）云民终 1002 号
		（2019）苏 06 民终 1324 号
	气候变化服务协议	（2010）朝民初字第 33478 号
行政诉讼	控排企业未按期履约	（2016）粤 03 行终 450 号
	控排企业淘汰落后产能申请补贴	（2019）湘 1102 行初 273 号
环境公益诉讼	弃风弃光	（2018）甘民终 679 号
执行案件	碳排放配额执行	（2021）闽 0721 执 296 号

表 5-5 展示了一些已经形成判决的案件类型，虽然这些案例并不全面，但具有较强的代表性。在民事诉讼领域，涉及碳汇交易、配额交易的案件，以及与清洁发展机制项目交易的案件。此外，还有涉及核证自愿减排量交易的案件，以及与气候变化服务协议相关的案件等。涉及的区域也比较广泛，包括广东、福建、四川、江西、云南、江苏等地。在行政诉讼方面，有因控排企业未履行清缴义务而引发的行政处罚，也有相关企业对行政处罚不满而提起的行政诉讼。公益诉讼方面，出现了针对弃风弃光问题的案件，以及涉及碳排放配额执行的案件。司法领域的这些案件反映出中国在"碳达峰碳中和"诉讼方面已经进入快速发展阶段。预计未来这类案件会继续增加，这些纠纷将对各类主体产生影响。对政府而言，需要考虑如何立法和执法；对企业来说，可能面临法律风险；对司法系统而言，如何专业化地处理"碳达峰碳中和"相关案件，以符合我国的发展战略和价值目标，尤其是如何促进"碳达峰碳中和"目标的实现，将是未来非常重要的议题。

---

① 张梓太，张叶东，等．碳法律制度：维度与体系创新 [M]. 北京：知识产权出版社，2024.

三、碳交易制度的发展与完善

在全球气候变化问题日益严峻的背景下，碳交易市场作为一种有效的环境政策工具，被越来越多的国家和地区采用。碳交易制度在中国的"碳达峰碳中和"相关制度中扮演着日益重要的角色，并且日趋成熟。该制度主要围绕碳交易活动而构建。碳交易本质上是一个复杂的交易体系，其存在的法律关系、涉及的法律问题颇为复杂。碳交易市场大体上分为两种形式：自愿性交易市场和强制性交易市场。自愿性交易市场主要交易自愿减排量，而强制性交易市场是在碳排放总量和强度控制下的配额交易。目前国内已有多个环境交易所开展相关交易，如北京环境交易所、上海环境能源交易所等。2021 年中国正式启动全国统一碳市场交易，以全国碳市场为主要代表的强制性交易市场发展迅猛，市场主体日益增多，并受到社会的广泛关注。2024 年重启自愿减排市场，发展速度进一步提升。众多投资机构和中介机构已经洞察到碳交易市场未来的巨大潜力和机遇，正积极寻求进入这一市场。

1. 碳交易的基础制度

碳排放权交易制度是一种基于市场原则的减排策略，该策略的核心是利用市场机制，鼓励企业根据自身的减排成本选择合适的减排路径，以实现成本效益的最大化。在此制度下，政府会先设定一个整体的排放上限，然后根据企业的排放情况，向企业分配相应的排放配额。这些配额限定了企业可以排放的温室气体总量。对于那些能够以较低成本实现减排的企业，可以实现超过配额的减排，并将超额部分在市场上出售给那些减排成本较高的企业，后者一般会以低于自身减排成本的价格从市场购买配额，用来满足自身减排需求。碳市场交易机制能够激励成本较低的企业进行深入减排，也为成本较高的企业提供了一种成本效益更高的减排选择，整个市场能够以最低成本达成减排目标。此外，碳排放权交易市场的建立有助于形成统一的配额价格，从而推动低碳技术和相关产品的发展。

碳交易具有一定特殊性，并非自然形成的，某种意义上是通过法律制度设计创设的一种交易。因此，碳交易需要进行基础性制度建设，确定交易标的，创设市场需求，产生初始价格。

首先，确定交易标的。碳交易根本的问题是交易标的设定。从当前碳交易的实际情况看，交易标的实际上是一种权利，或是蕴含该权利的载体。这种权利即所谓的碳排放权。以碳排放权为核心，中国形成了不同形式的碳交易标的，主要有两种：第一种是碳排放配额，第二种是核证自愿减排量。核证自愿减排量代表了自愿开展的减排活动，只要获得核查认证，也能成为交易标的，抵消实际碳排放。实质上，碳排放权可以被视为一种碳资产，具备财富功能，甚至有人认为碳排放权具备了货币属性，即所谓的碳货币，具有强大的交换功能。因此，中国的碳权利制度需要对碳排放配额、自愿减排量等进行基本的法律界定，并赋予它们相应的法律地位。

其次，创设市场需求。碳排放权要成为交易标的还需要具备稀缺性，要让各方积极参与或不得不参与碳排放权交易，显然需要对碳排放量和碳排放强度进行强制性控制。如果没有这种要求，企业等主体就会处于无压力、无指标要求的自由排放状态，要推进碳减排只能靠道德指引进行自愿性减排。这种依赖道德自愿的碳减排显然难以形成一个稳定或具有巨大发展空间的市场。因此，要真正发展碳交易市场，利用市场机制减少碳排放，必须为排放主体设定上限，然后对有限的碳排放权进行交易，即所谓的"Cap-and-Trade"（总量控制与交易）。没有"Cap"（总量）这个限制，就不会有"Trade"（交易）的存在。因此必须设定一个上限，超出部分需要购买，而减少的排放量也可以出售，从而获得经济回报。因此，总量和强度控制至关重要，是市场发展的前提和基础。目前中国的强制性碳市场，包括全国统一碳市场和地方试点的强制性碳市场，正根据"碳达峰碳中和"目标的总体要求，合理稳健地确定近期、中期和远期的总量控制目标或强度控制目标。中国还处于从强度控制向总量控制过渡的阶段，主要采取强度控制来确定企业主体的年度碳排放配额。超排部分意味着需要在市场上购买，而通过节能减排、低碳技术改造减少的排放量也可以在市场上出售。

最后，产生初始价格。在强制性总量或强度控制下，中国配额分配采取有偿分配和无偿分配相结合的方式。从全国碳市场来看，目前仍以无偿分配为主，以减轻企业成本压力，顺利开启碳市场运行。但未来将根据实际情况适时引入有偿分配。甚至在更远的将来，有偿分配的价格将通过竞争机制（如拍卖机制）来确定。例如，美国地区温室气体行动计划（Regional Greenhouse Gas Initiative，RGGI）中的碳市场主要采用拍卖方式分配配额，价高者得。而在欧盟特别是德国，主要采取了从免费到有偿，再到拍卖的方式，目前5%～10%的额度通过拍卖分配。如果采取免费分配的方式，则初始价格需要到交易时才能产生。目前中国地方试点碳市场以免费分配为主，但一些地区已开始引入有偿分配机制，将部分额度进行拍卖。如果采用拍卖方式，分配的标准是价高者得，由此产生初始价格。如果不是拍卖，甚至是无偿分配，需要考虑如何合理分配。目前中国采取基准法，即根据考虑的因素形成一个计算公式，根据发电机组的相关应用和相应的排放量来确定排放配额［参考《2019—2020年全国碳排放权交易配额总量设定与分配实施方案（发电行业）》］。2025年3月，《全国碳排放权交易市场覆盖钢铁、水泥、铝冶炼行业工作方案》发布，纳入钢铁、水泥、铝冶炼行业，新增1500家重点排放单位。

2. 碳交易的主要业务流程

碳交易过程中，涉及多个角色，各个角色承担着不同的职责，主要包括政府部门（碳配额的分配者、碳市场的管理者）、重点排放单位（碳配额的需求方）、减排企业（出售多余碳配额或开发的CCER）、第三方核查机构（核查控排企业碳排放数据）、碳咨询服务机构（帮助企业开发和管理碳减排项目、开发CCER等）、碳市场投资者（通过参与碳交易获取差价盈利）等。

碳交易的业务流程主要包括以下四个环节。

（1）重点排放单位申报碳排放数据

重点排放单位首要任务是根据相关规范完成上一年温室气体排放报告的编制，并于每年3月31日前上报至企业所在地的省级生态环境主管部门。为保证企业上报数据的真实、完整、准确，企业碳排放数据需由独立的第三方碳核查机构进行核查。核查过程通常涵盖以下几个关键点。

企业基本情况。包括被核查企业的名称、主营产品（服务）、生产工艺流程、使用的能源类型等。

核算方法及边界。第三方碳核查机构根据企业基本信息和现场调研情况，确定对应的核算方法并确保核算范围涵盖所有应包含的排放设施及排放源。

数据准确性。通过现场文件审核、数据交叉验证等方式，对报告中的各项活动数据和排放因子进行核实，确保数据真实、完整、准确。

文件归档。由专业人员根据核查结果编写企业温室气体排放报告并对其他相关文件进行归档，文件至少保存五年。

（2）政府确定碳排放总额及配额分配

碳配额总量及分配方案是由生态环境部根据国家温室气体排放控制要求和经济增长情况、产业结构、能源结构、大气污染物排放控制等因素制定的。省级生态环境主管部门根据生态环境部的方案，向其行政区内重点排放单位分配每年碳配额。碳配额限定了企业在一定时期内向大气排放温室气体的额度。企业有义务每年核销与其实际排放量相等的碳配额。

（3）买卖交易

根据生态环境部于 2020 年 12 月发布的《碳排放权交易管理办法（试行）》，控排企业在全国碳排放权注册登记系统开立账户后即可执行相关交易操作，其主要交易商品是碳配额。目前全国碳市场主要交易方式为协议转让和单向竞价。

（4）履约清算

在碳排放权交易机制下，参与企业需在规定期限内，基于第三方核证的碳排放数据，向政府相关部门提交相应的碳排放配额，完成履约义务。若企业所持配额不足以覆盖其排放量，需通过碳市场交易予以补充；反之，则可通过交易富余配额获取额外收益。

3. 碳交易的具体规则

通过基础制度奠定碳市场交易的前提和框架后，碳交易的开展还需要遵守具体的交易规则。

一是交易主体和市场准入方面的规则。目前全国统一碳市场的交易主体主要是重点排放单位。市场准入的标准方面，第一个条件是企业必须属于全国碳排放交易市场覆盖的行业，全国碳市场启动初期参与交易的只有电力行业，2025 年 3 月 26 日，《全国碳排放权交易市场覆盖钢铁、水泥、铝冶炼行业工作方案》正式发布，电力、钢铁、建材、有色四大行业正式纳入全国碳市场。第二个条件是年度温室气体排放量达到 2.6 万吨二氧化碳当量。如果企业的年度排放量低于此数值，则表明该企业的排放对气候问题的影响较小，该企业不需要也不被允许进入市场。除了直接排放碳的企业外，还有一些主体参与市场交易，并发挥着重要作用，如具有专业资质的碳排放核查服务机构。碳排放的监测和核查是一个技术含量高、专业性强的过程，需要专业中介服务机构的支持，以保障市场交易的顺利进行。

二是交易标的和范围方面的规则。目前交易标的以碳排放配额和 CCER 为主，全国碳市场主要采用现货交易，未来可能引入衍生品交易，如碳期货、碳期权等，形成多元化的交易体系。

三是交易平台方面的规则。全国配额碳市场的交易主要在上海环境能源交易所进行，登记和结算则在湖北碳排放权交易中心，交易系统包括挂牌交易系统和大宗交易系统，中介服务体系也初步构建完成。

四是交易形式方面的规则。交易形式上，主要有协议转让和单向竞价两种形式。协议转让即双方协商达成一致并确认成交，包括挂牌协议交易和大宗协议交易。挂牌交易类似于股票买卖系统，通过交易系统进行报价和成交。大宗协议交易则通过交易系统进行报价询价并确认成交，不通过挂牌交易系统撮合。目前大宗交易占据了主要份额，挂牌协议交易规模较小。未来会适时引入单向竞价机制。

五是登记和结算方面的规则。注册登记机构根据交易系统的成交结果，按照货银对付原则，进行逐笔全额清算和交收。这一体系已相当成熟，能够及时确认交易结果。此前，地方性市场因系统不成熟曾出现一些纠纷和法律责任问题，但现在系统已得到改进。核证自愿减排量按照国家有关规定用于抵消全国碳排放权交易市场和地方碳排放权交易市场碳排放配额清缴、大型活动碳中和、抵消企业温室气体排放等用途的，应当在注册登记系统中予以注销。核证自愿减排量跨境交易和使用的具体规定，由生态环境部会同有关部门另行制定[①]。

4. 碳交易的监督保障制度

交易完成后，经过结算和登记确认，接下来面临的是监测核查和配额清缴等问题。重点排放单位应当根据生态环境部制定的温室气体排放核算与报告技术规范，编制该单位上一年度的温室气体排放报告，载明排放量，并于3月31日前报生产经营场所所在地的省级生态环境主管部门。温室气体排放报告所涉数据的原始记录和管理台账应当至少保存五年。

重点排放单位对温室气体排放报告的真实性、完整性、准确性负责。重点排放单位编制的年度温室气体排放报告应当定期公开，接受社会监督，涉及国家秘密和商业秘密的除外。省级生态环境主管部门应当组织开展对重点排放单位温室气体排放报告的核查，并将核查结果告知重点排放单位。核查结果应当作为重点排放单位碳排放配额清缴依据。重点排放单位应当在生态环境部规定的时限内，向分配配额的省级生态环境主管部门清缴上年度的碳排放配额。清缴量应当大于等于省级生态环境主管部门核查结果确认的该单位上年度温室气体实际排放量。重点排放单位每年可以使用国家核证自愿减排量抵消碳排放配额的清缴，抵消比例不得超过应清缴碳排放配额的5%。相关规定由生态环境部另行制定。用于抵消的国家核证自愿减排量，不得来自纳入全国碳排放权交易市场配额管理的减排项目[②]。

具体需要根据相应的制度规则来确定，以保障碳交易目的的实现。

---

① 生态环境部/市场监管总局.温室气体自愿减排交易管理办法（试行）[EB/OL].（2023-10-19）[2024-08-13].https://www.mee.gov.cn/xxgk2018/xxgk/xxgk02/202310/t20231020_1043694.html.
② 生态环境部.碳排放权交易管理办法（试行）[EB/OL].（2021-01-05）[2024-08-13].https://www.mee.gov.cn/xxgk2018/xxgk/xxgk02/202101/t20210105_816131.html.

第一，监测核查制度。确定排放单位的具体排放量，重点排放单位应根据规范技术要求，编制上一年度的排放报告，并于每年 3 月 31 日前提交省级环境主管部门。随后，主管部门将组织核查排放报告的真实性、完整性和准确性。如果排放单位的实际排放量少于配额，差额部分可以作为交易配额出售。如果排放量超出配额，则需要购买相应配额进行抵消。核查工作可以由政府通过购买服务的方式委托专业技术机构进行。

第二，配额清缴制度。重点排放单位还需在规定时限内向主管部门清缴上年度的排放总额。清缴量应大于或等于实际排放量。如果清缴量少于实际排放量，则需要购买额外的配额或核证自愿减排量进行抵消，但自愿减排量的抵消比例不得超过 5%。

第三，信息披露制度。充分必要的信息披露对于市场运行至关重要，无论是对市场参与主体还是监管主体，保证公开透明都是一项十分重要的基本原则。正如证券市场强调公开和透明要求，碳市场同样需要透明度。美国大法官布兰代斯曾指出："公开应当被推荐为消除社会和企业弊病的补救方法。阳光是最好的消毒剂，灯光是最有效的警察。"[1] 这一观点很好地揭示了公开性对于市场健康有效运行的重要性。为保证公开透明，需要在不同环节对不同主体提出信息披露要求。排放单位的碳排放报告应定期公开，以便市场参与者参考。

整个碳交易流程始于生态环境部，该部门负责制定碳排放配额的分配方案。接着，省级生态环境主管部门根据方案确定配额分配结果，并通知相关企业。企业需要开设两个账户：一个是在武汉的全国碳排放权注册登记结算系统设立的登记账户，另一个是在上海能源环境交易所开设的交易账户。企业根据自身碳排放配额的实际情况，选择买入或卖出配额。目前企业可以选择的交易方式主要有两种：挂牌交易和大宗交易。不论选择哪种交易方式，一旦交易达成，都需要进行清算和交收，同时完成配额和资金交付，以及相应的账户变更登记和核查清缴。如果在此过程中出现问题或纠纷，则由相应的纠纷解决机制解决。

第四，法律责任制度。在碳交易市场中，纠纷的出现是不可避免的，可能涉及对违法行为的指控或法律责任的承担等。因此，碳交易市场中的主体如果出现违法行为，需要追究相应的法律责任。对于重点排放单位，如果存在虚报或瞒报温室气体排放情况，或者拒绝履行温室气体排放报告义务，将可能面临主管部门

---

[1] Brandeis, L.D.. Other People's Money: And How the Bankers Use It[M]. New York: Frederick A. Stokes Company, 1914: 92.

的处罚。目前碳交易市场处于初步发展阶段，对于碳排放管控的处罚采取了较为宽松和轻微化的手段，更强调对企业和市场的鼓励、引导和支持。这种考量和选择是在当前市场发展背景下形成的。

表 5-6 汇总了近年来各地碳排放交易行政处罚情况，可以看出，涉及的案件遍布上海、广东、宁夏、新疆等地，几乎全国各地都有类似的处罚案例。处罚类型主要包括虚假申报年度报告、未足额清缴碳排放配额和违反碳排放管理制度三大类。

表 5-6　各地碳排放交易行政处罚情况[①]

地域	案例名称	处罚类型
上海	上海市某电厂虚报温室气体排放报告案	虚假申报年度报告
广东	深圳某电子科技有限公司行政处罚案	未足额清缴碳排放配额
宁夏	宁夏某发电有限责任公司未按时足额清缴碳排放配额行政处罚案	未足额清缴碳排放配额
宁夏	宁夏某高新产业股份有限公司碳排放配额未履约行政处罚案	未足额清缴碳排放配额
宁夏	宁夏某工程有限公司涉嫌违反碳排放管理制度案	违反碳排放管理制度
宁夏	宁夏某能源化学有限公司涉嫌违反碳排放管理制度案	违反碳排放管理制度
新疆	伊犁州某热电公司违反碳排放交易管理制度案	违反碳排放管理制度
新疆	昌吉州某有限公司违反碳排放权交易管理制度案	违反碳排放管理制度
广西	广西某纸业有限责任公司未按时足额清缴碳排放配额案	未足额清缴碳排放配额
广西	防城港某浆纸有限公司未按时足额清缴碳排放配额案	未足额清缴碳排放配额
广西	广西某糖纸有限责任公司未按时足额清缴碳排放配额案	未足额清缴碳排放配额
浙江	浙江某热电集团有限公司未按时足额清缴碳排放配额案	未足额清缴碳排放配额

---

① 张梓太，张叶东，等. 碳法律制度：维度与体系创新 [M]. 北京：知识产权出版社，2024.

四、碳金融制度的创新与发展

金融行业是一个发展相对成熟的行业，金融市场也是一个广阔的市场。传统金融行业被划分为信贷、证券和保险等。在与碳相关的金融市场中，尤其是在当前"碳达峰碳中和"目标提出的背景下，金融市场正积极向低碳化转型。目前碳信贷和碳证券这两个领域的发展相对成熟，制度创新尤为活跃。

1. 碳信贷制度

碳信贷主要是指涉及碳减排、碳增汇和碳排放权交易等相关项目或活动的信贷业务。碳信贷以商业银行为主体信贷机构，向借款人发放贷款，以支持其参与碳减排、碳增汇和碳排放权交易项目和业务。因此，碳信贷对于支持碳减排和实现"碳达峰碳中和"目标具有重要的影响。为了鼓励和规范资金流向低碳领域，中国从多个角度进行了法律规范和制度构建。其中，影响较大的是《中华人民共和国节约能源法》（以下简称《节约能源法》）。该法律在2018年进行了修正，其第65条明确规定国家应引导金融机构增加对节能项目的信贷支持，为符合条件的节能技术研究开发、节能产品生产及节能技术改造项目提供优惠贷款。这从法律层面对节能信贷政策进行了明确规定，体现了对这一制度措施的高度重视。节约能源与碳减排密切相关，因为目前能源主要是高碳化的，尤其是煤炭和石油，节约能源就意味着减少碳排放。

除了《节约能源法》，国家相关部门还出台了一些绿色金融方面的规范性文件。生态环境部、国家发展改革委、中国人民银行、银保监会、证监会于2020年10月出台了《关于促进应对气候变化投融资的指导意见》，从投资角度要求资金支持相关的气候变化应对项目，包括鼓励商业银行的信贷资金，鼓励政府、银行和政策性银行等机构通过担保、风险保障补偿金等方式，引导社会资金进入"碳达峰碳中和"领域。2021年9月22日出台的《中共中央 国务院关于完整准确全面贯彻新发展理念做好碳达峰碳中和工作的意见》，对如何做好"碳达峰碳中和"工作进行了专门规定，也提出了碳信贷的措施手段。该意见第31条"积极发展绿色金融"规定，"有序推进绿色低碳金融产品和服务开发，设立碳减排货币政策工具，将绿色信贷纳入宏观审慎评估框架，引导银行等金融机构为绿色低碳项目提供长期限、低成本资金。鼓励开发性政策性金融机构按照市场化法治化原则为实现碳达峰、碳中和提供长期稳定融资支持"[1]。此外，2022年6月1

---

[1] 李传轩. 碳金融法律制度的创新与发展 [M]. 北京：知识产权出版社，2023：119-120.

日原银保监会制定了《银行业保险业绿色金融指引》。这一指引虽然不具有强制性法律要求，但提出的具体要求非常明确，要求银行保险机构调整完善信贷政策和投资政策，积极支持清洁低碳能源体系建设，支持重点行业和领域的节能减污降碳、增绿防灾，落实碳排放强度政策要求。

除国内立法之外，国际性的气候投融资行业规则也发挥着重要作用。其中最为重要的是赤道原则，这一原则自2003年6月由荷兰银行等国际商业银行和国际金融公司研讨制定以来，不断更新发展，并在2020年7月进行了最新修订。赤道原则要求商业银行在国际项目融资中充分关注环境与社会风险，并将这些风险作为发放贷款的重要参考[1]。最新版的赤道原则根据《巴黎协定》的要求，对气候风险进行了全面和具体的应对。目前全球有38个国家和地区的134个金融机构正式采用赤道原则。虽然中国加入赤道原则的时间较晚，但自2008年兴业银行成为中国首家赤道银行以来，越来越多的商业银行开始关注并采用赤道原则。目前中国已有超过9家银行采用赤道原则。赤道银行的影响力不容忽视，目前国际性融资业务市场中90%以上的业务被赤道银行占有。如果银行不遵从赤道原则，在国际融资市场中将很难有竞争力。

碳信贷的具体制度内容包括以下三个方面。

一是业务管理制度。业务管理最重要的是建立产品创新机制，即推出高质量的碳信贷产品。与传统银行信贷产品相比，碳信贷面临许多新问题和挑战，同时也有新的机遇。目前市场上各家银行都在积极开发和推出碳信贷产品，相关主管部门和监管部门也提供了制度指引。近年来发展较好的碳信贷产品包括碳排放权抵押或质押贷款、碳排放权交易项目融资，以及节能减排降碳项目融资等。在浙江、上海、江苏等地，当地政府相关部门制定了碳排放权抵押的业务规则。除了产品创新，风险管理也是碳信贷市场必须密切关注的。因此，从事相关业务的商业银行需要构建风险评估机制，碳信贷的风险不仅包括传统的信贷风险，还增加了气候风险这一新变量。这要求参与者同时关注信贷风险和气候风险，相关的贷款审查制度也需要改进，将气候风险纳入考量范围。

二是碳资金宏观调控制度。为了鼓励商业银行积极推进碳信贷业务，国家建立了碳资金的宏观调控制度，通过货币工具如存贷款利率、存款准备金率等，引导商业银行支持碳市场发展和低碳项目，吸引更多资金投入。2021年中国人民

---

[1] Equator Principles, n.d. About the Equator Principles[EB/OL]. https://equator-principles.com/about-the-equator-principles/.

银行推出了碳减排支持工具，为金融机构提供低成本资金，鼓励金融机构将贷款专门用于碳减排重点领域。

三是碳信贷市场监管制度。市场监管是碳信贷市场健康有序发展的一项重要保障制度。随着碳信贷市场和相关碳产品创新业务的快速发展，风险管理变得越来越重要。碳信贷市场的风险更加复杂和集中，需要监管部门特别关注。目前各部门已经初步建立沟通协调机制，特别是银行业监管部门和生态环境部门需要加强合作，协同监管碳信贷市场。

2. 碳证券制度

碳证券制度是碳金融的另一个重要领域。碳证券指的是募集资金主要用于支持低碳产业和项目的证券，具体包括绿色债券、绿色股票、碳债券和碳资产支持证券等。具体来看，绿色债券是指募集资金专门用于支持符合规定条件的绿色产业、绿色项目或绿色经济活动，依照法定程序发行并按约定还本付息的有价证券[1]。碳债券是指发行人为筹集低碳项目资金向投资者发行并承诺按时还本付息，同时将低碳项目产生的碳信用收入与债券利率水平挂钩的有价证券[2]。近年来，碳债券领域的发展尤为迅速，相关的制度规范日益丰富。在国际社会，气候债券倡议组织（Climate Bonds Initiative，CBI）提出了气候债券这一概念，并制定了《气候债券标准》。

碳证券市场的制度规则包括标准体系、项目评估、资金用途等。碳证券市场的发展需要市场实践的丰富，也需要行业和政府的规范和引导。即便项目通过了初步遴选，仍需确保所募集的资金能够持续且完全按照约定用途使用。为此，项目需要实施持续的管理措施，包括建立专门的监管账户、设立详细的账目记录，对资金的流入、分配与回收等环节进行全面的可追踪监督管理，确保资金的合理运用和项目的顺利进行。碳证券市场制度规则和监管的持续实施为碳证券的发行和运行提供了一个全面且严密的规则体系。

对于近年来发展十分火爆的绿色债券，监管要求不断提高，相关规则日益完善。目前国内外的标准体系正趋于统一，其中绿色债券支持项目目录不断更新，并且只有满足核心规则要素的要求，项目才能成功发行绿色债券。另外，严格的标准能够有效避免所谓的"漂绿"或"洗绿"现象，即防止项目在名义上声称具

---

[1] 绿色债券标准委员会.中国绿色债券原则[EB/OL].http://www.nafmii.org.cn/ggtz/gg/202207/P020220801631427094313.pdf.

[2] 中国证监会.中华人民共和国金融行业标准（JR/T 0244—2022）.发布于2022年4月12日，关于"碳金融产品"部分"碳债券"的界定。

有环境友好性，实际上并未采取相应的环保措施、达到碳减排目标。这些规则要求确保了绿色债券的发行不仅是一种市场融资行为，也是对环境保护、碳减排承诺的践行。通过确立这些标准，旨在促进真正的可持续发展，同时提高碳债券产品的透明度和可信度。

图 5-1 展示了气候友好型债券的发行情况。气候友好型债券是一类旨在支持应对气候变化的金融工具，其中绿色债券是主要部分之一。2016—2023 年气候友好型债券的交易规模基本保持了稳健的发展态势，吸引了越来越多投资者的参与。

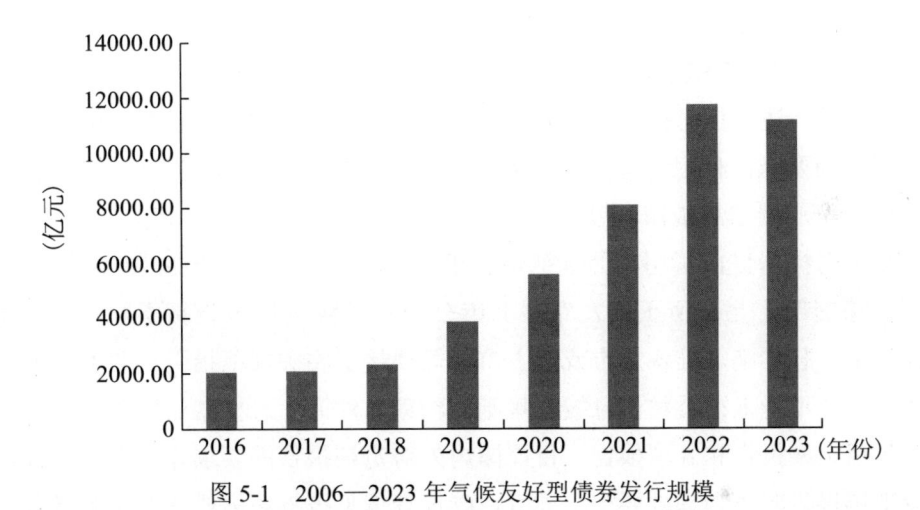

图 5-1 2006—2023 年气候友好型债券发行规模

数据来源：Wind、清华大学全球证券市场研究院。

碳证券要成功发行并获得市场的充分了解乃至认可，发行前、发行中和发行后的评估、认证和评级十分重要。无论是股票还是债券，评估和评级都是投资者做出投资决策的重要参考。为了使投资者充分了解相关信息，激发其投资热情，并做出科学的投资决策，碳证券的评估认证和评级尤为必要。评估认证和评级构成了市场活跃和支持的重要体系。目前碳证券的评估认证已初步形成，涉及第三方或第二方的审核与评估认证，可以为投资者提供客观的依据，避免只有发行人的自我评价作为判断依据。评价机构和评价数据的客观性，对于投资者做出判断可谓至关重要。在评估认证方面，碳债券展现出一定的灵活性。通常评估认证在碳证券发行前进行，以确定是否可以认证为绿色债券。为了吸引更多债券投资转向绿色领域，规则制定者灵活设立了发行后存续期间的审核与评估认证机制。这意味着即使债券已发行，只要投资转向绿色领域，也可以补充申请认证，享受相关政策支持。目前中国人民银行和证监会已制定了关于债券评估认证的行为指引和规范性文件，交易商协会和银行间市场协会也制定了详细的操作细则和配套文件。

碳证券评级与评估认证有所不同。评估认证机制决定债券是否可以被认定为绿色债券，而评级是对已认定债券的产品质量和市场表现进行综合评价。目前国内外碳债券评级尚处于初步阶段，未形成成熟且得到市场广泛认可的评级制度。国际市场上穆迪、明晟等评级公司在碳债券评级方面起步较早，而国内一些评级公司处于一边探索一边实践阶段。除了关注传统的金融方面信用评级外，碳证券的评级还需要关注绿色低碳方面，两者可联合形成综合性的评级机制。

碳证券信息披露制度是碳证券市场投资者投资决策和权益保护的基础性制度。如前面所述，信息披露的透明性和公开性对金融市场尤为重要，证券市场对此有严格的要求。信息披露是投资者决策的重要依据，因此被置于最高优先级。在上市公司的碳信息披露制度方面，各证券交易所纷纷发布了相关的监管指引，对环境信息披露提出了明确的规范性要求。立法动向方面，2024年4月12日上交所、深交所、北交所正式发布《上市公司可持续发展报告指引》，并自2024年5月1日起实施，准备上市或已上市公司要接受相关规范指引。非上市公司的碳债券可能不受上市公司信息披露规则的约束，然而信息披露的核心要求仍然适用，包括定期报告和专项报告。目前国内外对定期报告的要求并不完全一致，但至少半年报告应成为基础要求。同时，碳证券信息披露还需要进一步完善重大性判断标准体系，制定不同行业和领域的碳证券相关信息重大性披露指引[1]，以更好地实现信息披露的公平价值和效率价值。

最后是碳证券市场的监管制度。与碳信贷市场类似，碳证券市场的风险复杂多样，更容易发生严重风险。证券市场的监管要求可能比信贷市场要严格。在新一轮国家金融机构改革中，证监会依然保持了独立地位，反映了证券市场风险管控的重要性。对于碳证券市场来说，其可能存在的风险包括金融风险和气候风险，两者之间存在关联和影响。因此，需要证券监管部门与气候监管部门配合协调，确立统一的监管标准体系，建立统一的监管信息沟通和共享机制，以及建立协调监管和联合监管机制[2]。从现实情况看，统一协调监管仍面临着很多挑战，

---

[1] 李传轩，张叶东. 上市公司 ESG 信息披露监管的法理基础与制度构建 [J]，江汉论坛，2024（9）：141-143.

[2] 李传轩. 生态文明视野下绿色金融法律制度研究 [M]. 北京：知识产权出版社，2019：158-159.

需要不断实践、不断完善，进而在法律规范层面予以确认和规定，以更好地推进碳证券市场监管制度不断发展和完善。

本 篇 总 结

  2020年中国提出的"碳达峰碳中和"目标，已成为国家战略的重要组成部分。战略实施过程中，中国坚持统筹协调与系统思维，注重产业结构调整，降污减排与高质量发展协同，多目标平衡推进，确保能源安全的前提下，推动传统化石能源有序替代。中国承诺全面停止新建境外煤电项目，积极发展绿色金融和转型金融，倡议发起"一带一路"多边平台，其中气候融资比例达到一半以上。对于企业而言，需要锚定全球未来零碳产业和绿色金融的新赛道，进行前瞻性部署。为了确保"碳达峰碳中和"目标的顺利实现，加强制度体系建设和法治保障至关重要。中国开展了应对气候变化方面的专门立法，并对相关碳交易进行立法，碳交易和碳金融制度不断完善，碳交易的监督保障制度趋于严格。中国"碳达峰碳中和"目标的实现是一个复杂且持续的过程，需要科学研究、国际合作和有效的政策法律部署予以保障。

第三篇 | 碳市场的建设与发展

碳市场是政府为控制温室气体排放而建立的减排定价机制。2021年全国碳市场启动交易之后，国务院于2024年1月通过了《碳排放权交易管理暂行条例》[①]，增强全国碳市场的法律有效性；2025年3月，《全国碳排放权交易市场覆盖钢铁、水泥、铝冶炼行业工作方案》正式发布，钢铁、水泥、铝冶炼行业正式纳入全国碳市场。自愿减排市场经过六年的暂停后，于2024年1月22日正式重启[②]，自此碳市场迎来了快速的发展和升级。另外，国际碳市场也有望成为一个越来越重要的投资交易领域，但存在不同国家和地区碳市场各自为政、缺乏有效联通和协调等问题，需要投资者充分把握国际规则、政策方向和风险管理。

　　本篇主要介绍国内外碳市场要点及中国碳市场面临的挑战和发展趋势，研究国际碳交易参与路径和跨境碳市场联通协调问题，并提出碳金融市场减排投资策略，主要从未来展望、国际借鉴和科技前沿三个视角，把握未来的碳市场发展方向。

---

① 国务院. 碳排放权交易管理暂行条例[EB/OL]. https://www.gov.cn/zhengce/zhengceku/202402/content_6930138.htm.
② Environmental Defense Fund，2024. China Carbon Pricing Newsletter[EB/OL]. https://www.edf.org/climate/china-carbon-pricing-newsletter.

第六章
碳市场要点解析

碳市场是政府为了应对气候变化，通过市场机制控制温室气体排放而建立的政策工具。全球建立了多个碳市场。欧盟、美国等地区的碳市场通过不同的机制设计，实现了温室气体的有效控制。中国建立了全国统一碳市场，目前市场已进入发展期，但仍面临数据质量、市场流动性、法律政策支持和国际合作等方面的挑战。

一、碳排放配额简介

为了实现碳中和目标，各国纷纷将碳市场配额制度作为实现减碳目标的政策工具，即规定重点排放单位的排放上限，以形成强制配额市场。截至2023年，全球有36个碳市场在运行，另有22个司法管辖区处于考虑或政策制定阶段。目前正在运行的碳市场共覆盖了全球温室气体排放量的18%，这些正在运行的碳市场的司法管辖区占全球国内生产总值的58%，将近1/3的人口生活在有碳市场的地区[1]。各国政府建立配额市场，并推动市场规模逐年扩大。

1. 内涵与作用

碳排放配额是指政府分配给重点排放单位在指定时期内的碳排放限额。碳排放配额机制通过设定排放上限，赋予企业排放权，使其在限额内排放，并通过市场交易调整排放量，从而激励企业减排。碳排放配额既是企业的一项义务，也是政府赋予企业的一种碳排放权资产。企业可以在交易市场上利用这些配额获利，或进行金融处置，如抵押融资等。

碳排放配额机制具有几项核心内涵，具体如下。

第一，碳排放配额是政府针对指定纳管单位发放的一种限额、权利和义务。

---

[1] 国际碳行动伙伴组织（ICAP）.全球碳市场进展：2024年度报告[EB/OL]. https://icapcarbonaction.com/system/files/document/240530_es_chi.pdf.

第二，碳排放配额是为了帮助各国政府实现"碳达峰碳中和"目标而建立的市场机制。中国的碳达峰目标是指到2030年前二氧化碳排放达到峰值。因此，从目前的碳市场来看，配额主要涵盖的温室气体排放类型是二氧化碳，尚不包括甲烷等温室气体。

按照联合国的要求，温室气体排放主要有六类，包括二氧化碳、甲烷、氧化亚氮、氢氟碳化物、全氟碳化物和六氟化硫。不同国家的配额指标涵盖的温室气体种类与其提出的气候目标相对应。例如，欧盟已经走过碳达峰阶段，计划到2040年至2050年实现温室气体净零排放，其配额包括的温室气体排放有甲烷、氧化亚氮、氢氟碳化物、全氟碳化和六氟化硫等。而中国目前主要是针对二氧化碳排放进行管控。

第三，目前中国的"碳达峰碳中和"主要指企业的生产运营排放，而不包括供应链的排放。根据联合国的核算清单指南，一个企业或组织的排放分为三个范围：范围一是指企业生产运营过程中的直接排放，范围二是指企业生产运营过程中使用电力或热力产生的间接排放，范围三是指企业价值链中除范围二之外的所有间接排放。目前中国的配额涵盖对象是纳管单位的生产运营排放，即范围一的排放（按照最新的配额分配方案，与企业生产运营相关的范围二间接排放暂不纳入配额范围），而不包括供应链的范围三排放。

当前碳排放管理呈现三种趋势：一是从强制管理向市场机制转变，包括配额市场和自愿减排市场；二是从管控二氧化碳向管控非二氧化碳转变；三是从管控企业生产运营排放向管控企业上下游或供应链排放转变。然而，这些趋势尚未完全形成，目前的配额市场仍主要针对企业生产运营排放进行管控。

2. 碳市场分类

碳市场主要分为两类：一类是强制配额市场，即政府划定纳管单位并赋予其配额管理义务及相应的碳排放资产，企业可通过市场机制购买或出售配额；另一类是自愿减排市场，即非纳管单位通过自愿减排项目形成的减排量，经过认证后可进行交易。

自愿减排市场主要分为三类：国际碳减排机制（如清洁发展机制CDM），第三方独立自愿减排机制（如核证碳标准VCS、黄金标准GS），各国国内自愿减排机制（如中国CCER）。这些市场的发展势头良好，越来越多的企业提出碳中和目标，自愿减排市场为其提供了重要支持。

此外，中国一些地区如广东、浙江和北京正在推行个人碳普惠机制，通过记录和量化个人的低碳行为，如低碳交通出行和光伏发电等，激励个人采取更多低碳行动。虽然个人碳普惠机制目前仍处于孕育阶段，但未来有望与自愿减排项目和碳配额市场打通，形成一定规模。

3. 配额分配方法

碳配额市场是政府确定交易圈、主体范围和碳排放控制要求，通过配额分配和交易，实现碳排放控制和减排。首先，政府确定市场的覆盖范围，设定市场的配额总量。其次，政府根据一定方法和标准向纳管单位分配配额。最后，企业开展交易、清缴履约和数据管理，政府则全程监管，确保市场的正常运行。

配额分配过程中的关键点包括：确定纳入排放控制的行业和企业主体范围，平衡纳入门槛和管理成本；确定配额周期，如几年一发放或一年一发放；确定配额发放方式，如免费或有偿。

免费分配方法主要有历史排放总量法和强度法，历史排放总量法根据企业历史排放总量和减排目标确定配额，强度法则根据行业单位产品碳排放标准和企业实际产品产量确定配额。历史排放总量法的优点是管理成本较低，能够实现绝对量的控制；缺点是缺乏弹性，不能适应企业生产经营变化，可能导致企业减排积极性降低。强度法更贴近企业实际生产情况，能够避免对企业生产经营产生负面影响，但管理成本和数据基础要求较高。

有偿分配配额的方法包括拍卖和固定价格出售。拍卖法总体上按照价高者得的方式展开，但会通过限定价格区间，避免价格过高。固定价格出售配额则相当于向企业征收碳税。

二、国际主要碳市场概述

20世纪90年代末，各国签订了具有里程碑意义的《京都议定书》。该议定书不仅明确了各国法定的减排任务和目标，还催生了市场化机制的创新，以低成本实现温室气体减排。欧盟和美国等提出利用碳排放配额市场这一机制，推动温室气体减排。

欧盟率先实践统一的碳交易市场，自20世纪90年代末开始研究机制设计，于2005年正式启动交易。初始阶段，欧盟碳排放交易体系主要关注二氧化碳的排放，免费分配配额，并逐步探索市场运行流程，包括设立市场主体、确定总量、分配配额、搭建交易平台和制定核算方法等。然而，初期配额分配经验不足、过于宽松，致使配额过剩、价格下跌，这是市场发展过程中的重要教训。

欧盟碳市场在第一个阶段的基础上，逐步优化市场机制，压缩总量，引入拍卖分配方式，并在第三阶段开始纳入非二氧化碳气体，扩大管控范围。到了第四阶段，欧盟碳市场已实现60%以上的配额通过拍卖发放，并进一步收紧配额总量，纳入航空、航运等行业，构建起一个全面且高效的碳市场体系。

美国没有全国性的碳市场，但在区域市场方面取得了显著进展。例如，美国东北部10个州参与的区域市场，以及加利福尼亚州和加拿大几个省构建的西部市场，这些市场通过拍卖方式分配配额，展现出各自的特点和优势。

韩国碳市场虽然起步较晚，于2015年启动，但发展力度大，影响力不容小觑。韩国碳市场一开始就将发电、工业、建筑、废弃物处理和航空等行业纳入管控，并将六类温室气体全部纳入配额市场。通过拍卖方式发放的配额比例逐步提升，配额总量也每年进行压缩，形成了颇具特色的交易机制。

从这些典型碳市场的发展中可以总结出几个关键特点：一是配额总量逐步收紧，推动配额价格逐步上扬；二是配额分配方法从免费向拍卖过渡，确保企业承担碳排放成本；三是碳市场不仅作为减排政策工具，还作为金融要素市场进行建设；四是实行严格的法规和惩罚机制，确保市场参与者遵守规则。

未来全球碳市场将呈现新的趋势，包括碳边境调节机制的推进、自愿减排交易体系的协同、区域市场的构建和绿色贸易的兴起。这些趋势将影响碳市场的发展方向，为实现全球减排目标提供新的机遇和挑战。

三、中国碳市场概述

中国在碳市场建设方面进行了积极探索，逐步建立了具有中国特色的碳排放权交易市场。碳市场的核心是通过碳排放权的分配和交易，引导企业和个人降低碳排放。当前中国碳市场建设已经进入新的发展阶段，碳排放权的交易量和市场规模不断扩大，碳市场的功能和作用逐步显现。中国碳市场分为全国碳排放权交易市场和试点省（市）碳交易体系两部分。全国碳市场自2021年7月正式开市以来，目前已成功完成两个履约周期，首个履约周期为2019—2020年，第二个履约周期为2021—2022年，自2024年10月开始优化履约时间安排，由两年一履约变成一年一履约。地方碳交易市场涵盖北京市、上海市、天津市、重庆市4个直辖市和广东省、湖北省以及深圳市在内的7个地方试点碳市场，覆盖电力、钢铁、水泥在内的 20 多个行业，涉及近 3000 家企业。除了 7 个区域市场之外，后来国家还认可了福建和四川两个省级市场，现在共有 9 个地方市场。这 9 个区域市场再加上上海和湖北共同承担的全国碳市场，构成了国内强制碳市场的架构。

根据生态环境部发布的《全国碳市场发展报告（2024）》，"全国碳排放权交易市场第二个履约周期（2021 年、2022 年）共纳入发电行业重点排放单位（含其他行业自备电厂）2257 家，年度覆盖温室气体排放量约 51 亿吨二氧化碳当量，是目前全球覆盖排放量最大的市场。截至 2023 年底，全国碳排放权交易市场碳排放配额累计成交量 4.42 亿吨，累计成交额 249.19 亿元。其中，第二个履约周期碳排放配额累计成交量 2.63 亿吨，累计成交额 172.58 亿元，交易规模逐步扩大，交易价格稳中有升，交易主体更加积极"（见图 6-1）。

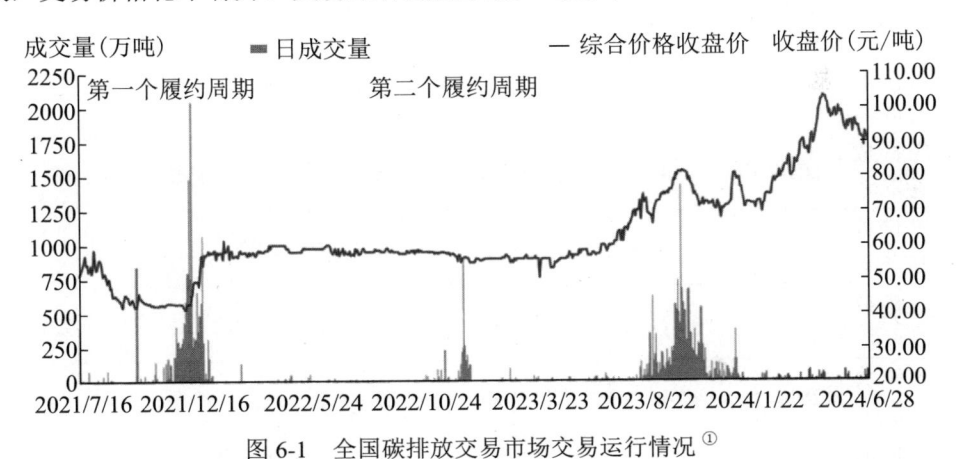

图 6-1　全国碳排放交易市场交易运行情况[①]

中国碳市场的探索逻辑为兼容并蓄、自主探索、充分发挥，探索过程分为以下三个阶段。

（1）第一阶段（2005—2012 年）

此阶段中国深度参与 CDM 市场，注册并签发千余个项目并获得规模收益。在此阶段，中国 CDM 项目的注册审批主要遵照海外标准，即 CDM 方法学。这一阶段的经历为中国建设独立碳市场提供了大量宝贵的经验。全球已有的碳市场为中国碳市场的建立提供了宝贵的经验和参考。在建立碳市场的过程中，应充分考虑碳排放的量化和监测机制，合理设定碳排放配额和碳价格，并建立相应的监

---

① 资料来源：生态环境部. 生态环境部发布《全国碳市场发展报告（2024）》[EB/OL]. https://www.mee.gov.cn/ywdt/xwfb/202407/t20240722_1082192.shtml.

管机构，确保市场的健康有序发展。

（2）第二阶段（2013—2022年）

中国开始在客观基础上进行自主创新，在京津沪粤等地进行区域性碳交易试点。与国外碳市场相比，中国的碳市场建立时间短，尚处于建设和发展阶段。中国的配额价格低于国际市场，并且中国碳市场大多交易的是二氧化碳。与国外市场相比，中国的碳市场还有很大的发展空间。同时，CCER的研发、交易和监管等活动对于提高碳市场活跃度、加强碳市场的资本价值可谓是里程碑式的探索。CCER的注册审批采用的是自愿减排项目方法学而非CDM系列规定，此举对于中国建立独立自主、因地制宜的碳交易体系具有重要意义（见表6-1）。

表6-1 中国碳交易市场指标列举

碳市场	创立年份	配额价格（美元/吨）	交易气体	覆盖排放（%）	涉及行业
北京排放交易市场	2013	9.48	二氧化碳	24	能源、工业、建筑、交通
重庆排放交易市场	2014	4.54	多种气体	51	能源、工业
福建排放交易市场	2016	2.6	二氧化碳	51	能源、工业、国内航空
广东排放交易市场	2013	4.37	二氧化碳	40	能源、工业、国内航空
湖北排放交易市场	2014	4.74	二氧化碳	27	能源、工业
上海排放交易市场	2013	6.17	二氧化碳	57	能源、工业、建筑、交通、国内航空
深圳排放交易市场	2013	1.74	二氧化碳	40	能源、工业、建筑、交通

资料来源：国际碳行动伙伴组织（International Carbon Action Partnership，ICAP）。

（3）第三阶段（2023年至今）

由于温室气体自愿减排存在交易量小、项目不够规范等问题，2017年3月，国家发展改革委发布公告，决定暂停受理CCER项目。随着碳市场的发展，需要建立推动非控排企业和个人自愿减排的机制。

2023年3月，生态环境部公开征集温室气体自愿减排项目方法学建议。方法学是指导温室气体自愿减排项目开发、实施、审定和减排量核查的主要依据。2023年7月，出于"各类社会主体可以在市场出售并获取相应的减排贡献收益"

的目的，生态环境部就《温室气体自愿减排交易管理办法（试行）》向社会公开征求意见。2023年10月，生态环境部发布《温室气体自愿减排交易管理办法（试行）》，发布首批自愿减排项目方法学，包含造林碳汇、并网光热发电、并网海上发电、红树林营造四项。为做好全国温室气体自愿减排交易市场与全国碳排放权交易市场的衔接工作，生态环境部同期发布《关于全国温室气体自愿减排交易市场有关工作事项安排的通告》。2023年11月，温室气体自愿减排交易、结算、注册登记等规则陆续制定，2024年1月，全国温室气体自愿减排交易市场在北京重启，至此，中国强制碳市场和自愿碳市场双轨制形成。

从区域碳市场发展的轨迹来看，湖北和广东的交易量较大，原因在于这两地较早建立了碳市场机制，纳入的企业多，经济总量大。北京碳市场的最大特点是价格远远高于其他碳市场。其他碳市场的平均价格基本维持在20~30元/吨，而北京碳市场的平均价格达到60余元/吨，最高时超过了100元/吨。上海碳市场的整个操作，包括交易和配额分配等都体现了严谨性和精细化，这也反映了上海碳市场建设的特点。目前个人可以参与碳市场交易的区域市场包括湖北和广东等。

上海和湖北承担的全国碳市场是现货市场，北京被赋予承担国家自愿减排交易平台的功能。区域市场的配额分配做法有几个特点，大部分碳市场采取了有偿或拍卖的方式，如深圳既有固定价格出售，也有拍卖方式。免费分配方面，既有历史强度法，也有基准线法，分配履约周期通常是一年一次。上海已经采用拍卖方式发放碳配额，主要是为了活跃市场，每个季度都会组织一次拍卖。北京的碳配额分配方法包括历史排放总量法、历史强度法和基准线法，每年发放一次。广东省则以3%~5%的比例通过拍卖方式发放碳配额。天津也开始探索拍卖方式发放碳配额。湖北与上海类似，免费分配的比例为90%。

2021年7月，国内碳市场正式在电力行业先行启动，开启首个履约周期。全国碳市场的管理框架包括覆盖范围、企业配额管理、交易管理及对企业数据的监测、报告和核查（MRV）。目前国内碳市场的主管部门是生态环境部，具体由省级生态环境部门执行。支撑系统包括湖北的注册登记系统、上海的交易系统和国家生态环境部的数据报送系统。

全国碳市场基于一系列法律法规和标准体系展开。法律法规层面，有2020年出台的作为部门规章的《碳排放权交易管理办法（试行）》，以及2024年印发的《碳排放权交易管理暂行条例》，针对纳管单位的排放量核算、核查和报告，专门制定了核算报告标准。此外，还有具体的日常管理文件，包括核查、配额分配等。

从 2013 年开始，国家发展改革委针对控排企业陆续出台了 24 个行业温室气体核算指南，这些指南也可作为非控排企业进行碳排放核算时的参考。2021 年，针对纳入全国碳市场的发电行业，生态环境部对核算指南进行了修订。国家还专门针对配额管理核查构建了沟通平台，供市场参与者和政策管理方及时沟通。

数据报送方面，考虑到碳市场数据的特殊性，专门构建了一个碳市场信息综合门户，开展数据报送。从目前全国市场的体系构建和运行来看，总体非常有序有效。碳价呈现上升趋势，开盘价从最早的 2021 年 7 月 16 日的 48 元 / 吨，到 2024 年 12 月 31 日的 97.96 元 / 吨。截至 2024 年底，全国碳排放权交易市场碳排放配额累计成交量 6.30 亿吨，累计成交额 430.33 亿元[①]。

目前全国碳市场最大的特征是交易规模或活跃度有限。而欧盟是目前全球规模最大、启动最早且最成熟的碳市场。欧盟市场的碳排放配额总量约为 15 亿吨二氧化碳，仅为目前中国全国市场管控发电行业碳排放配额总量的三分之一。但欧盟一年的交易量有 100 多亿吨，中国全国市场交易量一年只有 1 亿多吨。换手率方面，全国市场的配额所有权发生转移的比例为 2%，低于区域市场平均换手率（5%），也低于欧盟碳市场的换手率（500%）。

全国碳市场交易活跃度有限的主要原因包括只有控排主体，没有投资机构，交易主体行业单一，交易产品只有现货，没有期货和其他金融产品。此外，市场信息披露体系有待加强，配额分配机制有待完善。

综上，碳市场作为一种市场导向的环境政策工具，通过设定排放限额和允许交易碳排放配额，实现了成本效益最大化的温室气体减排。碳市场设计需要考虑环境完整性、经济效率、公平性和灵活性等原则，通过科学合理的排放限额设定、有效的配额分配和透明的交易机制，碳市场才能推动企业积极减排，促进绿色经济的发展。未来随着全球气候治理的深入推进，碳市场将继续发展壮大，成为实现全球减排目标的重要手段。

四、中国配额分配和管理制度

随着全国碳市场的不断发展和完善，深入分析其配额分配和管理的全流程机制变得尤为重要。现在可以基于已经历的三个履约周期来探讨这些机制与要点，

---

① 上海环境能源交易所（2025）全国碳排放权交易数据。

包括 2021 年启动的第一个履约周期、针对 2021 年至 2022 年的第二个履约周期，以及最新的 2023 年至 2024 年的第三个履约周期。

按照第一个履约周期的规定，纳入配额管理的重点排放单位主要包括 2013—2019 年运营年排放达到 2.6 万吨二氧化碳当量的电力企业。这些企业承担配额管理责任，并免费获得碳配额资产。按当时的规划，要逐渐把八大行业及 22 个主要子行业纳入管理，全国约 7500 家企业将被管控，这些企业的碳排放量大约在 70 亿吨，大约占能源活动二氧化碳排放量的 70%。

从拟进入配额市场的行业来看，都是一些高耗能行业，也就是这些行业的单位产值能耗要超过全社会平均产值能耗水平。例如，有色金属行业可能涉及很多冶炼环节，单位产值能耗比较高，因此被纳入管理。如果认为企业的主体生产属于铝冶炼，那么该企业可能被纳入管理。此外，企业规模也是一个考虑因素。按照 1 万吨标准煤或 2.6 万吨二氧化碳当量的排放标准来界定，电力行业几乎所有企业都要纳入配额管理，而有色金属行业可能只有少部分企业超过这一标准。

第二个履约周期的相关规则基本上延续了第一个履约周期的规则，即 2020 年或 2021 年企业能耗超过 1 万吨标准煤，或排放达到 2.6 万吨二氧化碳当量的发电行业企业，将进入全国碳市场，承担配额管理责任。其中，发电行业纳入排放单位的机组必须符合国家制定的判定标准。2021 年或 2022 年新投产的机组暂不纳入（主要是为了管理方便，因为新投产的机组还不稳定，在配额分配和排放数据管理上都会有困难）。

到了第三个履约周期，《2023、2024 年度全国碳排放权交易发电行业配额总量和分配方案》进一步明确了配额分配与管理的具体措施。这一周期内，不仅保持了之前政策的连续性和稳定性，还进行了多项优化调整，如将配额核算从"供电量"改为"发电量"，简化修正系数，引入配额结转政策，以及优化履约时间安排等[①]。这表明全国碳市场正不断改进，以更好地适应行业发展的需求，并确保市场的公平性和效率。

五、中国碳市场面临的挑战与发展机遇

中国碳市场在过去十年取得了显著进展，但在实现"碳达峰碳中和"目标的

---

① 中华人民共和国生态环境部 (2024). 生态环境部出席国新办"推动高质量发展"系列主题新闻发布会并答记者问 [2025-03-03].[EB/OL].https://www.mee.gov.cn/ywdt/zbft/202410/t20241021_1089827.shtml.

过程中仍面临诸多挑战。为进一步提升碳市场的有效性和影响力，需要探讨针对现存问题和需求的发展方法。

当前碳市场主要面临以下几方面的挑战与发展机遇。

（1）数据质量和核查环节有待提升

面临挑战：数据质量和准确性是碳市场有效运行的基础，但当前的监测、报告和核查（MRV）体系的个别环节仍可能存在漏洞。例如，部分企业在报告排放数据时可能存在不准确或不完整的问题，这影响了市场的透明度和可信度。

发展方向：研发和引入先进的监测技术和方法，如物联网（IoT）设备和大数据分析，提高数据收集和处理的准确性和效率。此外，要加强第三方核查机构的独立性和专业性，确保数据的公正性。

（2）市场流动性和交易活跃度需要进一步提高

面临挑战：中国碳市场起步较晚，流动性偏低，交易量还未形成一定规模，在此阶段，市场价格发现功能和机制还不够完善。市场参与者的数量和多样性不足，限制了市场的深度和广度。

发展方向：进一步扩大市场参与者的范围，鼓励更多行业和企业加入碳市场，特别是高排放行业，包括引入投资机构。此外，增加交易品种，如引入碳期货和碳期权等金融衍生品，提高市场的交易活跃度。

（3）法律和政策支持还需要完善

面临挑战：碳市场的法律法规和政策支持需要进一步加强。目前部分法规存在执行不到位的问题，导致市场的稳定性和规范性受到影响。

改进方向：完善碳市场相关法律法规，明确各参与方的权责，确保法规的有效执行和监督。后续政府可能出台更多支持政策，如税收优惠和补贴，鼓励企业积极进入碳市场。

（4）国际合作与交流还有待提高

面临挑战：在全球气候治理的大背景下，中国碳市场需要加强与其他国家和地区的合作与交流，借鉴国际先进经验，提升中国碳市场的国际化水平和竞争力。

发展方向：推动中国碳市场与国际碳市场的互认和联通，扩大市场覆盖范围和影响力。通过参加国际碳市场论坛和交流活动，学习借鉴其他国家的经验和做法。

通过这些改进措施，中国碳市场将在实现"碳达峰碳中和"目标的过程中发挥更为重要的作用，为全球气候治理贡献中国力量。

第七章
国际碳交易参与路径与机会

国际碳市场涉及不同国家和行业，市场的参与方、市场类型、核算制度、管理架构、市场机制等各有特点，极其繁杂。投资者在考虑进入国际碳市场时，需要了解国际碳市场概况，并评估当地监管程度、政策稳定性等多重风险，做好长期投资准备。

一、国际碳市场分类与强制碳市场

国际碳市场起源于1997年《京都议定书》的签署，发达国家承诺温室气体排放量以抑制全球变暖，以中国、印度、巴西为代表的发展中国家不承担减排义务，而是通过清洁发展机制（Clean Development Mechanism，CDM）由发达国家向发展中国家提供额外的资金或技术，帮助发达国家履行温室气体减排义务。在这一框架下，碳市场利用全球减排成本的不均衡性，通过市场化手段实现成本转移，最大化全球减排价值。基于相关目标和经济学理论，形成了碳市场。

碳市场主要交易两种标的：配额（allowance）和减排量（certified emission reductions）。配额是碳排放权的交易，属于强制市场。国际上推行强制碳市场的国家和地区主要有欧盟、新西兰、澳大利亚、中国、韩国等。强制碳市场主要针对大型排放企业进行管控，政府对企业发放有限的排放权指标，促进企业自主减排或参与碳市场购买完成减排任务。减排量市场是围绕大型排放企业之外的企业开展的减排项目而形成，如植树造林、可再生能源发电、甲烷回收利用、能效提高等项目，这些项目通过吸收或替代二氧化碳排放产生减排量，减排量可以进入市场进行交易。这两种标的形成了不同的市场。

基于配额的强制市场，通常是国家层面的排放权交易体系，首先由政府分配配额，然后通过一级市场发放或拍卖配额。二级市场则涉及控排企业、金融机构和其他投资者的现货交易。此外，还有碳配额的金融衍生品市场，主要为期货市场的交易。

碳市场的价格受多种因素影响，包括减排目标、经济发展情况和配套政策。例如，欧洲碳市场在 2008 年第一阶段开始时，配额价格曾一直处于高位，后因经济衰退而大幅下跌。2018 年以后，随着更激进的碳中和目标的设定，配额价格回升。目前中国碳市场仍处于起步阶段，碳市场金融化和机构参与还需要进一步开放。

2015 年《巴黎协定》的颁布是对 2020 年以后全球应对气候变化的行动做出的统一安排。其中第 6 条提出了新的碳市场机制，旨在解决双重计算问题，确保减排量的国际转让能够被认可并纳入各国的国家自主贡献目标。这些机制包括 6.2 项下的双边协议和 6.4 项下的 SDM 机制，后者继承了 CDM 框架并进行了改进。

除了主权国家和地区，国际航空业也在建立基于减排量的强制碳市场。国际航空业碳抵消与削减（CORSIA）机制设定了燃油效率提高、碳中性增长和 2050 年实现净零排放的目标。这些行业性市场对减排量的需求巨大，为投资者提供了机会。

总之，碳市场为各国及行业实现减排目标提供了重要的市场工具，也为投资者带来了机遇。市场参与者需要密切关注政策变化和国际谈判趋势，以应对市场的不确定性和风险。

二、国际配额市场参与路径

目前欧盟和中国的配额市场是体量最大的强制碳市场。中国碳市场由于监管的要求及政策的局限性，暂未批准机构用户进行交易，因此投资者尚无法直接参与市场。

欧洲的配额市场有着近 20 年的发展史，市场成熟度、监管及流动性发展均较为成熟。虽然欧盟市场主要覆盖的区域是欧洲经济体，但是随着其纳入的行业越来越多，以及欧盟碳关税的实施，会有很多同欧盟有外贸业务的公司受到欧盟碳市场价格的影响。因此，一些企业愿意通过 ETF（交易型开放式指数基金）对冲在欧洲碳市场承受的价格波动风险。尽管目前参与者数量有限，但随着市场的发展和政策的推动，未来可能有更多的机会和工具供投资者选择。对于中国投资者而言，进入国际碳配额市场需要克服诸多挑战。除了需要在欧洲注册主体这一门槛外，还需要对国际市场的规则、法律法规和交易机制有深入的了解。此外，语言和文化差异也可能成为中国投资者参与国际市场的障碍。一些 ETF，如银河证券和中金推出的碳期货 ETF，已经开始跟踪欧洲配额的期货价格指数，为投资者提供了一定的参与机会。

国际配额市场为投资者提供了新的机遇，同时也伴随着挑战。只有充分了解市场规则、把握政策方向并做好风险管理，投资者才能在国际配额市场获得成功。

三、自愿碳市场介绍

与强制市场不同，自愿碳市场更多涉及具有自愿减排意愿的企业甚至个人。出于企业社会责任、品牌公司、消费者或资本市场的要求，企业推动内部承诺设定自身的减排目标。这些企业通过主动减排和在市场上购买减排量来实现碳中和或减少碳排放。

1. 自愿碳市场的历史发展与现状

从 20 世纪 90 年代到 2007 年，自愿碳市场初步确立了标准，如 Verra 设立以后，开始制定算法、方法学和建立标准。到了 2008 年，随着 CDM 和欧洲碳市场的发展，自愿减排标准的方法学和项目数量快速增长。然而，随后的几年，由于自愿碳市场的需求有限、宏观经济环境发生变化，以及自愿减排标准的管理、治理等问题，整个市场处于供过于求的状态，价格也在此期间逐渐走向低迷。2016 年 11 月《巴黎协定》正式生效后，随着企业和全社会环境意识的增强和更多企业设定减排目标，自愿碳市场迎来了新的浪潮。

自愿碳市场是一个在人们主观意志下，经过谈判和设定目标形成的虚拟资产市场，仍处于摸索的过程中。自愿碳市场中，风险和机遇并存，无论是政府还是市场参与方都在摸索中。

在国际上，自愿碳市场可以被理解为一种资产发行的标准和机制，自愿碳市场主要有以下几种机制。

第一，联合国管理的基于气候公约的机制，此为核心机制，如 CDM 机制。截至 2021 年，全球备案的项目数超过 8000 个。这些项目早期主要供应欧盟碳市场，但目前主要用于自愿抵消，因为欧盟碳市场随后禁止使用 CDM 机制下的项目，同时国际上的其他强制市场也未接受 CDM 项目的使用。预计到 2025 年底，

CDM 将转变为《巴黎协定》第 6.4 条下的 SDM 机制，目前正处于变革中。

第二，国家和地方的碳信用机制，如中国、泰国、美国加利福尼亚州和加拿大的碳信用抵消机制。此外，国内还在推行一些碳普惠机制，如北京、广东和重庆的地方规则。许多国内外大型会议、运动赛事等都会使用国家碳信用机制产生的碳信用进行碳中和注销。

第三，独立第三方机制。全球主流且关注度和认可度较高的独立第三方机制，包括核证减排标准 VCS、黄金标准 GS 和美国碳注册处 ACR 等。国际上知名度较高的公司主要购买这些机构所核证签发的减排量。

就认可度而言，最高的应该是联合国下的碳信用机制，但由于早期其批准的方法学较多，市场上出现了劣币驱逐良币的现象。因此，每个标准的规则制定者都一直在努力收紧标准，以避免整个机制被劣质碳信用拖垮，甚至被市场抛弃。

在自愿碳市场中，独立碳信用机制和标准在 2022 年签发的减排量最多，达到了 2.75 亿吨，约占所有签发量的 30%。相比之下，国内和本地标准的签发量较少，反映出企业级购买者对这些标准的认可度较低。通常企业倾向于选择含金量较高的标准，以便在社会责任报告中展现更优的形象。

2024 年 11 月，在阿塞拜疆举行的第 29 届联合国气候变化大会（COP29）上，各国就《巴黎协定》第六条第四款（6.4）机制下的碳信用创建标准达成共识，标志着国际碳市场取得重大进展。这一机制旨在建立一个由联合国监督的国际碳交易市场，允许各国通过购买碳信用实现其气候目标，同时为发展中国家的减排项目提供资金支持。

2. 自愿减排量签发流程与核心逻辑

减排量生成的流程与项目的签发注册流程类似。项目业主会开展诸如动物粪便沼气回收、土地利用管理、植树造林、草原保护、炉灶替换等减排项目。项目开发商协助项目业主按照流程申请项目，编写项目设计文件，经过第三方审定后，提交给碳标准机构批准注册。完成注册后，项目方提交监测报告，依据项目类型计算减排量。认证通过后，签发相应的减排量。

自愿减排量签发的核心逻辑包括两方面：一是减排量算法，即相对于基准情景的排放，项目减少的排放量可以签发自愿减排量；二是额外性，即项目需要论证其不是普遍行为，财务收益率达不到行业基准值，而是需要碳减排机制刺激或补贴的项目。

自愿碳市场的方法学包括农业、土地利用、植树造林、REDD+、废物处理、化工制造业、家庭社区设备、可再生能源和能效项目等。项目都有计入期年限的要求，通常为 7 年或 10 年，最长 21 年，林业和土地管理类项目通常为 40～100 年。

3.市场对不同减排项目的偏好与价格差异

市场上对不同减排项目的偏好和价格有所不同。目前 NBS 项目（Nature-Based Solutions，基于自然解决方案）受到较多关注，包括农业、林业、土地利用等。此外，CCB（Climate Community and Biodiversity，气候、社区和生物多样性标准）等标签也增加了项目的含金量，受到国际大品牌的青睐。基于社区和农户的清洁能源、能效提供、燃料替代和饮用水净化类项目也有较好的市场接受度和价格。

当前市场在节能减排方面呈现出明显的两极分化现象。一方面，像苹果这样的大型公司积极寻求最高效的减排项目，他们甚至直接投资于保护雨林等具有显著环境效益的项目。另一方面，一些企业可能仅为了完成任务，选择了成本最低的减排方案。这种做法上的差异，导致市场上出现了对"Greenwash"（洗绿）行为的批评，人们担忧这些资金并未真正用于那些最迫切需要环保支持的项目。

随着时间的推移，自愿碳市场上的劣质项目供给将逐渐被淘汰，优质项目将得到更多支持。预计未来市场将进入优质项目发展的新阶段。2021 年底，市场上林业和土地利用类交易量为 2.2 亿吨，市场规模 13 亿美元，平均价格 5.8 美元/吨；可再生类型交易量为 2.1 亿吨，市场规模 4 亿美元，平均价格 1.9 美元/吨。到了 2023 年，价格差距进一步扩大，林业项目每吨价格从 11 美元到 23 美元不等，市场对品质的区分越来越明显。除了林业和可再生能源项目，市场上还有废物回收利用、能效、社区、交通和农业等主流项目。

四、国际自愿减排量市场的参与路径

企业参与国际减排量市场，需要了解减排购买的驱动力。

一是国际上比较主流的方向是科学碳目标倡议组织（Science-Based Target Initiative，SBTI），由 WWF、CDP 和 UNFCCC 共同发起。基于这一驱动，许多知名品牌制定了 SBTI 目标。例如，联想等品牌设定了自己的 SBTI 目标。除了主动上下游减排外，一些企业也会购买减排量。SBTI 的官方数据显示，全球已有 5000 多家企业签署了 SBTI 协议，2800 家企业设定了符合联合国政府间气候变化目标的减排目标,有 2114 家企业设定了具体目标。

企业对排放目标的需求更加激进。在 SBTI 中,高质量的减排项目,如基于自然的植树和农业等,被视为优质项目,可作为企业在价值链外支持社会公益项目的减排投资。此外,金融机构也需要设定排放标准,并优先考虑为气候解决方案提供资金支持。

二是来自自愿碳市场诚信委员会(ICVCM)发起的核心碳原则(Core Carbon Principles,CCPs)。通过建立一套高质量碳信用核心标准,评估项目的技术类型。这些项目被分为永久性移除(如种树吸收碳)和避免性(如减少火电使用)两类。ICVCM 已发布 CCP 第一版评估框架,并已公布第一批符合 CCP 要求的碳信用机制和方法学。

优质的项目不仅对气候变化有减排效果,还能对当地社区产生积极影响,如保护热带雨林、补偿本地居民、提升生活质量等。像股票交易所一样,减排量交易平台正不断建立。如香港推出的平台,以及海南即将推出的平台。全球主要交易平台包括 CBL 交易平台和 CTX 交易平台,这两个平台在推动减排量的金融化方面做出了巨大努力。新加坡的 Air Carbon Exchange(ACX)交易所主要服务于东南亚客户,接受个人账户并提供注销服务。

市场在成长过程中需要进一步解决标准化和流动性的问题。未来可能有一个最高标准的小类减排量得到认可,并根据年份设定不同合约,以保障稀缺性和流动性,从而推动整个市场的发展。

五、国际碳市场项目和技术发展趋势

在国际投资市场中,以碳为最终标的和盈利模式的项目与技术的投资机会备受关注。目前主流的项目类型是基于自然解决方案(NBS)的碳抵消项目。这些项目因自然减缓气候变化的方式、永久性减排效果、较低成本以及协同效应(如生物多样性保护、创造就业机会等),在全球市场上获得高度认可。

NBS 项目中的 Carbon Removal,即永久封存的碳减排项目,尤其受到市场的青睐,也是许多国家和顶级企业最愿意购买的碳减排量。与之相对的,是碳市场的终极解决方案——碳捕集、利用与封存(CCUS)项目。这类项目通过回收二氧化碳并将其压缩后封存于地下,尽管成本较高,但在某些情况下被视为必要的手段。

NBS 项目包括多种类型，如 REDD+ 项目（防止林业退化和砍伐），这类项目主要在东南亚和亚马逊等地实施，旨在保护天然林。尽管这类项目的初衷是积极的，但在计算和监测上存在挑战和潜在漏洞。此外，还有植树造林项目、改善森林管理项目、蓝碳项目（如恢复红树林）、土壤碳和农业类项目等。

生物碳项目作为前沿项目类型之一，通过将废弃生物质转化为生物炭并用于农田，具有减少温室气体排放和提高土壤弹性的潜力。市场规模虽小，但预计未来会迅速增长。另一类受关注的项目是高效炉灶项目，通过在发展中国家分发高效炉灶，改善当地居民的烹饪方式，同时减少碳排放。

除了上述项目，还有投资净水设备等改善生活质量的减排项目。这些项目不仅有助于减少碳排放，还能改善当地社区的生活环境。然而，这些项目也面临着政策不确定性、社会环境风险等挑战。

总体而言，国际碳市场仍处于初级阶段，在不断摸索和完善中。市场的监管程度、政策稳定性等都是当前面临的挑战。投资者在考虑进入这一市场时，需要评估多重风险，并做好长期投资的准备。随着市场的发展和政策的推动，预计未来国际碳市场将逐步成熟，为全球碳减排目标的实现作出更大贡献。

第八章
跨境碳市场与金融科技应用

随着全球气候变化问题的加剧,各国纷纷制定碳减排目标,以应对温室气体排放对环境的负面影响。碳市场作为一种经济手段,在全球范围内得到广泛应用。然而,不同国家和地区的碳市场各自为政,缺乏有效的联通与协调,制约了全球减排目标的实现。为达成区域内减排目标,以欧盟碳排放交易体系(EU ETS)、美国加利福尼亚州魁北克碳市场为代表的跨境碳市场应运而生。

一、跨境碳市场的联通与协调

跨境碳市场(Cross-Border Carbon Market 或 International Carbon Market),是指不同国家或地区之间进行温室气体排放配额或碳信用交易的市场机制。其目的是通过市场手段,实现全球范围内温室气体减排的目标。跨境碳市场的运行可以促进各国和地区在全球气候变化治理中的合作,提高减排效率,并降低减排成本。

1. 全球碳市场联通的重要性与挑战

全球碳市场的联通对于实现全球气候目标至关重要。碳市场的联通可以提高市场的流动性和效率,减少碳信用价格的波动,确保碳减排成本最小化。此外,联通的碳市场可以扩大减排项目的范围和类型,促进技术创新和资金流动,从而推动全球绿色发展。最后,碳市场的联通还可以增强各国在气候政策上的合作与协调,形成强大的减排合力。

全球碳市场的联通正在逐步推进,并取得了一定成果,但还面临诸多挑战。首先,不同国家和地区的碳市场在设计和运行机制上存在差异,如碳信用的标准、核查方法、交易规则等,这些差异增加了市场联通的难度。其次,各国在气候政策上的利益诉求不同,导致在碳市场联通问题上难以达成一致。最后,技术和数据标准不统一,导致不同市场之间的数据交换和互操作性存在问题,制约了碳信用的跨境流动。

2.跨境碳市场合作模式与方向

目前跨境碳市场合作的模式主要有以下三种。

（1）直接联通。通过双边协议直接联通碳市场，实现碳信用的互认和交易，如欧盟与瑞士，美国加利福尼亚州与加拿大魁北克省。

（2）多边合作。一些国家选择通过多边框架进行合作，如新加坡与多个国家签署的碳市场合作协议，这种模式有助于建立广泛的区域碳市场。

（3）国际平台。世界银行等国际组织也在推动跨境碳市场的发展，提供政策指导和技术支持，帮助各国建立和联通碳市场。

未来随着更多国家和地区开展碳市场合作，跨境碳市场有望进一步扩展和成熟。以下是一些可能的发展方向。

（1）统一碳信用标准。通过国际合作，建立统一的碳信用标准和核查方法，确保不同市场之间的碳信用具有同等效力和可比性。

（2）技术创新。利用区块链和人工智能技术提升碳市场的透明度和效率，推动全球碳市场的一体化发展。

（3）多边合作框架。通过多边合作框架，推动更多国家加入跨境碳市场，形成全球范围内的碳交易网络，提高全球减排的效果和效率。

3.各洲跨境碳市场合作案例

各洲已有一些跨境碳市场的成功案例[①]，具体如下。

欧洲：欧盟排放交易体系（EU ETS）与瑞士排放交易体系的联通是跨境碳市场合作的成功案例。通过签署双边协议，欧盟和瑞士实现了碳信用的互认和交易，使两地的碳市场在减排项目和技术方面实现了高效合作。

北美：美国加利福尼亚州和加拿大魁北克省的碳市场通过西部气候倡议（WCI）实现了联通。这一合作不仅促进了区域内碳信用的交易，还推动了跨境减排项目的发展，为北美地区的减排目标提供了强有力的支持。

亚洲：新加坡和我国香港探讨碳市场联通的可行性。通过技术合作和政策协调，两地有望在碳信用交易和减排项目方面实现更紧密的合作，推动区域内碳市场的一体化。

非洲：多个非洲国家，如肯尼亚和卢旺达，正在积极推进跨境碳市场合作。肯尼亚更新了《气候变化法》，以规范碳市场运作。而卢旺达开发了碳交易系统

---

① 胡湘渝.2024年碳市场焦点一览：欧美气候政策影响大、亚洲将成新兴舞台[EB/OL]. https://www.reccessary.com/zh-cn/research/carbon-market-review-and-outlook-2024.

并签署了相关国际合作协议[①]。

4. 中国碳市场跨境联通概况

中国核证自愿减排量（China Certified Emission Reduction，CCER）是中国的自愿碳减排项目机制，旨在通过具体项目实现温室气体减排，并生成可交易的碳信用。不同市场之间的减排标准和项目认证方法可能存在差异，导致 CCER 信用在国际市场上的认可和接受度可能受到限制。比如，CCER 的认证标准由中国政府制定，而国际碳市场（CDM 或者 EU ETS）可能有不同的标准。

在市场接入方面，CCER 项目要进入国际市场，需要解决监管、审批和交易平台的接入问题，这可能需要中国和其他国家或地区达成相应的协议或安排。此外，不同市场的供需情况、价格机制和市场流动性也可能存在差异，这可能影响 CCER 在国际市场上的竞争力和交易活跃度。在法律和政策框架方面，因为 CCER 受中国法律和政策的约束，在进行跨境交易时，需要协调不同的法律和政策框架，确保交易的合法性和合规性。

加快推进全国碳市场与国际碳市场的链接，可以从以下三个方面推进。一是在国际碳市场融合方面，提高碳资产的国际竞争力，加强与国际碳交易体系的政策对接，比如不断提升碳定价能力。二是在企业碳排放监测方面，推动技术创新，确保与国际标准相融合，实现数据互认和流通，比如推进 MRV 体系与国际接轨。三是在碳信用市场发展方面，紧跟国际发展动态，吸收国际先进规则与经验，优化国内温室气体减排管理体系，比如推动 CCER 参与跨境交易等[②]。

综上所述，未来跨境碳市场联通的趋势将进一步增强。随着区块链和人工智能技术的应用，碳市场的透明度和效率将大幅提升，跨境碳信用交易将变得更加便捷和高效。此外，全球气候治理框架下的多边合作将进一步深化，各国将在碳市场的标准化、监管和技术支持等方面加强协调与合作。通过这些努力，全球碳市场的联通将为实现全球气候目标做出更大贡献。

二、金融科技在碳市场的应用

随着全球气候变化问题的日益严峻，碳市场作为实现减排目标的重要手段，

---

① Zwick, S.. African Countries Mobilize for Carbon Markets Despite Article 6 Deadlock[EB/OL]. https://www.ecosystemmarketplace.com/articles/african-countries-mobilize-for-carbon-markets-despite-article-6-deadlock/.
② 王科，吕晨. 中国碳市场建设成效与展望（2024）[EB/OL]. 北京理工大学能源与环境政策研究中心. https://ceep.bit.edu.cn/docs//2024-01/219593cdd56840468f1362cc09783feb.pdf.

其重要性愈加凸显。近年来，金融科技（FinTech）逐渐应用于碳交易和碳资产管理，推动了市场效率的提升和减排目标的实现。

1. 金融科技在碳市场的应用

（1）碳信用的追踪与验证

利用区块链和人工智能技术进行碳信用的追踪和验证，可以显著提高碳市场的透明度和信任度。通过智能合约和分布式账本技术，碳信用的生成和交易可以实现自动化和不可篡改，从而减少欺诈行为。

（2）碳排放数据的监测与分析

人工智能和大数据可以帮助企业实时监测和分析其碳排放数据，提供更加精确的碳足迹计算。通过机器学习算法，企业可以预测碳排放趋势，优化减排策略。

（3）碳市场与金融科技驱动的决策支持

人工智能可以用于碳市场的优化，帮助制定更有效的交易策略和进行价格预测。通过大数据分析和机器学习模型，人工智能可以识别市场趋势，优化碳交易和投资组合。人工智能和大数据可以用于评估和管理气候风险，帮助企业和投资者了解气候变化对其业务和投资的潜在影响，包括使用人工智能进行气候模型的模拟和预测，从而制定更有效的风险缓解措施。

（4）碳市场的国际合作与标准化

一方面，金融科技可以促进不同国家和地区之间碳市场的互操作性。通过标准化的数据格式和交易协议，区块链和人工智能可以帮助实现全球碳市场的联通，提升碳信用的可追溯性和交易效率。另一方面，金融科技可以支持国际碳市场的协调工作，包括统一碳信用的标准和核查方法，确保不同市场之间的碳信用相互承认和流通。

（5）金融科技与碳资产管理

开发智能化的碳资产管理平台，通过人工智能和区块链技术提供碳资产的实时监控、风险评估和优化建议，帮助企业和投资者更好地管理碳资产。

此外，人工智能和大数据可以推动碳金融产品的创新，如碳期货、碳期权等衍生品交易。通过人工智能模型，可以设计出更复杂和灵活的碳金融工具，满足不同投资者的需求。

2. 国际案例的启示

（1）北美洲

在美国，加利福尼亚州空气资源委员会（CARB）利用人工智能和大数据技术进行碳排放监测和预测，优化排放交易和减排策略。此外，IBM 和 Veridium 公司合作开发了一个基于区块链的碳信用交易平台，旨在提高碳信用的透明度和流动性。该平台利用 Hyperledger Fabric 区块链技术，确保碳信用的生成和交易过程透明、可信。

（2）欧洲

瑞士的 Poseidon 基金会使用区块链技术帮助企业和个人进行碳补偿。通过其平台，用户可以购买和交易碳信用，支持全球范围内的减排项目。区块链技术确保了交易的透明性和可追溯性。

（3）亚洲

在中国，上海环境能源交易所（SEEE）开发的碳资产交易平台，实现了碳信用的实时追踪和验证，提升了市场的透明度和数据的可核查性。此外，阿里巴巴的蚂蚁链（AntChain）技术被用于追踪和验证碳信用，支持中国的碳交易市场。通过区块链技术，碳信用的生成、交易和验证过程得到了有效保障，提升了市场的透明度和信任度。

在新加坡，新加坡交易所（SGX）与 InfiniChains 公司合作，开发了一个基于区块链的碳信用交易平台，旨在提升碳市场的效率和透明度。区块链技术确保了碳信用的不可篡改和可追溯性。

（4）南美洲

智利国家碳市场使用智能算法和人工智能技术进行碳排放数据的分析和预测，优化减排策略，提升数据处理效率和决策支持能力。

3. 未来发展趋势

随着金融科技的不断进步，其在碳交易和碳资产管理中的应用前景十分广阔。未来可能的发展趋势包括：通过区块链和人工智能技术，不同国家和地区的碳市场将实现更高程度的互联互通和标准化，推动全球碳市场的一体化发展；智能合约和区块链技术的结合，将进一步提高碳信用交易和结算的效率，减少人工干预和操作风险；区块链技术的透明性和不可篡改性，将显著提升碳市场的透明度和信任度，吸引更多企业和投资者参与其中；金融科技将使跨境碳信用交易更加便捷和高效，推动全球碳市场的健康发展。

综上所述，金融科技将在碳市场中发挥越来越重要的作用，存在较多的发展机遇和较大的发展空间。

第九章
碳市场核算与投融资

碳市场核算涉及温室气体种类及国家规定的核算方法流程，核算结果可为确定温室气体排放量提供数据依据。根据排放核算数据可以计算市场减排量的供需情况，投资者可以据此制定相应的碳金融市场投资策略。

一、碳排放核算概论及实践

碳排放核算对于推动温室气体减排至关重要。在进行温室气体减排之前，需要开展核算工作。核算作为所有减排工作的基础，其重要性不言而喻。

1. 碳排放核算相关术语和基础概念

在介绍核算内容前，需熟悉以下几个常用的术语（图9-1），掌握温室气体排放的主要来源。

温室气体 CO_2 GLOBAL：大气层中自然存在的和由于人类活动产生的能够吸收和散发由地球表面、大气层和云层所产生的、波长在红外光谱内的辐射的气态成分

1. CO_2 (66%) 主要来源于化石燃料的燃烧，以及钢铁、水泥等的生产
2. CH_4 (16%) 主要来源于油气开采、垃圾填埋场和生物质燃烧、农业生产等
3. N_2O (7%) 包括农业化肥使用和各种工业过程、生物质燃烧
4. 氢氟碳化物（CFCs、HFCs、HCFCs）
5. 全氟碳化物（PFCs）
6. 六氟化硫（SF_6）
（11%）主要来源于制冷剂、发泡剂、喷雾剂、灭火剂、绝缘材料等的使用

图9-1 通用术语介绍

温室气体的范围。《京都议定书》规定，温室气体主要包括二氧化碳（CO_2）、甲烷（CH_4）、氧化亚氮（N_2O）、氢氟碳化物（CFCs、HFCs、HCFCs）、

全氟碳化物（PFCs）和六氟化硫（SF$_6$）[1]。其中，二氧化碳和甲烷是最主要的温室气体，也是减排的主要对象（见图9-1）。

温室气体的排放源，主要包括以下几个方面。

（1）能源活动产生排放：化石燃料燃烧产生排放，生物质燃烧产生排放，煤炭、石油、天然气生产过程逃逸排放，电力、热力间接排放。

（2）工业生产过程排放：水泥、石灰、钢铁、电石、乙二酸、硝酸、一氯二氟甲烷等工业生产[2]。

（3）农业排放：稻田甲烷排放、农业氮肥氧化亚氮排放、动物肠道发酵甲烷排放、动物粪便管理甲烷和氧化亚氮排放[3]。

（4）土地利用和林业：森林和林地生物量碳储量变化（森林林地管理、采伐等导致的生物量碳储量增加或减少）、森林转化为其他土地利用导致的排放。

（5）废弃物处理产生排放（固体废弃物处理、废水处理）。

如果只是二氧化碳，那么主要来源是第一种和第二种。碳达峰目标主要是二氧化碳达峰。

温室气体排放的核算范围。范围一，是指生产运营过程的直接排放，一般包括能源活动排放、工业生产过程排放等[4]；范围二，是指生产运营过程的间接排放，一般包括外购电力、热力等；范围三，是指排放单位上下游产生的排放，上游一般包括商务旅行、雇员通勤、上游资产租赁、运营中产生的废弃物、上游运输与配送、外购商品与服务、资本商品、燃料与能源相关活动（未计算在范围一、范围二中），下游包括生产产品运输和配送、销售产品的加工、售出产品使用售出产品的报废与处理、下游资产租赁、特许经营、对外投资等[5]。鉴于数据可获得性等原因，许多企业往往仅披露特定环节的排放，特别是已发生的上游相关排放。当然也有一些企业提出管控整个供应链，也就是上下游（范围三）的排放。

温室气体的排放所属部门。化石燃料燃烧排放，是指化石燃料与氧气进行充

---

[1] 上海市发展和改革委员会. 上海市温室气体排放核算与报告指南（试行）[SH/MRV-001-2012]. 上海：上海市发展和改革委员会. 发布日期：2012年12月11日. 实施日期：2013年1月1日.
[2] 谢森. 南宁市高新区碳排放清单分析与降碳路径研究 [Master's thesis]. 广西师范学院，2017.
[3] 张乐勤，陈素平，王文琴，等. 安徽省近15年建设用地变化对碳排放效应测度及趋势预测——基于STIRPAT模型 [N]. 环境科学学报，2013-03-06.
[4] 阮付贤，陈雪梅，黎永生，等. MRV方法学在广西水泥行业的适用性 [N]. 大众科技，2016-02-20.
[5] 陈洁. 国际财务报告可持续披露准则解析 [M]. 财政监督，2023-09-15.

分燃烧产生的温室气体排放，涉及二氧化碳、甲烷和氧化亚氮等温室气体排放。按照排放源所在部门，可分为建筑领域（服务业、第三产业等）、交通运输部门（民航、水运等）、工业部门（发电、钢铁、化工等）；按照排放设备，可分为静止源燃烧设备（发电锅炉、工业锅炉等）、移动源（航空器运输车辆、船舶）。

温室气体的燃料品种。一般可分为煤炭（无烟煤、烟煤、炼焦煤、褐煤等）、石油（原油、燃料油、汽油、柴油、煤油等）、天然气（天然气、炼厂干气、焦炉煤气等）、生物质燃料非化石燃料（包括农林废弃物燃烧）等。考虑到生物质燃烧产生的二氧化碳与其生长过程碳汇基本抵消，在对其核算时，一般只考虑甲烷和氧化亚氮排放。

温室气体的过程排放。一般是指生产过程中除燃料燃烧之外的物理或化学变化造成的温室气体排放，如作为生产原料或脱硫剂的石灰石分解过程产生的排放，特指工业生产过程排放。对于石油和天然气使用、农业生产、废弃物处置等过程产生的甲烷等气体排放，纳入能源活动排放或农业、废弃物处理相关排放。过程排放一般包括：水泥生产过程二氧化碳排放，石灰生产过程二氧化碳排放，钢铁生产过程二氧化碳排放，电石生产过程二氧化碳排放，乙二酸生产过程氧化亚氮排放，硝酸生产过程氧化亚氮排放，一氯二氟甲烷（HCFC-22）生产过程三氟甲烷（HFC-23）排放，铝生产过程全氟化碳排放，镁生产过程六氟化硫排放，电力设备生产过程六氟化硫排放，半导体生产过程氢氟烃、全氟化碳和六氟化硫排放，以及氢氟烃生产过程的氢氟烃排放。

温室气体的间接排放。电力、热力排放属于间接排放，是指企业消费的净购入电力和净购入热力所对应的电力或热力生产环节产生的温室气体排放。

排放核算过程的因素。一般包括两个核心因素：活动水平和排放因子。活动水平指的是量化导致温室气体排放的生产或消费活动的活动量。例如，每种化石燃料的消耗量、石灰石原料的消耗量、净购入的电量、净购入的蒸汽量等。排放因子是指与活动水平数据对应的系数，表征单位生产或消费活动量的温室气体排放系数[①]。

排放核算过程的数据收集。收集的数据根据核算因素分为两类：活动水平数据在核算时需收集分部门、分能源品种，分主要燃烧设备的消耗量数据。排放因子则针对化石燃料燃烧排放，包括不同化石燃料单位热值含碳量、不同化石燃料

---

① 国家发展和改革委员会.工业其他行业企业温室气体排放核算方法与报告指南（试行）[S]. 2015-11-11.

在不同燃烧设备的碳氧化率等参数；针对工业生产过程，可分别对投入量或产出量提出排放因子参数。排放因子可用实测值或相关方法中的默认值表示。

排放核算过程的不确定性。一般包括数据的不完整性、获取数据的难度和数据来源的可靠性。在实际操作中，需要采取措施控制不确定性，以确保核算结果的准确性。

对于碳排放核算而言，种类不同、核算目的的不同，核算方法也不相同。如图 9-2 所示，一般来说，区域、企业和项目按照范围一、范围二来核算排放。对于产品，要按照范围三来核算。目前占比较大的是企业核算，这是区域、项目、产品核算的基础。建筑可作为产品进行核算，住建部要求，对新建建筑也要进行碳足迹核算，包括建材生产、建筑施工、建筑运行和拆除等环节的碳排放。

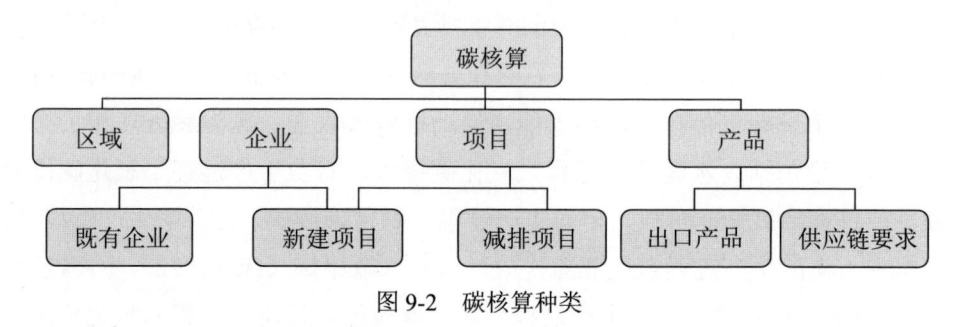

图 9-2 碳核算种类

2. 碳排放核算流程和步骤

企业、行业碳排放核算方面，遵循国家企业温室气体排放核算方法体系，自 2013 年以来，国家发展改革委陆续印发了 24 个行业企业温室气体排放核算方法与报告指南（试行）。根据相关办法，当前有关企业碳核算方法学、项目和产品碳排放方法学如图 9-3、图 9-4 所示。

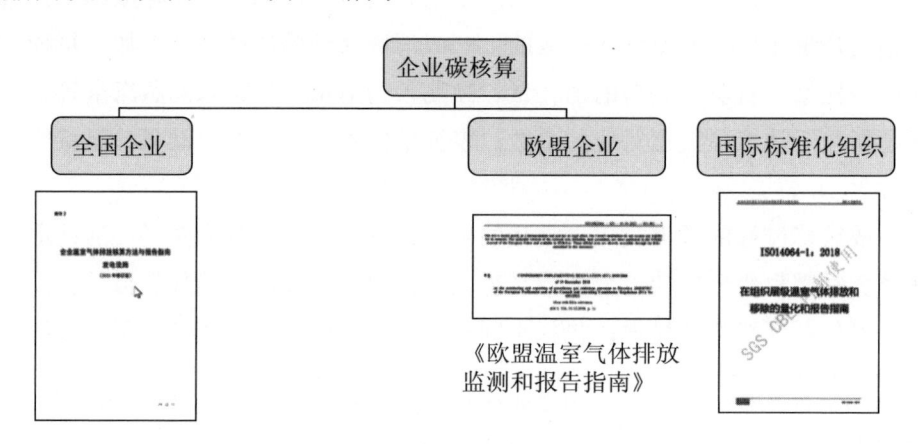

图 9-3 企业碳核算方法学

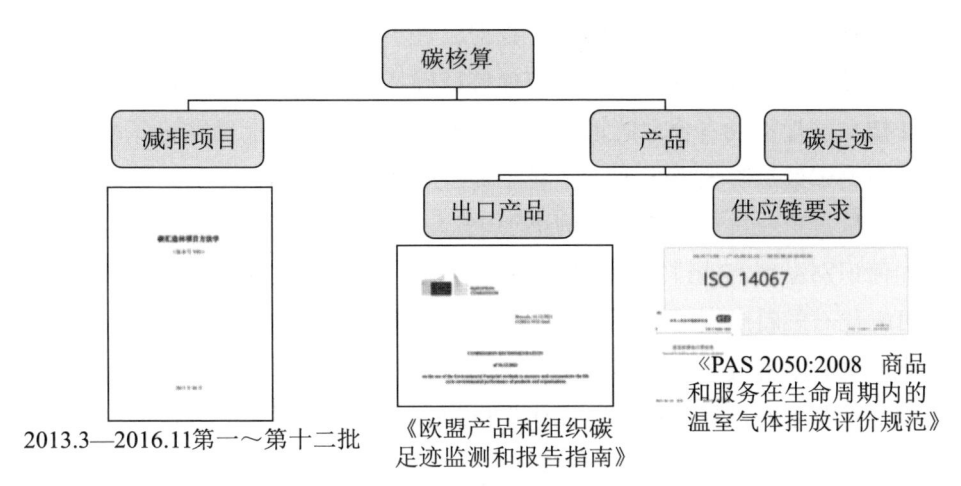

图 9-4　项目和产品碳排放方法学

按照之前的方法学，企业温室气体排放的核算流程和步骤如图 9-5 所示。

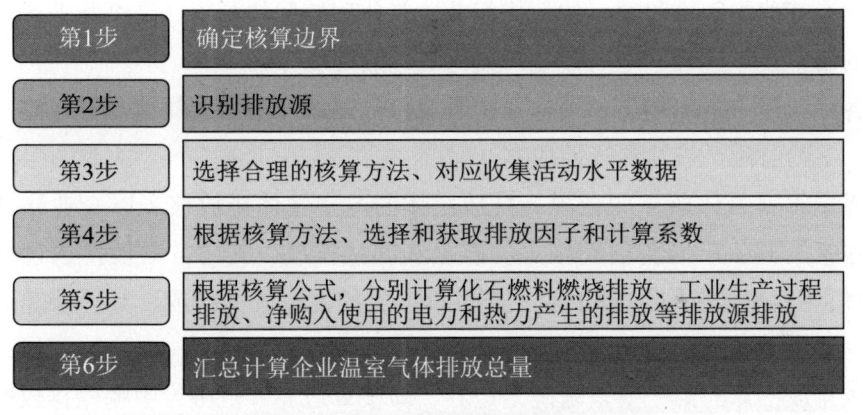

第1步	确定核算边界
第2步	识别排放源
第3步	选择合理的核算方法、对应收集活动水平数据
第4步	根据核算方法、选择和获取排放因子和计算系数
第5步	根据核算公式，分别计算化石燃料燃烧排放、工业生产过程排放、净购入使用的电力和热力产生的排放等排放源排放
第6步	汇总计算企业温室气体排放总量

图 9-5　企业温室气体排放的核算和步骤

核算工作原则有以下几点[①]。

（1）完整性。排放主体的核算应涵盖与该主体相关的直接和间接排放，不能多也不能少，权责一致。

（2）一致性。同一报告期内，核算方法应与监测计划保持一致。若发生更改，应与本指南的相关规定保持一致。

（3）透明性。排放主体应采用主管部门及第三方核查机构验证的方式，对核算和报告过程中所使用的数据进行记录、整理和分析，相关数据的获取尽量使用第三方来源数据。

---

① 参见《上海市发展改革委关于印发＜上海市温室气体排放核算与报告指南（试行）＞的通知》。

（4）真实性。排放主体所提供的数据应真实、准确。

（5）经济性。选择核算方法时应保持精确度的提高与其额外费用的增加相平衡。在技术可行且成本合理的情况下，应使排放量核算的准确度达到最高。相关参数采用测试数据时要考虑成本。对于那些监测成本较高、不确定性较大且贡献小（排放量占企业总排放量的比例小于1%）的排放源，可暂不核算。

如何识别温室气体排放源？排放源一般可归为以下几类。

（1）化石燃料燃烧排放源。如化石燃料在锅炉、窑炉、焚烧炉、车辆等设施内燃烧产生的温室气体排放等。

（2）工业生产过程排放源。如化学反应过程产生的温室气体排放、碳酸盐分解产生的温室气体排放等。

（3）净外购电力和热力排放源。如企业耗电和耗热设施消耗外购电力、热力产生的温室气体排放等。

（4）其他类别排放源。如石化行业二氧化碳的回收利用、造纸行业废水处理导致的温室气体排放、电网行业六氟化硫逸散排放等。

各行业指南中识别了相关行业的主要排放源，一些次要排放源已忽略，抓大放小，节约监测、核算和管控成本。

界定温室气体核算的边界。排放主体的温室气体排放核算以企业法人为边界，包括与其生产经营活动相关的直接和间接排放。其中，直接排放包括燃烧（生物质燃料燃烧除外）和工业生产过程产生的温室气体排放。具体核算边界按照企业法人所在行业的温室气体排放核算与报告方法确定。

碳排放核算的第一要素是确定边界，即核算边界（范围）中哪些排放源纳入核算。生产设施纳入，外部物流等辅助生产设施是否纳入？转供电是否纳入？生产运营上下游是否纳入？这类问题都要考虑清楚。

确定边界主要思考以下几个方面。排放源设施是否由项目投资主体拥有，排放相关生产运营过程是否由投资主体控制，排放是临时排放还是长期排放。（对于全国碳市场企业的碳排放核算等问题，生态环境部专门设有"百问百答"，可参考）

如何确定核算边界？核算边界分为地理边界和设施边界。核算边界是以企业法人为边界，核算和报告法人地理边界内所控制设施产生的温室气体排放。生产设施范围包括直接生产系统、辅助生产系统，以及为生产服务的附属生产系统。辅助生产系统包括动力、供电、供水、机修、库房、运输等；附属生产系统包括生产指挥系统（厂部）和厂区内为生产服务的部门和单位（如职工食堂车间、浴室、保健站等)[①]。需要注意的是，如果同一法人涉及多个行业，应该根据不同的行业指南分别核算碳排放量，但是可一并报告。例如，按照发电行业方法学，仅核算生产设施排放，不包括辅助生产系统（如脱硫环节）及附属生产系统排放（如食堂等环节）。

温室气体排放核算方法。一般分为基于计算的方法和基于测量的方法。前者包括排放因子法和物料平衡法。排放因子法即通过活动水平数据和相关参数之间的计算得到温室气体排放量的方法；物料平衡法是根据质量守恒定律，对投入量和产出量中的含碳量进行平衡计算的方法。

温室气体排放测量方法。通过相关仪器设备对温室气体的浓度或梯级等进行持续测量，得到温室气体排放的方法。

上述方法可以根据情况选用。目前应用较多的是排放因子法（如图9-6所示），测量采取持续监测的方法。若采用基于测量的方法，监测系统的技术性能、安装位置和运行管理应符合相关规定，并应通过基于计算的方法对其结果进行验证（通过监测获取碳排放数据，正在试点和推进中）。

$$E_{燃烧}=\sum_i (AD_i \times EF_i)$$

$$AD_i = FC_i \times NCV_i \times 10^{-6}$$

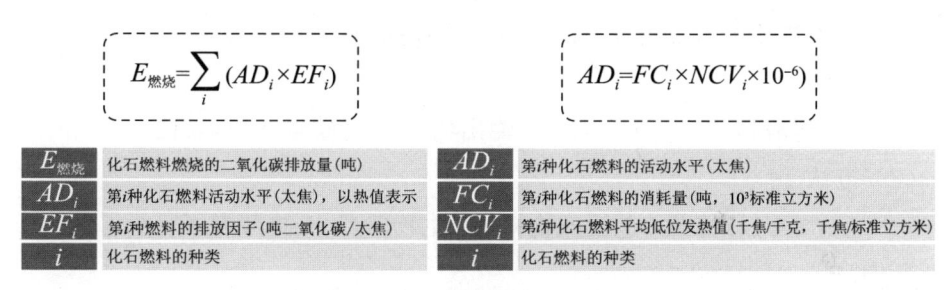

$E_{燃烧}$	化石燃料燃烧的二氧化碳排放量（吨）	AD_i	第 i 种化石燃料的活动水平（太焦）
AD_i	第 i 种化石燃料活动水平（太焦），以热值表示	FC_i	第 i 种化石燃料的消耗量（吨，10^3标准立方米）
EF_i	第 i 种燃料的排放因子（吨二氧化碳/太焦）	NCV_i	第 i 种化石燃料平均低位发热值（千焦/千克，千焦/标准立方米）
i	化石燃料的种类	i	化石燃料的种类

图9-6 排放因子法：典型算法-化石燃料燃烧排放

物料平衡法多用于化工工业过程的排放。根据原料产品流程做碳质量平衡，损失的碳即排放的碳。

$$ECO_{2\_原料} = \left\{ \sum_r (ADr \times CCr) - \left[\sum_p (ADp \times CCp) + (ADw \times CCw) \right] \right\} \times \frac{44}{12}$$

式中，r 为进入核算单元作为原料的源流（碳酸盐除外）；ADr 为原料 r 的投入量；CCr 为原料 r 的含碳量；ADp 为含碳产品 p 的产出量；CCp 为含碳产品 p 的含碳量；ADw 为含碳废物 w 的输出量，如炉渣、粉尘、污泥等流出核算单元且没有计入产品范畴的其他含碳输出物种类；CCw 为含碳废物 w 的含碳量。

[①] 国家发展和改革委员会. 关于印发第三批10个行业企业温室气体核算方法与报告指南（试行）的通知 [EB/OL]. https://www.ndrc.gov.cn/xxgk/2c/b/t2/201511/t2015111_963496.html.

注意活动水平与含碳量之间计量单位的一致性[①]。

碳排放量的计算逻辑分为直接排放和间接排放两部分,即

$$碳排放量 = 直接排放 + 间接排放$$

间接排放:由外购电力和热力生产的排放量构成。

(1) 外购电力排放量 = 购入电量 × 电力排放因子,全国平均为 0.5810tCO$_2$/MWh。则:

$$100MWh × 0.5810tCO_2/MWh = 58.10tCO_2$$

(2) 外购热力排放量 = 购入热量 × 热力排放因子,全国平均为 0.11 吨 CO$_2$/MWh。

直接排放:主要来自化石燃料燃烧及工业过程排放,即

$$化石燃料燃烧排放量 = \sum 燃料燃烧产生热量 × 排放因子$$

其中,

$$热量 = 燃料消耗量 × 低位热值$$

$$排放因子 = 单位热值含碳量 × 氧化率 × (44/12)$$

工业过程排放可以用两种方法计算,具体如下。

(1) 方法1:

$$过程排放 = \sum (投入物 - 输出物) × 含碳量 × (44/12)$$

(2) 方法2:

$$过程排放 = \sum 投入物料 / 产生物料量 × 排放因子$$

示例:

(1) 某企业用天然气制氢,过程排放怎么算?

$$过程排放量 = (天然气投入量 × 天然气含碳量 - 合成气投入量 × 合成气含碳量) × 44/12$$

(2) 某电解铝企业煅烧石灰石产生的过程排放怎么算?

$$过程排放量 = 石灰石投入量 × 石灰石排放因子(0.405)$$

3. 公式解析

化石燃料燃烧排放的公式为:

$$E_{燃烧} = \sum_{i=1}^{n}\left(FC_i × C_{ar,i} × OF_i × \frac{44}{12}\right)$$

式中,$E_{燃烧}$是指化石燃料燃烧的排放量(t 吨 CO_2),FC_i 为第 i 种燃料的消耗

[①] 国家应对气候变化战略研究和国际合作中心. 化工企业温室气体核算报告指南 [S]. 福州:国家应对气候变化战略研究和国际合作中心, 2015.

量 [对于固体或液体燃料，单位为吨（t）；对于气体燃料，单位为万标准立方米（$10^4 Nm^3$）]，$C_{ar,i}$ 为第 i 种燃料的收到基元素含碳量 [对于固体和液体燃料，单位为吨碳/吨（tC/t）；对于气体燃料，单位为吨碳/万标准立方米（tC/$10^4 Nm^3$）]，OF_i 为第 i 种燃料的氧化率（%），44/12 为分子质量比（CO_2 与碳的质量比）。

化石燃料的碳排放相对来说比较复杂。比如，A 企业燃烧 1 万立方米天然气的碳排放量是多少？按照以上计算公式：

碳排放量 = 化石燃料消耗量 × 低位热值 × 单位热值含碳量 × 氧化率 ×44/12

=10000（m^3）×0.000038931（TJ/m^3）×15.3（tC/TJ）×100%×44/12

=21.84tCO_2

如图 9-7、图 9-8 所示，相关数据的获取涉及以下几个方面。

$$E_{燃烧} = \sum_{i=1}^{n}\left(FC_i \times C_{ar,i} \times OF_i \times \frac{44}{12}\right)$$

情况一：企业开展检测

可采用检测值。但检测应遵循标准方法(如国家标准、行业标准和地方标准)中对各项内容(如试验室条件、试剂、材料、仪器设备、测定步骤和结果计算等)的规定。

表1 低位发热量测定方法标准

序号	燃料种类	方法标准名称	方法标准编号
1	燃煤	煤的发热量测定方法	GB/T 213
2	燃油	火力及电厂燃料试验方法的1部分，燃油及热量的测定	DL/T 5678
3	燃气	天然气发热量、密度、阻碍密度和沃泊指数的计算方法	GB/T 11062

燃料含碳量测定遵循标准：
煤炭：《煤中碳和氢的测量方法》（GB/T 476）
石油：《石油产品及润滑剂中碳、氢、氮测定法（元素分析仪法）》（sH/T 0656）
天然气：《天然气的组成分析(气相色谱法)》（GB/T 13610）或《气体中一氧化碳、二氧化碳和碳氢化合物的测定(气相色谱法)》（GB/T 8984）

图 9-7 计算相关数据的获取（1）

$$E_{燃烧} = \sum_{i=1}^{n}\left(FC_i \times C_{ar,i} \times OF_i \times \frac{44}{12}\right) \tag{1}$$

情况二：企业未开展检测

可采用缺省值。

燃料品种	单位热值含碳量	低位热值	氧化率	合计	备注
煤炭（无烟煤）	27.4t-C/TJ	23.21*10^{-3}TJ/t	100%	2.33tCO_2/t	
煤炭（烟煤）	26.1t-C/TJ	22.35*10^{-3}TJ/t	100%	2.12tCO_2/t	
天然气	15.3t-C/TJ	38.93*10^{-2}TJ/万m^3	100%	21.84tCO_2/万m^3	
汽油	18.9t-C/TJ	44.8*10^{-3}TJ/t	100%	3.105tCO_2/t	汽油密度按0.73KG/L
柴油	20.2t-C/TJ	43.33*10^{-3}TJ/t	100%	3.209tCO_2/t	柴油密度按0.86KG/L

氧化率检测涉及的参数较多、计算取值复杂，对排放结果影响小，一般取默认值99%或100%。

过程排放因子一般取默认值，详见各行业方法学。

图 9-8 计算相关数据的获取（2）

（1）燃料、能源消耗量[①]（原材料消耗量、产品或半成品产出量）。

（2）外购的燃气、电力、热力等消耗量通过相关结算凭证获取。

（3）通过报告期内存储量的变化获取相关数据。

以工业废水为例，如果企业开展检测，则取检测值；如果没有开展检测，就采用方法学中的默认值。

$$E_{CH_4\_废水}=(TOW-S) \times EF_{CH_4\_废水} \times 10^{-3}$$

式中，TOW 是工业废水中可降解有机物的总量，以化学需氧量（COD）为计量指标，单位为千克 COD；S 是以污泥方式清除掉的有机物总量，以化学需氧量（COD）为计量指标，单位为千克 COD；$EF_{CH_4\_废水}$ 是工业废水厌氧处理的甲烷排放因子，单位为千克 CH_4/千克 COD；$E_{CH_4\_废水}$ 可以采用废水处理系统去除的 COD 统计值，或者按下式估算[②]：

$$TOW=W \times (COD_{in}-COD_{out}) \quad TOW=W \times (COD_{in}-COD_{out})$$

式中，W 是厌氧处理的工业废水水量（m³ 废水/年）；COD_{in} 是进入厌氧处理系统的废水平均 COD 浓度（千克 COD/m³ 废水）；COD_{out} 是厌氧处理系统出口排出废水平均 COD 浓度（千克 COD/m³ 废水）。另外，

$$EF_{CH4\_废水}=B_0 \times MCF$$

式中，B_0 是工业废水厌氧处理系统的甲烷最大生产能力（千克 CH_4/千克 COD）；MCF 是甲烷修正因子，表示不同处理系统或排放途径达到甲烷最大产生能力（B_0）的程度，也反映了处理系统的厌氧程度。

4. 数据获取包括活动水平和排放因子两项

（1）活动水平：企业厌氧处理的工业废水量、厌氧处理系统去除的 COD 量、以污泥方式清除掉的 COD 量应根据企业原始记录或统计台账确定，其中以污泥方式清除掉的 COD 量如果没有统计，则应取零。废水中的 COD 浓度应取企业定期测定的平均值，测试方法需满足生态环境部水质监测中化学需氧量的标准监测方法，水样采集频率至少为 2 小时一次，取 24 小时混合样进行测定。

（2）排放因子：对废水厌氧处理系统的甲烷最大生产能力，可取缺省值 0.25

[①] 消耗量 = 购买量 +（期初存储量 - 期末存储量）- 其他用量或产出量 = 销售量 +（期初存储量 - 期末存储量）+ 其他用量。
（针对新建项目分析核算时，一般没有此条件，需基于相关规范、类似项目经验估算形成，或在项目节能报告的基础上提出。）

[②] 黄超，张姗姗，车莉昵，等. 废旧轮胎循环利用行业温室气体排放核算方法与报告指南 [J]. 中国轮胎资源综合利用，2018（4）：36-42.

千克 CH_4/千克 COD；对废水处理系统的甲烷修正因子，具备条件的企业可自行检测或委托专业机构检测，或取默认值，见表 9-1。

表 9-1 不同处理和排放途径的甲烷修正因子（MCF）

处理和排放途径或系统类型	MCF 范围	备注
海洋、河流或湖泊排放	0.1	高浓度有机废水进入河流可能产生厌氧反应
好氧处理设施	0	必须管理完善
厌氧处理设施	0.3	管理不善，过载
污泥厌氧消化池	0.8	未考虑 CH_4 回收
厌氧反应器	0.8	未考虑 CH_4 回收
浅厌氧塘	0.2	深度不足 2 米
深厌氧塘	0.8	深度超过 2 米

5. 核算过程中产生不确定性的原因

（1）缺乏完整性。由于排放机理未完全识别，相关数据不完整。

（2）数据缺失。在现有条件下无法获得或难以获得相关数据，因而使用替代数据或其他估算、经验数据。

（3）数据缺乏代表性。已有数据在一定工况下获得，缺少典型工况数据。

（4）测量误差。测量仪器、仪器校准或测量标准不精确等。

由于核算具有不确定性，应加强数据质量的控制，包括对数据采用纵向方法和横向方法进行比较，定期对测量仪器进行校准、调整，确保数据准确、可靠。

二、碳减排量市场的投资策略

《巴黎协定》是 2015 年 12 月 12 日在巴黎气候变化大会上通过、2016 年 4 月 22 日在纽约签署的气候变化协定，该协定对 2020 年后全球应对气候变化行动做出了系统安排。

《巴黎协定》主要目标是将 21 世纪全球平均气温上升幅度控制在 2℃以内，并将全球气温上升控制在前工业化时期水平之上 1.5℃以内。《2022 年全球碳预算》报告显示，2022 年全球二氧化碳总排放量据测算达到 406 亿吨，其中化石燃料导致的约为 366 亿吨，仍为主要排放源[1]。

---

[1] 谢茜，夏立平. 析中美在北极地区的战略竞争与合作[J]. 美国问题研究，2020（2）：129-143+208.

1. 碳减排量供需情况及趋势

全世界各种机制推动碳减排。国家自主贡献（NDC）方面，目前有140多个国家正式提出考虑"净零目标"（Net Zero Goal），占全球排放的80%。全球行业减排方面，全球区域维度，如国际民用航空组织（ICAO）针对国际航空减排实行CORSIA强制机制；国际海事组织（IMO）提出国际海运排放行业减排问题（强制）。此外，还有企业组织行动维度的科学碳目标倡议组织（SBTI）。

针对控制温升2℃的目标，到2050年需要将全球碳排放量降到190亿吨；实现控制温升1.5℃的目标，则需要将全球碳排放量降到70亿吨。

对于ESG披露，港股有相关规定并要求阶段性抵消和达到零碳的目标。因此，根据整个金融系统的倒推，整个自愿减排量市场有巨大的缺口。到2030年，会有10亿吨以上的减排量缺口。从当前来看，每年的减排量市场约1亿吨的规模，未来有很大的碳减排需求和市场增长空间。

碳减排量市场是长周期的领域，需要逐步实现。签发趋势在2007年开始出现增长，2010—2012年明显下降，2013—2018年受相关因素影响，一直在谷底。这与欧洲经济陷入缓慢发展期有较大的关系。此外，每个减排项目会有7×3的计入期，即7年之后可以再次更新，因为评估后基准线变化，也会导致签发量变化。所以碳减排项目一旦成功注册，将有短则7年，长则20年甚至30年周期的碳减排量可以签发。在实际操作中，一方面，需要给予每个项目长效机制保障；另一方面，供给会快速提升，供给可能快于需求的增长，导致市场可能处于供大于求的状态。2018年以后进入新的周期，供给随之大幅上升。

综上，关于国际碳减排量市场的供需有以下几点结论。

（1）2020年市场需求约1亿吨，2030年市场需求预计15亿吨，2050年市场需求预计30亿～40亿吨。

（2）2030年的市场需求是2020年的15倍，2050年的市场需求预计是2020年的30～40倍。

（3）市场供给端主流标准严格控制准入，目前只有极不发达国家才能申请可再生能源项目减排量，农林类项目由项目开始5年内允许申请转为3年内允许申请。

（4）目前所有已经注册的项目，年减排量供给约为1亿吨，未来在碳价格10美元/吨以内可申请的新项目年供给量远低于1亿吨。

2. 碳金融投资交易策略

碳金融投资交易策略一般包含以下几个方面。

（1）囤积已经签发的现货资产（SPOT）

最便宜的资产包。这类资产特点是年份差，不受注意品牌形象的买家青睐。当市场整体上涨时，这类资产增长倍数最多。

最优的资产包。一般为农林类型，特点是年份好，环境标签多。资产具有稀缺性，在所有抵消活动中都可以使用，受大品牌客户青睐，流动性佳。

适用于某些强制市场的标准化产品。主要是国际航空减排市场及《巴黎协定》下国家间交易可用的减排量。

（2）远期、期权产品

锁定整体项目未来 10～30 年的减排量产出，前期预付成本平均 100 万元人民币一个项目。回收期一年。

用分成比例方式或低购买价格方式获得收益。收益期 10～30 年。

期权或远期现货，根据风险评估持有或对冲提前销售。

（3）投资减排项目

投资新的减排成本低、回报率高的减排项目，如东南亚的防止林业退化项目及种植红树林项目。回报周期 2～3 年。投资农业碳和土壤碳项目，用新技术帮助农业减排，获得长期的高质量碳资产。

1）基于自然解决方案（NBS）碳抵消项目

基于自然解决方案（NBS）指的是众多有助于保护、恢复和管理生态系统，又能惠及人类的举措，它们所能带来的收益包括减缓气候变化、促进经济发展、增进粮食安全、改善健康，以及抵御自然灾害。[1] 通过保护、恢复和管理森林、草原、湿地和海洋等自然生态系统，这些项目增强了大自然从大气中吸收和储存碳的能力，从而减少了二氧化碳和其他导致气候变化的温室气体的排放。

NBS 碳抵消项目对气候行动非常重要，原因如下。

①碳封存。NBS 碳抵消项目可以在大气中封存大量碳，有助于缓解气候变化。森林、草原和湿地等自然生态系统能够吸收和储存二氧化碳，使其成为有效的碳汇，这些 NBS 碳抵消项目可以扩大规模，对全球温室气体排放产生重大影响。

---

[1] 王瓒玮. 日本协同应对气候变化与保护生物多样性的经验启示——以"基于自然的解决方案"为视角 [J]. 环境保护，2022，50（24）：65-69.

②成本效益。NBS 碳抵消项目可以成为减缓气候变化的一种具有成本效益的方式。与工程碳捕获和储存等碳减排或清除策略相比，NBS 碳抵消项目成本较低，并且可以提供多种协同效益。

③协同效益。NBS 碳抵消项目可以提供一系列协同效益。例如，生物多样性保护、可持续创造就业机会、改善水质，以及增强对气候变化影响的抵御能力。保护和恢复森林可以为野生动物提供栖息地，防止水土流失并降低洪水风险。

2）生物质炭（biochar）碳抵消项目

从气候的角度来看，生物质炭可以帮助去除二氧化碳、减少排放并提高对气候变化的适应能力，气候影响和协同效益在很大程度上取决于生物炭的质量和应用。总体而言，生物炭的减排潜力估计在每年 0.6Gt ～ 6.6Gt CO_2-eq 之间。

①生物质炭通过防止生物质分解，打破碳循环，从大气中去除二氧化碳。

②生物质炭可以通过取代氮肥来减少排放。

③生物质炭可以提高土壤弹性（吸收土壤中的水分和养分，并充当一种储存设施，植物可以在需要时使用）。

目前全球生物质炭市场仍然很小，Allied Market Research 的数据表明，2020 年全球生物质炭市场价值为 1.709 亿美元，预计到 2030 年将增至 5.877 亿美元。除了用于园艺和农业领域的生物质炭外，建筑领域还没有使用生物炭的市场，尽管已经宣布了一些试点项目，并且这些项目可能在未来三年内成熟，最终用途市场可能开放。作为一种通过清除大气中二氧化碳来生成的碳信用，生物质炭所产生的碳信用越来越受到买家的欢迎，Meta、Stipe 等大型科技公司均与生物质炭公司签订了远期协议，预定未来一段时间生物质炭碳信用的购买和使用。

3）高效炉灶（cookstoves）类碳抵消项目

全球三分之一的人口无法获得安全、清洁的烹饪燃料和技术。他们依赖明火做饭或使用每年排放超过 120 兆吨气候污染物的低效炉灶。在撒哈拉以南的非洲地区，每 10 人中就有 8 人使用木柴做饭，而且整个非洲大陆依赖污染性烹饪燃料的人数在持续增加。

全球采伐的所有木材中有一半以上用于烹饪和取暖，导致了气候变化和森林砍伐。妇女和儿童主要负责收集燃料。由于森林砍伐，他们不得不背着更重的东西走越来越远的距离。据统计，这项活动平均每周需要 10 个小时，这意味着他们没有时间去做更重要的事，如上班或上学。根据清洁烹饪联盟的数据，低效炉灶不仅对环境和生计有害,而且每年导致超过400万人死于室内空气污染,已成为首要的环境健康风险。这一数字比艾滋病、疟疾和肺结核的总和还多。

高效炉灶碳信用项目在依赖传统炉灶的社区免费分配清洁、高效的炉灶给当地人民,通过使用改进的炉灶减少温室气体的排放而产生碳信用。寻求抵消其碳足迹或满足与减排相关的监管要求的组织或个人可以购买这类炉灶。项目开发方通过使用销售炉灶碳信用产生的收入来支持分发和采用改进的高效炉灶。

高效炉灶碳信用项目不仅可以减少排放,还可以改善受传统炉灶影响者的身体健康,也可以成为基于自然解决方案的强大工具。

清洁高效炉灶具有多重效益,具体如下。

第一,减缓气候变化。

一是减少温室气体排放。通过激励家庭改用清洁高效炉灶,可以减少温室气体的排放。世界卫生组织称,与传统炉灶相比,清洁高效炉灶最多可减少50%的二氧化碳排放量,温室气体排放量的减少有助于减轻气候变化的影响。

二是维护健康的共同利益。传统炉灶会导致气候变化并排放可能导致呼吸道疾病的有害污染物。推广清洁高效炉灶,有助于改善室内空气质量并减少传统炉灶对健康的负面影响。

第二,保护生物多样性。

一是减少对森林的压力。人们经常通过森林采伐获得木材或其他生物质燃料,以此为需要大量燃料的传统炉灶提供燃料。这种做法可能导致森林砍伐和栖息地破坏,从而对生物多样性产生破坏性影响。家庭改用清洁高效炉灶,可以减轻对森林的压力,从而保护生物多样性。

二是改善空气质量。传统炉灶会排放大量烟雾,这会对人类和野生动物的健康产生负面影响。家庭改用清洁高效炉灶,可以减少有害污染物的排放,改善空气质量并促进生态系统的健康发展。

三是促进两性平等和公共卫生。

改善健康。通过减少室内空气污染,清洁高效炉灶可以改善身体健康,尤其是对长时间靠近炉灶的妇女和儿童而言,改善身体健康有助于促进两性平等。

提供经济机会。清洁高效炉灶可以减少做饭所需的时间,从而为女性提供更多的经济机会,有了更多的时间,女性可以从事经济活动或接受教育和培训,这可以让女性更充分地参与经济活动,从而有助于弥合性别差距。

三、碳金融市场融资工具与产品

1. 碳市场融资工具

碳市场融资工具是为了支持碳减排、碳交易和低碳经济发展而设计的金融工具，为企业和投资者提供了获取资金的渠道。碳市场融资工具包括碳债券、碳资产抵质押融资、碳资产回购、碳资产托管等。

（1）碳债券（carbon bond）

碳债券是一种特殊的债务融资工具，发行者承诺募集的资金将被用于碳减排项目，或者是帮助企业购买碳排放配额。碳债券与传统债券类似，发行者需要定期支付利息，并在到期时偿还本金。根据资金用途和发行主体的不同，碳债券可以分为以下几种类型。

①企业碳债券。由企业发行，募集资金用于企业内部的低碳转型、提升能源效率、减少碳排放等相关项目，适用于高排放行业（如制造业、能源业）的绿色转型。

②政府或准政府碳债券。由政府或具有政府背景的机构发行，资金用于国家或地方层面的低碳项目，如可再生能源基础设施建设、森林恢复等项目。

③金融机构碳债券。金融机构发行的碳债券，募集的资金通常用于碳减排项目（提供贷款或其他融资支持）。例如，银行可以发行碳债券，将资金用于支持企业的低碳项目。

④碳信用债券。这一类债券的资金直接用于购买碳信用或碳排放配额，帮助企业实现碳排放合规或自愿碳减排目标。

（2）碳资产抵质押融资（carbon asset pledge financing）

碳资产抵质押融资是一种创新的碳金融工具，允许企业将其持有的碳排放配额或碳信用作为抵押品，向银行或其他金融机构获取融资。这为企业提供了利用碳资产进行资本运作的渠道，帮助企业在碳交易市场中获取资金的同时，也实现了碳资产的价值最大化。碳资产抵质押融资是碳市场发展过程中重要的融资手段，尤其适用于那些拥有大量碳排放配额的企业，如高排放的能源、制造、化工等行业。

根据抵质押物的不同，碳资产抵质押融资可以分为以下几种类型。

①碳排放配额抵押融资。以企业在碳排放交易市场上持有的碳排放配额作为抵押品，向金融机构获取贷款。这种方式在碳排放交易市场已经较为成熟的地区

广泛应用。

②碳信用抵押融资。以企业通过节能减排或其他环境项目获得的碳信用（如核证减排量，Certified Emission Reductions，CERs）作为抵押物，用于融资。这类融资方式多用于自愿减排项目。

③未来碳资产质押融资。一些企业将未来项目产生的碳资产（如碳减排收益）作为质押品，从金融机构处提前获取资金支持。这种融资方式适用于正在开发的绿色项目，见图9-9。

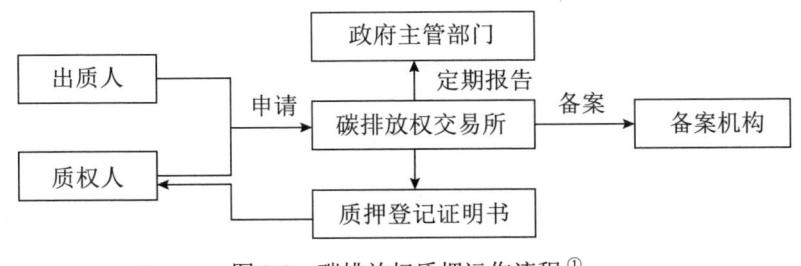

图9-9　碳排放权质押运作流程[①]

（3）碳资产回购（carbon asset repurchase）

碳资产回购是指企业基于其持有的碳排放权、碳信用等碳资产，通过出售并约定回购的方式向金融机构或投资者进行短期融资。其基本原理是：企业将碳资产以一定价格出售给金融机构或投资者，获得所需的资金，并在约定的时间按协议价格将这些碳资产回购。此类交易广泛应用于碳排放交易市场，尤其是在企业需要短期融资且不愿意永久出售碳资产的情况下。

根据不同的资产和交易安排，碳资产回购可以分为以下几种类型。

①碳排放配额回购。以企业在碳排放交易市场上持有的碳排放配额为基础，企业通过将配额出售给金融机构获得资金，并在未来按约定的价格回购该配额。

②碳信用回购。以碳信用（如核证减排量）为基础的回购交易，通常用于满足自愿减排量市场中企业的短期融资需求。

③组合碳资产回购。企业将持有的不同类型碳资产（如配额、信用、核证减排量）组合出售给金融机构，作为一种创新型的回购交易形式，见图9-10。

---

① 相超. 碳市场发展与石油石化企业应对举措 [M]. 北京：石油工业出版社，2024.

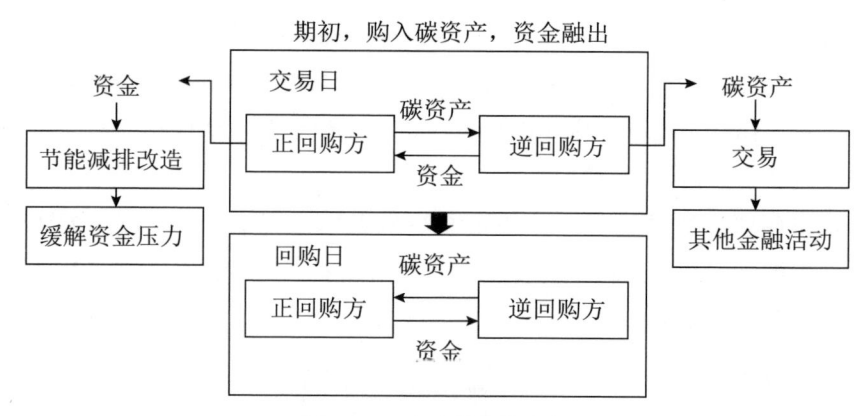

图 9-10 碳回购运作流程

(4) 碳资产托管 (carbon asset custody)

碳资产托管是指专业的托管机构为企业或其他市场参与者提供碳资产管理和保管服务，确保碳排放权、碳信用等碳资产的安全性、合规性和高效管理。碳资产托管是碳市场中的一种重要服务，能够帮助企业更好地管理碳资产，提高资产的透明度和流动性，优化碳资产的使用和配置。托管机构通常会提供一系列相关服务，如资产登记、合规监督、交易支持和价值评估等。

根据服务内容的不同，碳资产托管可以分为以下几种类型。

①碳资产安全托管。主要功能是为企业或金融机构提供碳资产的保管服务，确保其碳排放配额或碳信用的安全性，并避免丢失、盗用或其他形式的损失。

②碳资产管理托管。除了保管外，托管机构还为托管方提供碳资产管理服务，包括定期评估碳资产市场价值、协助碳资产交易、制定碳资产投资策略等。

③合规托管。托管机构帮助企业确保其碳资产符合当地碳市场的相关规定和国际标准，避免企业因违反碳市场规定而面临法律或监管风险。

2. 碳市场交易工具

碳市场交易工具是碳金融体系的核心组成部分，可帮助企业和投资者在碳市场中进行风险管理、价格发现、套利操作和融资。通过这些工具，市场参与者能够锁定未来碳排放权的价格、对冲碳市场价格波动的风险，或者利用碳资产进行投资和套利。碳市场交易工具包括但不限于碳远期、碳期货、碳期权、碳掉期、碳借贷等。

(1) 碳远期 (carbon forward)

碳远期是一种非标准化的碳金融工具，是交易双方通过场外交易 (over the counter, OTC) 达成的一项合约，约定在未来某一特定时间以特定的价格买卖一定数量的碳排放权或碳信用。碳远期的主要功能是帮助市场参与者提前锁定未来的碳价格，以管理碳市场中碳排放权或碳信用价格波动的风险。碳远期合约通常由交易双方根据各自的需求制定，具有灵活性。

（2）碳期货（carbon futures）

与碳远期不同，碳期货是碳市场中一种标准化的金融工具，它允许买卖双方通过在交易所签订合约，约定在未来某一日期按事先确定的价格买卖一定数量的碳排放权。碳期货主要用于锁定未来碳排放配额或碳信用的价格，帮助企业和投资者对冲碳价格波动的风险，并为碳市场提供价格发现功能。碳期货与其他期货合约类似，由于是在标准化交易所进行，因而具备公开透明、流动性高等特点。

（3）碳期权（carbon option）

碳期权是碳金融市场中一种衍生工具，赋予买方在未来某一特定日期以预定价格买入（看涨期权，call option）或卖出（看跌期权，put option）碳排放权或碳信用的权利，但买方没有必须执行的义务。碳期权合约类似于金融市场中的期权合约，是企业和投资者在碳市场中对冲风险、进行投机或灵活管理碳资产的一种重要工具。

碳期权可以分为以下两类。

①看涨期权。买方有权在到期时以预定价格买入碳排放权（例如，欧盟排放配额或中国核证自愿减排量）。

②看跌期权。买方有权在到期时以预定价格卖出碳排放权。

碳期权能够锁定未来价格波动，适应市场的不确定性，为碳排放管理、成本控制和投资策略提供了强有力的支持。尽管碳期权在操作上存在一定的复杂性和成本，但随着全球碳市场的日益成熟，碳期权将继续在碳金融领域发挥重要作用，助力企业和投资者实现更灵活的风险管理。

（4）碳掉期（carbon swap）

碳掉期用于在碳市场中交换基于碳排放权或碳信用的现金流。碳掉期的基本形式是交易双方根据约定的条款交换固定和浮动碳价格的现金流，旨在帮助企业和投资者管理未来碳排放权价格的波动风险。碳掉期交易广泛用于那些希望对冲碳价格波动风险或优化碳资产管理的企业，特别是那些面临碳排放合规要求的高排放行业，如能源、钢铁和制造业。

（5）碳借贷（carbon lending）

碳借贷是一种借贷行为，类似于传统的金融借贷。企业或投资者将持有的碳排放权或碳信用暂时借给其他市场参与者,借入方在规定期限内返还同等数量的碳资产或按约定支付费用。碳借贷在帮助持有方获得回报的同时,也使借入方在短期内获得其所需的碳资产,避免因合规要求未能及时购入碳配额而面临处罚。

碳借贷作为一种创新的碳金融工具,既为碳资产持有方提供了通过碳借出获取额外收益的机会,也为借入方提供了短期解决碳配额不足或应对价格波动的灵活工具。

3. 碳市场支持工具

碳市场支持工具是在碳交易市场中,帮助企业、投资者、政府和其他利益相关方参与并优化碳市场操作的辅助工具,包括碳指数、碳保险、碳基金等。

(1) 碳指数(carbon index)

碳指数是衡量碳市场中碳排放权价格变化的一种市场指标。碳指数通过追踪特定碳市场的碳排放配额或碳信用价格变动,为投资者和企业提供一个衡量市场价格走势的基准。常见的碳指数是欧盟碳排放交易系统(EU ETS)的碳价格指数。

碳指数的类型有三种,具体如下。

①碳排放权指数。该指数基于某个特定碳市场中的碳排放配额交易价格,如欧洲排放配额(EUA)的交易价格变化构成的 EU ETS 碳指数。这种指数通过追踪碳排放权的现货价格或期货价格,为市场参与者提供了解当前碳市场价格动态的基准。

②碳信用指数。基于碳信用交易价格构建的指数。这类指数主要追踪自愿碳市场中的碳信用价格,反映企业通过购买碳信用来抵消碳排放的市场成本。

③综合碳指数。综合碳指数是基于多个碳市场或碳资产类别(如碳排放权、碳信用、核证减排量等)计算的加权指数。这种指数为投资者和市场参与者提供了跨市场的碳价格基准,能够全面反映全球碳市场的价格走势。

通过碳指数,企业可以更好地管理碳排放成本,投资者可以通过相关金融产品获取碳市场收益,而政府和监管机构可以利用碳指数监测和评估碳市场政策的有效性。

(2) 碳保险(carbon insurance)

碳保险是一种创新型保险产品,旨在为碳市场参与者(如企业、碳减排项目开发者、碳交易者等)在参与碳排放权交易、碳减排项目开发和运营过程中可能面临的风险提供保险保障。这些风险包括碳市场价格波动、碳减排项目达不到预期效果、政策变化或项目失败等。碳保险作为碳金融市场的重要组成部分，可以帮助企业和项目开发者更好地应对碳市场中的不确定性，降低碳减排和碳交易中的风险。碳保险的作用在于转移和分散风险，避免碳市场中的不可控因素对企业或项目造成严重的财务损失。

（3）碳基金（carbon fund）

碳基金是一种专注于碳排放权、碳减排项目和低碳技术投资的金融工具。碳基金通过募集资金投资于碳交易市场、碳减排项目或低碳经济发展相关的领域，旨在实现环境效益与经济效益的双赢。碳基金不仅为投资者提供了参与碳市场的机会，还为企业和项目开发者提供了资金支持，推动全球碳减排目标的实现。

碳基金主要有三种类型，具体如下。

①碳排放权交易基金。该类基金专注于在碳交易市场上购买和出售碳排放权或碳信用。通过在碳市场的交易中获取价差收益，基金投资者可以通过碳价格波动获利。这种基金通常与碳期货、碳期权等金融衍生品相关联，适合具有碳市场专业知识的投资者。

②碳减排项目投资基金。该类基金投资于具体的碳减排项目，如可再生能源项目、节能项目或碳捕集与储存技术（CCS）项目。通过支持这些项目的建设和运营，碳基金能够获取由这些项目生成的碳信用（如核证减排量）及其他投资回报。

③混合碳基金。混合型碳基金投资组合较为多元，既包括碳交易市场的投资，也包括碳减排项目的支持。这种基金通常追求碳市场和项目投资的平衡，以实现风险分散和稳定回报。

本 篇 总 结

中国碳市场的发展始于参与国际清洁发展机制，随后通过建立国内自愿减排机制和碳排放权交易体系，逐步形成了九个区域碳市场和一个全国碳市场的并存架构。未来中国碳市场将继续加强碳排放数据质量管理，完善配额分配机制，纳入更多高排放行业，加大碳市场监管和处罚力度。国际企业可以通过主动减排或者参与国际自愿碳交易购买减排量，实现碳中和。国际自愿碳市场未来项目呈现优质化发展趋势，如获得全球高度认可的其于自然解决方案的碳抵消项目和CCUS项目发展空间很大。中国投资者参与国际碳交易需要深入了解市场动态、政策走向和风险管理。实现跨境碳市场联通需要各国在政策、技术和市场机制上协调合作，建立统一的碳信用标准和核查方法，提升市场透明度和可信度，在国际气候谈判框架下制定跨境碳市场的监管和协调机制。碳排放核算是开展减排工作的基础，需要遵守固定的核算标准流程和步骤，碳排放量的确定是碳市场机制的核心。碳市场参与者可以通过选择囤积已签发项目资产，购买远期或期权产品和投资减排成本低、回报率高的减排项目，进行碳市场投资。

第四篇 碳资产管理理论与实践

碳资产管理是利用市场"无形的手",引导碳减排资源流向,降低社会的减排成本,推动企业低碳技术和管理创新。产品碳足迹(product carbon footprint, PCF)是衡量产品含碳量和产业链绿色低碳水平的"标尺",做好碳足迹核算有利于摸清碳排放"家底"。企业产品碳足迹管理是碳资产管理的重要环节。碳资产管理中的CCER项目开发受到越来越多市场投资者的关注。CCER能够像商品一样在市场上交易,投资者或者企业可通过开发此类碳资产获利。CCER机制也是刺激企业生产技术向"绿色低碳化转型升级"的重要手段。碳管理体系是一项综合化的建设,涉及排放、中和、资产、交易和风险管理。"碳资产风险"是企业碳资信评价体系中的重要主题。企业需要开发一套碳资信评价体系评估碳资产管理中的气候风险。

　　本篇将详细探讨如何评估产品在其生命周期内的碳排放,介绍CCER项目的开发流程、认证标准和实际操作案例,探讨如何通过碳资信评价体系评估企业的碳管理能力和碳风险水平,讨论碳管理体系的建设与实施,以及如何通过碳管理体系的优化实现企业的可持续发展。

第十章
产品碳足迹管理

产品碳足迹及碳足迹评估对于减缓气候变化、推动可持续发展至关重要，是开展碳资产管理的基础。产品全生命周期的碳排放计算也为相关产品出口、减少温室气体排放提供了数据支撑。通过碳足迹管理，企业可以识别温室气体排放的主要来源，制订适合自身实际情况的减排计划，也有利于展示企业社会责任和环保承诺。

一、产品碳足迹概况

为便于理解，本章用通俗的语言阐释。在购物中心可以经常见到公共卫生间里有两种干手方式：一种是干手机，另一种是纸巾。读者可以思考这两种方式哪一种对环境更为友好，对环境的影响更小。希望读者能够在整个阅读过程中不断思考案例，并在阅读结束时形成自己的评价和判断。

1. 生命周期评价（LCA）简介

在讨论产品碳足迹之前，需要阐释产品的生命周期评价（LCA）。LCA 是一种定量方法，用于评估产品从自然资源开采开始，到原材料加工、产品制造、产品分销、产品使用，直至产品最终废弃处置、回收再利用的全生命周期内对环境潜在的影响。

资源的开采、产品生产、包装、重新利用、再循环、废弃等全生命周期的概念在生命周期评价中占据了核心地位，如图 10-1 所示。产品的生产加工都会经历这样的流程：原材料获取、制造、分销、使用、再生等。在整个生命周期中，每个环节都可能涉及输入和输出。输入包括原材料、共生产品、能源（如电和天然气）等，输出则可能包括废气排放、废水排放、生化需氧量（BOD）、化学需氧量（COD）等，以及固体废物的产生。同时，还可能产生共生产品，如原油加工时产生的汽油、柴油、沥青等。排放还包括噪声、辐射、震动、臭气、废热等。

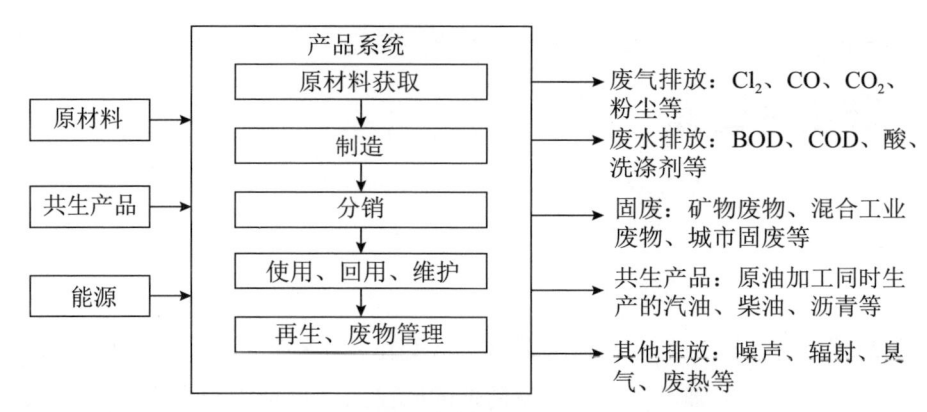

图 10-1　典型生命周期阶段及其输入输出

LCA 评价考虑的环境影响主要有三个方面：一是自然环境的影响，包括全球变暖、碳足迹变化、水体酸化、水体毒性等；二是人类健康的影响，包括致癌、致病等；三是自然资源消耗，包括土地转换等。土地转换是环境保护的方式之一，如退耕还林，即将原来的耕地转化为森林。

2. 碳足迹应用中的基本概念

（1）碳足迹

"碳足迹"概念是由 1996 年哥伦比亚大学的瓦克纳格尔（Wackernagel）和里斯（Rees）提出的"生态足迹"（ecological footprint）概念引申而来，即要维持一定人口的生存和社会经济发展所需要的（或者能够吸纳人类所排放废物的）具有生物生产力的土地面积。碳足迹与生态足迹的不同在于碳足迹主要涉及与全球暖化潜值（global warming potential，GWP）相关的温室气体排放。

碳足迹（carbon footprint）是指企业机构、活动、产品或个人通过交通运输、食品生产和消费以及各类生产过程等引起的温室气体排放的集合。当然，在进行产品碳足迹计算时，七种温室气体（二氧化碳、甲烷、氧化亚氮、氢氟碳化物、全氟化碳、六氟化硫、三氟化氮）是必须考虑的。

（2）产品碳足迹

产品碳足迹（product carbon footprint，PCF）一般指的是产品从"摇篮"到"坟墓"或"大门"的全生命周期过程中产生的碳排放总量。"从摇篮到大门"，指从资源开采、加工、制造到产品制成出厂所产生的碳排放；"从摇篮到坟墓"，除了上面部分，还包括了产品的分销、使用、维护等到最终废弃处理阶段的全生命周期产生的碳排放。

部分产品碳足迹（partial carbon footprint of a product，PCFP）可以用下面这个例子来理解。汽车整车由很多零部件组成，每一个零部件都可以被视为PCFP，将每一个零部件的PCFP累加起来，就是一辆整车的碳足迹，这就是PCFP的概念。建筑行业也可以作为PCFP的一个案例，比如盖一栋楼，可能涉及水泥、鹅卵石、钢筋等，这些都可以称为PCFP，最后PCFP的累加就形成了整个建筑物的产品碳足迹。

LCA更关注环境方面的自然环境影响、人类健康影响和自然资源消耗，因此其范围广泛。而碳足迹只关注环境影响中的一部分，即气候变化。因此，可以认为LCA的范围大于PCF的范围。

3. 碳足迹标准发展历程

在计算产品碳足迹时，应遵循生命周期评价的原则和方法，即ISO 14040和ISO 14044两个国际标准（GB/T 24040和GB/T 24044是对应的中国国家标准）。在开展产品碳足迹计算工作时，要应用LCA的方法学，并引用产品碳足迹的标准，即根据ISO 14067的要求完成整个碳足迹核算。其中，GB/T 24040和GB/T 24044对应的是中国国家标准，产品碳足迹国际标准发展历程见图10-2。

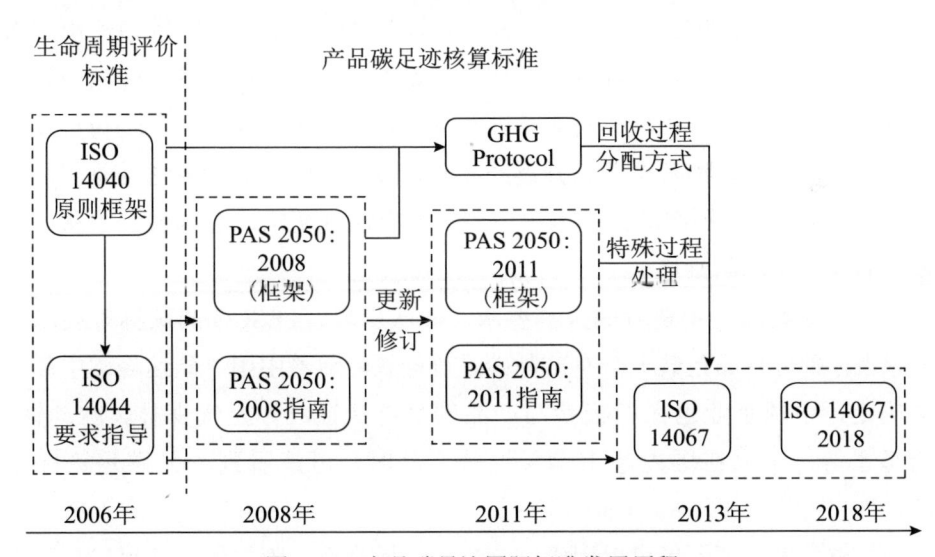

图10-2 产品碳足迹国际标准发展历程

欧盟环境足迹标准包括PAS 2050标准。PAS 2050也是英国标准。在ISO 14067出台之前，都是应用PAS 2050英国标准。通标标准技术服务有限公司（SGS）至少在10年前就在国内开展了产品碳足迹认证工作。那时主要是苹果等公司的供应链要求申请产品碳足迹认证或组织碳方面的认证。当时在产品碳足迹方面没有 ISO 标准，采用的是 PAS 2050 标准。但从 2018 版 ISO 14067 出台后，就使用 ISO 标准了。还有日本的 TSQ 0010 标准，即产品碳足迹评估和标识的通则。日本通常更愿意采用自己国内的标准。ISO 14067 是关于温室气体产品碳足迹量化的要求。此外，还有温室气体核算体系（Greenhouse Gas Protocol，GHG Protocol），这是目前主流的与碳相关的计算标准。

4. LCA 与碳足迹的优势和局限

LCA 和碳足迹具有一定的优势，也具有一定的局限性。通过 LCA 的方法学，可以全面分析两种方式（如前文提到的干手机和纸巾）对环境的影响。例如，纸巾的生产加工过程可能涉及森林砍伐、纸浆制作、造纸、运输、最终到消费者手中及报废的全生命周期过程。造纸业是一个高能耗和高污染的行业，因此在评价和分析时必须考虑这些因素。同时，也需要考虑干手机的生产，它由多种材料组成，包括注塑件、电子元器件等，可能涉及 100 个零部件。在每个生产环节都有能源消耗和废物产生。使用阶段还可能涉及电力消耗。LCA 的好处在于可以通过全生命周期评价方法分析哪种方式对环境影响最小。

企业开展 LCA 的收益，包括向部分采购商提供绿色供应链管理评价要求的相关内容，展示产品的环境绩效，克服贸易壁垒。随着中国"碳达峰碳中和"目标的确定，中国企业在积极参与碳认证相关工作。过去两年中，平均每年发布数千张证书。然而，大多数企业在开展产品碳足迹计算时，其边界通常是"从摇篮到大门"。对于电池等产品，因为出口到欧盟有法规要求，必须做到"从摇篮到坟墓"的全生命周期核算。

此外，还要满足消费者的采购要求。如沃尔玛、TESCO 的碳标签要求。在国外超市，部分食品包装上会有产品碳足迹标签。随着中国"碳达峰碳中和"目标的确定，中国企业也在积极参与产品碳足迹认证，如元气森林、脉动饮料、恰恰瓜子等。未来在国内超市购买这些产品时，可能看到产品碳足迹标签和认证。

产品碳足迹认证不仅可以用于产品宣传，提升产品附加值，还可以帮助企业节约成本，减少对环境的影响。例如，通过技术创新和材料创新，可以降低产品碳足迹排放，增加产品在市场上的综合竞争力。如图 10-3 所示，330ml 听装可乐与玻璃瓶可乐在产品碳足迹方面相差一倍多，这也是市面上难以买到玻璃瓶可乐的原因。

330mL听	330mL玻璃瓶	500mL塑料瓶	2ttr塑料瓶
150克	340克	220克	400克

图 10-3　不同包装可乐的碳足迹

巴斯夫等化工企业在计算所有在售产品的碳足迹，包括从采购原材料到生产过程中的能源消耗，直至成品离开工厂大门。这涉及大量数据的收集和整理，因此这些企业提出了数字化解决方案，以提高计算和统计工作的效率。

现在越来越多的互联网企业参与到碳行业，不仅是能源行业或生产相关行业与碳有关，银行金融系统、信息技术公司等也都在积极参与碳计算和碳交易市场。

LCA同样具有局限性。第一，LCA可能耗费资源和时间，数据的不确定性会大大影响最终结果的准确性。第二，LCA不能确定哪个产品或过程是成本效率最好的，因此LCA研究得到的信息应作为决策的要素之一，如生命周期管理（life cycle management，LCM）。第三，LCA缺乏空间分辨率。如4000加仑的氨排放到一条小溪中比排放到大河中造成的环境后果要严重。第四，缺乏时间分辨率。如一个月内排放5吨颗粒物质比一整年排放5吨颗粒物质造成的环境后果要严重。第五，清单形态。如宽泛的（非具体物质的）清单数据（如"VOC"或"金属"）不能提供足够的信息，以准确评价环境影响。第六，未考虑临界值因素。如10吨污染物产生的影响不一定比1吨污染物大10倍。

二、碳足迹评价开展流程

产品碳足迹评价的开展主要涉及以下流程，如图10-4所示。

第一步是确定目标，即确定产品碳足迹的原因，主要是客户的要求，还是自身要优化的内部推动力等。第二步是明确范围和边界，到底是要"从摇篮到大门"，还是"从摇篮到坟墓"。第三步是生命周期清单分析（life cycle inventory，LCI）。第四步是生命周期影响评估（life cycle impact assessment，LCIA）。第五步是生命周期的解释。第六步是形成产品碳足迹报告。如果只是内部使用，工作到此就结束了。如果需要向公众和社会进行公示，那么第七步，需聘请第三方机构进行鉴定性的核证工作，即第三方鉴定。整个生命周期产品碳足迹的评价就是围绕这七个步骤来进行的。

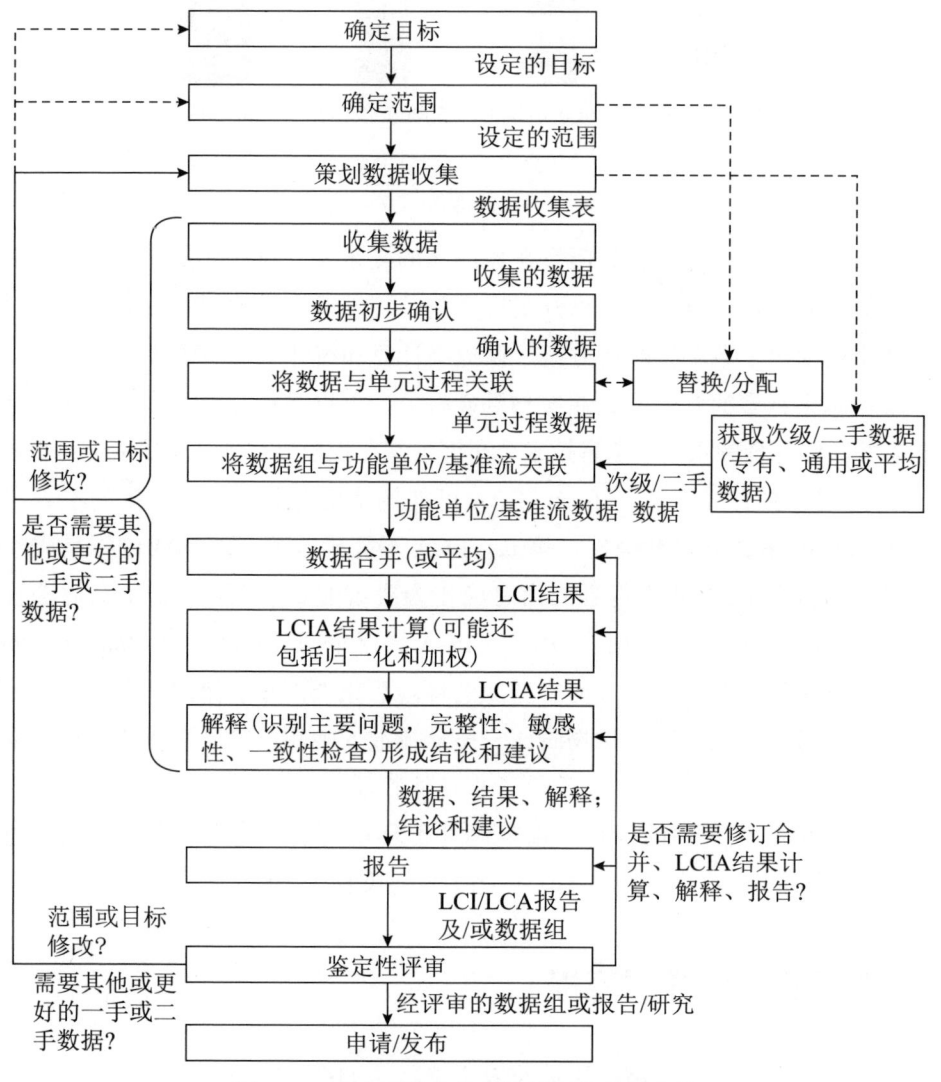

```
                  ┌─────────────┐
           ┌─────→│  确定目标   │
           │      └──────┬──────┘
           │         设定的目标
           │      ┌──────▼──────┐
           │ ┌───→│  确定范围   │─────────────┐
           │ │    └──────┬──────┘             │
           │ │       设定的范围                │
           │ │    ┌──────▼──────┐             │
           │ │┌──→│ 策划数据收集│──────────┐  │
           │ ││   └──────┬──────┘          │  │
           │ ││      数据收集表             │  │
           │ ││   ┌──────▼──────┐          │  │
           │ ││   │  收集数据   │          │  │
           │ ││   └──────┬──────┘          │  │
           │ ││      收集的数据             │  │
           │ ││   ┌──────▼──────┐          │  │
           │ ││   │数据初步确认 │          │  │
           │ ││   └──────┬──────┘          │  │
           │ ││      确认的数据             │  │
           │ ││   ┌──────▼──────┐   ┌──────▼──────┐
           │ ││   │将数据与单元 │   │  替换/分配  │
           │ ││   │过程关联     │   └─────────────┘
           │ ││   └──────┬──────┘   ┌─────────────┐
           │ ││     单元过程数据    │获取次级/二手│
  范围或目标│││   ┌──────▼──────┐   │数据(专有、  │
  修改?    │││   │将数据组与功 │   │通用或平均   │
           │││   │能单位/基准流│   │数据)        │
  是否需要其│││  │关联         │   └──────┬──────┘
  他或更好的│││  └──────┬──────┘  次级/二手
  一手或二手│││  功能单位/基准流数据  数据
  数据?    │││   ┌──────▼──────┐         │
           │││   │数据合并(或平均)│◄──────┘
           │││   └──────┬──────┘
           │││       LCI结果
           │││   ┌──────▼──────┐
           │││   │LCIA结果计算(可能还│
           │││   │包括归一化和加权) │
           │││   └──────┬──────┘
           │││      LCIA结果
           │││   ┌──────▼──────┐
           │││   │解释(识别主要问题，完整│
           │││   │性、一致性检查)形成结论│
           │││   │和建议               │
           │││   └──────┬──────┘
           │││  数据、结果、解释;
           │││  结论和建议
           │││   ┌──────▼──────┐     是否需要修订合
           │││   │    报告     │     并、LCIA结果计
           │││   └──────┬──────┘     算、解释、报告?
           │││     LCI/LCA报告
  范围或目标││   及/或数据组
  修改?    ││   ┌──────▼──────┐
           ││   │ 鉴定性评审  │
  需要其他或││   └──────┬──────┘
  更好的一手││     经评审的数据组或报告/研究
  或二手数据?│   ┌──────▼──────┐
           │    │  申请/发布  │
           │    └─────────────┘
```

图 10-4　生命周期产品碳足迹评价开展流程

以下详细解读碳足迹评价的流程和步骤。

步骤一，确定目标。定义开展 LCA 的目标，并确定目标群体。目标决定了整个 LCA 的方向，对 LCA 其他阶段起决定性作用，也决定了 LCA 的质量要求。因此，需要明确到底是客户要求，还是出于产品本身的一些改善而提出这样的一个目标。这一流程还包括预期成果的应用，即成果应用在什么地方；开展研究的原因和决策的背景,如基于什么样的客户要求等;成果的交付对象;是否向公众发布对比研究。这里提到了方法、假设及影响的类型。什么是假设?以前文的案例为例,假设用干手机,需要吹几分钟可以吹干手;假设用纸巾,大概用一张还是用几张纸可以擦干手,这些都是假设的场景。

步骤二,明确范围和边界。分析什么、如何分析,是关键。识别并详细规定 LCA 研究的对象,即所要分析的确切的产品或其他的系统,然后规定方法质量要求、报告评审要求,具体包括交付成果的类别、所研究产品系统及其功能、功能单元基准流等。

这里涉及取舍准则的概念。取舍准则,一般的定义就是低于 1%,低于 1% 的都可以舍去。比如,电冰箱的产品碳足迹。一台电冰箱可能由很多零件组成,同时,它也会有包装、标签等,像标签或者打包袋这样的产品,占总体质量的比例非常低,几乎不会影响到最终这台冰箱的产品碳足迹,也就是低于 1%,就可以采用取舍原则舍去。

根据数据的质量要求,在数据收集和整理的过程中会有两类数据:一类是初级数据,另一类是次级数据。初级数据指的是可以直接从现场获取的数据,如通过读取电表或天然气表等表具获取的数据,并将其读数纳入计算过程。同样会有一些次级数据,也就是没有办法现场获取的,可以通过文献的方式获取,这样获取的数据归类为次级数据。

步骤三,生命周期清单分析(LCI)。需建立收集数据模拟系统,在进行产品碳足迹计算的过程中,这是最需要花费精力的,包括收集进出过程的数据,以及基本流的数据。输入方面包括资源消耗、污染排放、土地利用等;产品流方面涉及与分析过程或其他过程连接的产品流,以及与废物管理过程相关的废物流等。这将涉及大量的数据收集和整理工作。

步骤四,生命周期影响评估(LCIA)。这是一个计算的过程,如果在前期能够收集所有的 LCI 数据,通过以下计算公式,就可以计算出 LCIA 的结果。

$$温室气体排放量 = \sum_{i}^{n} AD_i \times EF_i \times GWP_i$$

其中,AD_i 的 AD 是指活动数据,即无论用了多少电,都可以通过仪表、计量器具直接获取活动数据。第二个是排放因子,就是 EF,排放因子可以通过相应的数据库工具获得,包括 GWP 也可以通过查询确定。为什么推荐读者使用系统进行计算?作为企业来讲,基本只关注企业自身的排放数据,即能源消耗数据,将收集的活动数据代入公式,系统可以帮你解决排放因子的部署,包括

GWP 的部署，同时可以直接计算出产品碳足迹的结果，也可以帮助企业提高工作效率和减少碳知识欠缺造成的数据误报现象。

步骤五，生命周期的解释。得出 LCIA 结果后，在解释阶段要评估 LCIA 的结果，以回答建立目标时提出的问题，给出结论和建议。主要工作包括开展一些完整性、敏感性、一致性的检查；识别重要事宜：关键过程、参数、假设、基本流；依据评价结果，得出结论并给出建议。

步骤六，形成产品碳足迹报告。根据相关结果编制研究报告。

步骤七，第三方鉴定。如果报告需要向公众进行公示，为提高 LCA 的可信度和可接受性，需要聘请第三方机构，进行鉴定性的核证，完成整个工作流程。

三、ISO 14067 标准解读和计算

ISO 14067 是一项国际公认的用于量化产品碳足迹的 ISO 标准。标准规定了量化和报告产品碳足迹（CFP）的原则、要求和指南，其方式与国际生命周期评估（LCA）标准（ISO 14040 和 ISO 14044）一致。ISO 14067 为业界评估产品碳排放提供了统一的规范，是有效推动绿色商品或服务评价的工具。本节主要解读碳足迹 ISO 14067 标准相应条款和计算过程。

1. ISO 14067 标准及相关解读

（1）ISO 14067 产品碳足迹标准

2018 年 8 月，国际标准化组织（ISO）发布了 ISO 14067：2018 即《温室气体 - 产品碳足迹 - 量化要求及指南》。该标准主要是针对气候变化这一类别的影响，不评估其他环境因素和影响，也不评价产品的社会经济因素和影响。按照 ISO 14067 的标准开展产品碳足迹研究，应包括 LCA 的四个阶段，即明确范围和边界，生命周期清单分析，生命周期影响评估和生命周期的解释。

（2）产品碳足迹研究目标的确定

开展产品碳足迹研究的总体目标是通过量化产品生命周期或选定过程，考虑所有温室气体的排放量和移除量，计算产品全球变暖的潜在贡献，并以二氧化碳当量来表示。研究过程中要抓大放小，有所取舍。在进行产品碳足迹研究时，也要说明以下各项：一是说明预期的用途；二是说明产品碳足迹研究的原因；三是明确未来的目标受众，包括根据产品碳足迹和部分产品碳足迹，对受众信息进行预分析和沟通。

（3）产品碳足迹研究范围的确定

在产品碳足迹研究中，生命周期评价（LCA）中的单元过程、功能单位和基准流是进行环境影响评估的关键概念。

①单元过程（unit process）

单元过程为生命周期清单分析（LCI）提供了基础数据，是进行生命周期清单分析时为量化输入和输出数据而确定的基本部分，它描述了产品的每个环节或阶段的详细信息，包括过程中使用的资源、产生的排放和副产品等。

②功能单位（functional unit）和基准流（reference flow）

A. 功能单位或声明单位（declared unit）

功能单位是指产品系统能够执行的特定功能或服务的量化表示。它是基于产品的实际用途和性能来定义的，确保对产品碳足迹的评估与其预期目的直接相关。例如，对于一辆汽车，功能单元可能是行驶一定距离（如一公里）所排放的二氧化碳当量。它提供了一个统一的基础，使得不同产品和服务的生命周期评价具有可比性。通过确定一个统一的功能单位，可以评估不同产品或服务的单位环境影响。通常功能单位与产品或服务的功能相关联，如消耗一定量的电力、提供一定范围的运输服务或其他特定的服务量。在本章提及的干手机和纸张案例中，功能单位就是一张纸是否可以擦干一双手，或者吹一分钟是不是可以吹干一双手。

声明单位是用于部分产品碳足迹（PCFP）量化的参考单位，通常它与产品的物理量相关，如质量（千克）、体积（立方米）或其他适当的物理属性。例如，对于生产一吨钢材的碳足迹，声明单元就是"一吨"。由于一吨钢可以转化成各种产品，包括像铁皮壳子、小的工具、螺丝钉等，可能都是钢转化的，无法确定一吨钢的功能单位，所以在这种情况下使用声明单位是比较合适的。

企业在进行产品碳足迹计算时，需要选择一个功能单元或声明单元作为评估和报告的基础。如果企业的目标是评估和比较产品在执行其预期功能时的温室气体排放，那么应选择功能单元。如果企业更关注产品的物理产出或某个特定阶段的碳足迹，那么声明单元是更合适的选择。

B. 基准流（reference flow）

基准流是在给定产品系统中，为实现一个功能单位的功能所需的过程输出量，是一个已知的、明确的环境影响值，用于衡量被评价产品或服务的环境影响。例如，如果一款产品产生 5000 克碳足迹，那么可以将其作为基准流来衡量其他活动或产品的碳足迹。基准流为评价提供了一个参考点，使得评价结果更加直观和便于理解。

关于功能单位和基准流，可以用一个例子说明。某家知名的消毒企业，是清洁消毒食品安全和感染防护服务领域的全球领导者，该企业提供了一种自动洗碗机。洗碗机提供的是干净和消毒的盘子，选择持续使用时间为一年，并将预期的质量水平设定为干净和消毒，就是功能单位的概念，也就是洗碗机可以完成干净和消毒的洗涤结果。基准流的设置，比如每一个典型场所每天清洗 500 个碗架，按每年 365 天计算，洗碗机内平均洗涤的浓度是 1800PPM，每架盘子是 0.15 克的漂洗添加剂等，每天两次。基准流确保最终的功能单位是干净和消毒的盘子。

③系统边界（system boundary）

A. 系统边界概述

系统边界划定产品生命周期各阶段的界限，以确保计算的准确性和完整性。例如，"从摇篮到坟墓"的界限包括了产品的原材料采集、生产制造、运输、销售、使用和报废等所有阶段。系统边界还包括研究系统的地理位置。比如，某企业在东南沿海一带有工厂，在中西部也有工厂，在北方也有工厂，那么在计算该企业产品碳足迹的时候，要考虑边界和地理位置。不能因为某些地区（如中西部）水力发电和风力发电等清洁能源丰富，就将这些地区的绿色电力数据应用于东南沿海地区，所以计算碳足迹需要界定清楚系统边界，在哪里生产，就以哪里的地理位置作为研究系统的方向。

理解系统边界应用方面，一是系统边界是用于确定哪些单元过程，应包括产品碳足迹研究的基础；二是采用产品碳足迹 PCR 的时候，重点关注产品碳足迹研究中应包括的单元过程，依据这些单元过程决定研究的详细程度。如果阶段过程中的输入和输出不会显著改变产品的足迹研究结论，可以在研究中予以排除。比如，前文提到的冰箱标签，相对于冰箱主体器件，其在碳足迹方面的占比非常小，不到 1%，可以排除在外。还应明确说明排除该阶段过程输入和输出中的一切决定，并解释排除这些决定的原因和影响，如取舍原则、取舍的原因和描述必须体现在最终的产品碳足迹报告里。

B. 取舍原则（cut-off criteria）

取舍原则应包含在对所分析系统有贡献的所有过程和流程中，如果发现单个材料或能量流对于特定单元过程的碳排放不显著，出于实际原因可将其排除在外，并写入数据排除项目的报告里。合计达到 99% 的碳排放都应纳入碳足迹报告，低于1%的较难统计的少量碳排放可以舍去。数据和数据质量直接关系到最终产品碳足迹结果的真实性和可信性，其中取舍原则应用是一个非常重要的过程。

例如，一家加工水的企业资产设备可以根据目标和范围排除。矿泉水的生产其实就是一个灌装系统，吹瓶然后直接灌装，之后打包放到仓库再经过物流运输，完成整个生产过程。在碳足迹计算过程中，将生产用水的生产线作为资产设备排除在外，即考虑一瓶水的产品碳足迹时，不会计算这条生产线在制造企业产生的温室气体排放总量，这部分排放量不在考虑范围内。

C.限制约束

在某些情况下，产品碳足迹研究的范围可能因不可预见的一些限制约束或其他一些信息而修改，此类修改及解释应记录在案，一定要留痕。对约束信息的任何修改，都必须统计并记录在最终的产品碳足迹报告中。

（4）数据来源和质量

数据来源方面，当无法收集现场数据时，可采用非现场且通过第三方审查的原始数据，也就是所有的不是现场收集的数据，即所有的二手数据，一定要有出处，并体现在产品碳足迹报告中。在产品碳足迹报告中，还应证明二手数据的合理性，并提供参考文献，即所有采用的数据都要有出处，并且可以追溯。

数据质量的表征有两点。一是与时间相关的覆盖范围。数据的年龄和数据收集应覆盖的最短时长，一般的初级数据为一年内的数据，次级数据为十年以内的数据。二是地理覆盖的范围，收集单元过程数据的地理区域应满足产品碳足迹研究的目标。如果是集团公司，需要从不同地理位置的工厂中选出实际的最终产品生产所在地来计算碳足迹。

最后进行产品碳足迹研究的组织，应由一个系统来进行管理和保留数据，并不断提高其数据的一致性、质量性和文件信息化程度。

在开始进行产品碳足迹计算时，收集数据是一个重要且烦琐的环节。然而，如果能够在第一年建立一个充分的收集和标准化的数据系统，第二年再开展相同工作时，将能有效保证数据质量，从而确保最终报告的质量。

数据的时间边界方面，数据收集的时间段选择应考虑年度内和年度间的可变性，并在可能的情况下，使用代表所选期间趋势的数值，通用和常态情况一般为一个年度内的计算。但是像农副产品，可能涉及年度间的一些可变性，以水稻为例，会涉及春耕秋收这样一个特定的产品周期和时间节点，如果从10月开始统计，就是一个不合理的状态。像水果蔬菜等季节性产品，也要围绕其正常的时间排序进行相应的统计和计算。

产品碳足迹研究还应包括产品使用阶段产生的温室气体排放量和移除量。产品的使用者和产品的使用情况应在产品碳足迹研究报告中予以说明。使用阶段开始于指定用户拥有成品时，结束于产品准备报废处置，用于不同功能的再使用、再生或能量回收时。

（5）产品种类规则（PCR）

PCR 是对产品的功能单位、系统边界、删减原则、分配原则、计算规则、数据收集要求和数据质量要求进行规定，为产品的一种或多种环境影响量化制定的所有必要的准则。为确保产品碳足迹评价报告信息的客观性和一致性，以便消费者或采购商做出可靠判断，对于每一个产品种类，在 LCA 计算要求和规则、数据收集方法、声明公布内容等方面应保持一致。认证产品在进行生命周期评价时，应当遵守这些规定，这样得出的最终产品碳足迹评价报告便具有精确性和可比较性的特点。因此，PCR 的制定是进行产品碳足迹评价报告的基础，也是实施产品碳足迹评价的技术难点。

例如，美国某个奢侈品品牌做了三款书包的产品碳足迹认证。第一款书包是一个新书包，从牛皮这一块原材料开始到做成成品，使用周期为五年，计算它的产品碳足迹，并分摊到每一年。第二款产品是一个用过的书包，通过维修和返修延长三年使用寿命，从而变成了八年的使用寿命。计算它的产品碳足迹，并平均到每一年。第三款产品是把一个旧书包拆开重新打造的一款新书包，这款产品没有原材料阶段，按照使用五年计算它的产品碳足迹。

这三款书包中，第三款产品碳排放最少，因为它减少了原材料阶段的排放量。这三款书包中，哪一款书包价值最高或售价最高？其实也是第三款书包。十年前，国外的一些产品上就有碳足迹标志，这反映了低碳消费是国际上的一种文化，也是一种发展了很多年的消费趋势，所以国外的消费者更关注产品在绿色和可持续方面的表现，会有更多的人愿意为绿色和低碳买单。而且该品牌将第三款产品以和名人联名的方式来提高商业价值，其售价远高于第一款新书包，这也是一种商品销售策略。

上述案例的旧书包使用情况应基于公布的基础信息，遵循 PCR 规则。这些规则可能需要从国际标准、国家标准、行业标准或市场标准中做出比较选择。例如，家用汽车的使用报废年限是十五年[①]，而出租行业汽车的强制报废使用年限是八年，所以同一款产品只是应用场景不一样、使用模式不一样，对应规则也就不同。在开展碳足迹评价的时候，一定要遵循特定规则的要求。

产品种类规则 PCR 也是开展 LCA 和产品碳足迹过程中非常重要的要求，需要找寻到跟产品相关的产品种类规则[②]。对于选择 PCR 还是环境产品认证 EPD 规则，需要根据供应链终端客户需求确定。如果客户需要瑞典的 EPD，那就开展瑞典的 EPD 工作；如果需要出口产品到日本，就要了解日本的产品碳足迹要求。我国也有自己的 PCR 标准。

（6）寿终阶段

当使用过的产品已准备好进行处置、回收，用于不同目的再利用或能量回收时，即为寿命终止阶段。目前很多企业只做到了"入门"，没有做到"寿终"，因为这涉及后续的报废回收。

如果某一产品的寿命终止阶段包括在碳足迹计量范围内，则该阶段产生的所有温室气体排放量和移除量应体现在碳足迹研究报告中。寿命终止过程可能包括以下环节。

a）报废产品的收集、包装和运输。

b）准备回收再利用。

c）从报废产品上拆卸部件。

d）粉碎和分类。

e）材料回收。

f）有机回收（如堆肥和厌氧消化）。

g）能量回收或其他回收过程。

h）底灰的焚烧和分选。

i）填埋、填埋维护和促进甲烷等分解物的排放。

2. CFP 的生命周期清单分析

经过目标和范围定义阶段之后，CFP 研究进入生命周期清单分析（LCI）。CFP 的生命周期清单分析包括以下六个步骤：第一步是数据收集，第二步是数据

[①] 该规定于 2013 年 5 月 1 日起取消。参见中华人民共和国商务部，等. 机动车强制报废标准规定[EB/OL]. http://www.mofcom.gov.cn/zfxxgk/article/xxyxgz/202112/20211203231250.shtml.

[②] 关于 PCR 有两个免费网址（redc.carbon-tc.com；www.1clicktong.com），第一个是环保属全球之家，可以在该网站查到相应的 PCR，找寻自己想要的 PCR 种类规则，这里边也有一些政府主导的 PCR 和环境产品认证 EPD，包括上文提到的日本产品碳足迹、韩国的产品环境声明等。

验证,第三步是将数据单元过程和功能单位(或声明单位)进行关联,第四步是调整系统边界,第五步是排放量的分配,第六步是绩效追踪。

(1)数据收集

收集的数据应为研究系统包含的所有单元过程、纳入生命周期清单的定性和定量数据,收集的数据无论是测量计算还是预估,都将用于量化单元过程的输入和输出。需要注意的是,数据质量的提升需给出来源索引,次级数据也要有相应的证明。证据来自哪、它的出处和溯源是什么样。

例如,一个橙汁品牌收集原始数据和二手数据的方式,先是对橙汁品牌的温室气体排放量进行清查,然后制定了一个全面的材料清单,制作流程图,收集排放数据并进行筛查分析,然后用其他的原始数据和可接受的二手数据填补数据空白,最后根据部门指南和报告进行修订。

在统计过程中发现,原始数据显示橙子的生产过程贡献了35%的排放。这主要是因为农业种植过程中使用的化肥会释放氧化亚氮,在橙子的种植过程中,氧化亚氮的排放导致了显著的温室气体排放。

在农业种植方面会使用肥料,在畜牧行业也一样。现在所指的甲烷等重点的排放源来自牛。现在很多人说要吃人造牛肉等,就是希望通过减少牛的反刍来实现温室气体的减排。牛反刍过程产生的主要温室气体是甲烷。而在橙子的生产过程中,主要的温室气体排放来源于化肥中的氧化亚氮。如何通过减少肥料或者通过有机肥料来降低肥料使用过程中的温室气体排放?是不是也有方法减少牛的反刍,然后减少甲烷气体的排放?

一些饲料企业在研发新的饲料产品,以调整牛的肠胃菌群结构,然后有效降低反刍的频率和次数,以达到减少甲烷气体的排放。可以设想,正如人类常通过使用益生菌来调整肠胃菌群结构一样,饲料中添加益生菌也旨在改善牛的肠胃菌群结构。这种做法通过改变和调整牛的肠胃菌群结构,具有积极的减排效果,对牛的健康和生产性能也是有益的。

(2)数据验证

在数据收集的过程中应对数据的有效性进行检查,以确认并提供证据,证明满足规定的数据质量要求。这里再次提到了数据和数据质量要求,同时又涉及能量平衡与质量平衡的概念。能量平衡,就是一个质量单位能产出几个产品,例如,一度电能不能烘干一双手,这就是能量平衡;质量平衡,就是一张纸能不能擦干一双手。

（3）数据单元过程和功能单位（或声明单位）的关联

每个单元过程都应确定适当的流。单元过程的定量输入和输出数据应根据该流程进行计算。什么是流？流其实包括了中间流和基本流，也就是能源和工业工艺材料。基于流程图和单元过程之间的流，所有单元过程的流又与基准流相关联。计算应将系统输入和输出数据与功能单位（或声明单位）相关联。

产品单独计算的过程中无论计算哪款产品，第一步都是画一个流程图，从原材料到生产、制造、分销、零售、使用包括处置、再利用等。例如，棉质服装的整个流程图，如图10-5所示，棉花会涉及种植，会有化肥和农药的产生，运输环节会使用燃油汽车，会有甲烷的产生等，所以每一个阶段都要展开，通过流程图的方式了解每一个环节的输入和输出，然后进行收集和统计，以完成最终的产品碳足迹的计算。

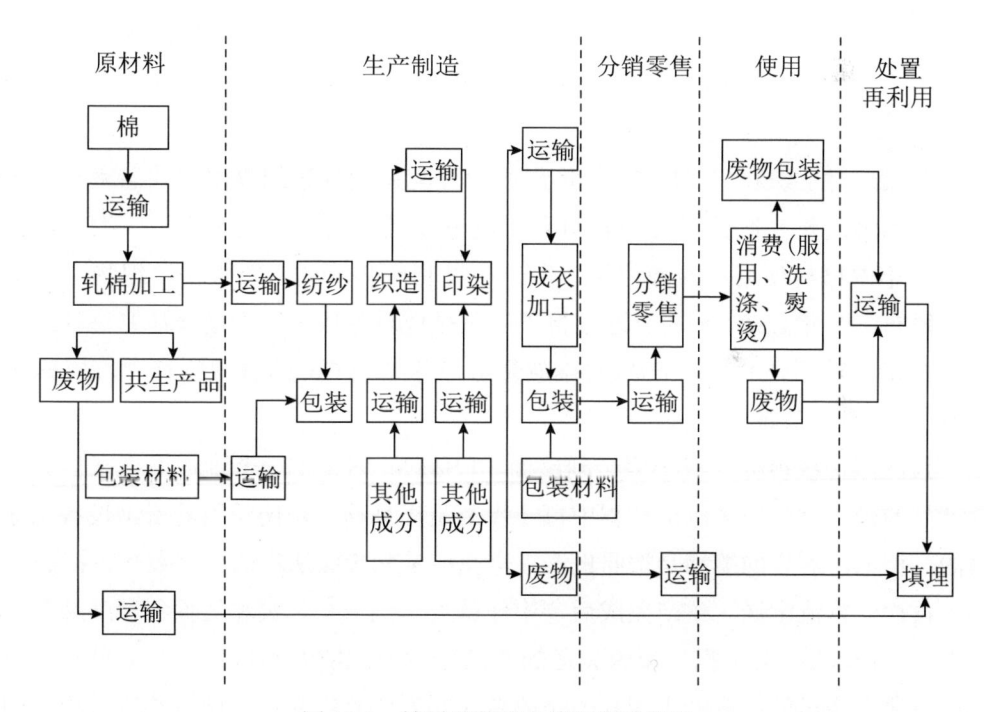

图 10-5　棉质服装建立流程图的步骤

又如，现在特别流行亚麻材质。亚麻其实有一个优势，就是亚麻有驱虫的功效，同时亚麻在种植的过程中可吸附二氧化碳，所以亚麻被视为当下最为绿色和环保的服装材料。这也是亚麻产品相比纯棉制品价格要贵的一个重要原因。

(4)调整系统边界

初始系统边界应根据目标和范围定义阶段确定的取舍准则进行适当修改。调整过程的结果和敏感性分析应记录在 CFP 研究报告中。系统边界的调整最重要的是为后续数据处理提供支持，重点放在那些对产品碳足迹研究具有重要意义的输入和输出数据上。

(5)排放量的分配

输入和输出应按照明确规定和合理的分配程序分配给不同的产品。单元过程分配的输入和输出之和应等于分配前单元过程的输入和输出之和。当几种分配程序都适用时，应进行敏感性分析，以说明偏离所选方法的后果。

分配程序分为物理分配和经济价值分配。

A. 物理分配

例如，美国服装公司李维斯母公司——Levi Strauss&Co.（简称 LS&Co.）在一条牛仔裤的生命周期内，针对不同的分配需求，采用了过程拆分和物理分配方法。

首先，对于织物厂，LS&Co. 使用质量分配系数分配织物生产的温室气体排放量，因为质量是制浆过程中材料和能量输入的主要决定因素之一。织物厂提供了一年中材料使用、能源使用、生产产量和废物流的汇总数据。织物厂只生产牛仔布，因此 LS&Co. 能够通过将工厂总排放量除以工厂产量来估算每种产品的排放量。然后，将每种产品的排放量应用于 LS&Co. 的总织物订单，以确定 LS&Co. 的总排放量。

其次，过程拆分。对于服装制造商，LS&Co. 创建了一个过程模型来估计研究产品的排放量。服装制造过程中每一步都是根据这一步所使用的资本设备来建模的。例如，后袋的缝纫是按照机器完全完成装配步骤所需的分钟数来建模的。

再次，物流配送。生产完成后，牛仔裤被送到一个包装和运输各种产品的配送中心。LS&Co. 会根据一年内装运的产品总数分配能源和材料的排放量。该方法假设所有装运的装置产生相同的排放量（因为所有产品在配送中心经过相同的过程）。

最后，零售环节。一家专卖店可能涉及许多产品，包括牛仔裤、衬衣、T 恤等。实际上，可以按照物理分配的原则来计算。具体做法：考虑店面的总面积，然后计算牛仔裤在店面销售面积中所占的比例。通过这种方式，结合单位平方米的能耗数据，能够快速核算牛仔裤在店面零售环节的温室气体排放量。

B. 经济价值分配

以美国一家家禽公司为例。美国市场对鸡肉的需求主要集中在鸡胸肉上，因为美国消费者通常不吃鸡内脏。如果按照经济价值来分配，鸡胸肉占整个鸡肉总质量的 16%，也就是占收入的 15%。因此，可以将 15% 的能量和材料数据分配给无骨无皮的鸡胸肉，这就是按照经济价值分配的原则和方法。

另外，还有分配移除的情况。在造纸行业，当从大气中移除的二氧化碳成为共生产品时，也需要分配上游过程中的二氧化碳移除量。以造纸过程中的黑液发电为例，黑液中含有制浆过程中从木材中分离出的木质素及其他生物物质。公司需要确定用于发电的原始木材量，并从材料获取阶段减去相应的移除量。这种情况下，移除量将以负值计算，因为它代表了碳的吸收。此过程即为计算碳移除的标准方法。

C. 再使用和再循环

再使用和再循环的分配程序案例就是轮胎废料的再循环使用。其实，在国内二手轮胎的再使用是违法的。不过，由于各国法规不同，在国外一些国家，二手轮胎是可以使用的。国内主要关注轮胎废料的再循环利用，如通过节能技术回收余热、多余的蒸汽等热能量。这些措施体现了再使用和再循环分配程序的重要性。

有多个分配程序适用于再使用和再循环。闭环分配程序适用于闭环产品系统，也适用于再循环材料的内在属性不发生变化的开环产品系统。这种情况是用次级材料取代初级材料，故不必分配。开环分配程序适用于材料被再生利用输入其他产品系统且其内在属性发生改变的开环产品系统。例如，催化热解、高、低温热解裂解废轮胎，将其转换成钢铁、炭黑、油、燃气等再生能源和非橡胶再生资源。

（6）绩效追踪

当 CFP 要用于 CFP 绩效追踪时，应满足以下额外的 CFP 量化要求。

A. 应在不同的时间点进行评估。

B. CFP 随时间的变化应针对具有相同功能单位（或声明单位）的产品进行计算。

C. 对于所有后续评估，应使用相同的方法和相同的 PCR（如使用）计算 CFP 随时间的变化（如选择和管理数据的系统、系统边界、分配、相同的特征化因子）。

另外，进行产品碳绩效追踪的时间点之间的时间段，不得短于数据的边界，时间段应在产品碳研究的目标和范围内。

所有温室气体排放和移除的计算应如同在评估期开始时释放或移除一样，而无须考虑延迟的温室气体排放和移除的影响。如果产品投入使用 10 年之后（如果相关 PCR 中未另行规定），使用阶段和 / 或寿命终止阶段产生温室气体排放和移除，相对于产品生产年份的温室气体排放和移除的时机应在生命周期清单中注明。产品系统的温室气体排放和移除的时间效应（如计算）应单独记录在 CFP 研究报告中。应在 CFP 研究报告中说明并证明用于计算时间效应的方法。什么产品才会在 10 年之后排放？例如，冰箱会在 10 年之后排放氢氟碳化物。

具体的温室气体的排放和移除的处理，可以参考飞机的温室气体排放案例。飞机运输引起的温室气体排放，应包括在产品碳足迹中，并单独记录在产品碳足迹的研究报告中。其实火车的排放、轮船的排放也都有碳足迹，但是飞机的温室气体排放要单独体现在温室气体的报告中，这是 ISO 14067 的特殊要求。

从 LCI 或 LCIA 阶段得到的量化产品碳足迹和部分产品的碳足迹结果，应根据产品碳足迹研究的目标和范围进行解释。解释包含了不确定性的评估、四舍五入的规则范围应用等，在产品碳足迹研究报告中要确定并详细记录选定的分配程序。

最后要识别产品碳足迹研究的局限性，同时解释敏感性分析寿命终止场景对于最终结果的影响和建议，这些都要体现在最终的产品碳足迹报告中。

第十一章
CCER 项目开发体系与实践

中国自愿核证减排量（China Certified Emission Reduction，CCER）是碳市场建设的重要补充机制。自愿减排项目方法学体系覆盖了工业制造、农林减排、能源替代、交通、建筑、废弃物处理和生活节能等多个领域。项目参与者可以通过利用低碳节能技术等，完成项目开发，获得减排量收益，激励企业采取更多的减排措施，推动低碳技术的研发和应用。

一、CCER 项目开发体系

1. CCER 的概念及时代背景

2023 年 10 月，生态环境部重新发布《温室气体自愿减排交易管理办法（试行）》及首批 CCER 四个新方法学，2024 年 1 月 22 日，全国温室气体自愿减排交易市场在北京正式重新启动。2024 年 8 月 23 日，生态环境部开始正式受理 CCER 项目申请，全国温室气体自愿减排注册登记系统及信息平台正式在线受理。

CCER 重新启动具有时代背景和重要意义。

一是全球气候变暖在加剧。CCER 减排体系和配额的管理是国内碳市场的两个主要着力点。碳市场建设的设计初衷在于用市场化的机制激发减排动力，减缓全球气候变暖。当下，全球气候变暖在加剧，科学家认为自工业革命以来，由于化石能源的大量使用，大气中以二氧化碳为主的各类温室气体的排放急剧增加。[1] 全球通过气候变化框架公约对各国的温室气体排放进行约束，形成了《京都议定书》和《巴黎协定》两个具有法理性的文件。

二是碳中和已成为全球潮流。当下，各国基本上承诺在 21 世纪中叶即 2050

---

[1] 金海燕，周怀阳. 赤道北太平洋海水中的二氧化碳体系 [J]. 热带海洋学报，2004，23（1）：25-33.

年前后实现本国的碳中和。芬兰及一些低排放国家甚至承诺在 2035 年前实现碳中和。碳中和潮流标志着未来人类社会的生产方式和生活方式将以碳中和为主要目标。

三是重点领域、重点行业和重点企业在短期内无法快速降低碳排放。从中国来看，重点排放源仍然是化石能源，燃煤发电导致的碳排放一直居高不下。即使国内投资了大量的清洁能源项目，但是在应用和消纳端仍然有一些障碍需要解决。从中国能源结构的排放对比来看，化石能源特别是燃煤的排放占到 60% 左右。化石能源中的石油，特别是汽油燃烧的排放占 15%～16%，农林类的土地利用、人类生活等也带来一些额外的排放。优先实现重点领域和重点行业的强制减排是当前的重点。我国将钢铁、电力、石化、化工、水泥、造纸、有色金属、航空八大行业作为优先减排行业，至 2025 年 3 月，电力、钢铁、建材、有色金属四大行业已正式纳入全国碳市场进行统一管理。但这些行业的排放在短期内无法迅速减少，技术升级和产业化仍面临困难。因此，自愿减排将是一个有效的补充手段。

四是全球各国碳中和时间节点的安排导致碳关税等壁垒措施的增加。由于全球各国碳中和时间节点不一致，碳关税等壁垒必然倒逼各国的温室气体排放及对进口商品的碳排放做出更严格的管理。对于我国这样一个高碳排放国家，未来许多企业出口面临高关税的制约。因此，实现全社会减排和全员减排成为我国未来的必然趋势。

除了上述背景和意义，对于当前社会对气候变化和碳中和的认识，有以下三点。

第一，气候变化是客观存在的。大量化石能源使用后，排放到大气中的温室气体所产生的温室效应在短时间内无法消解，尤其是氟化类温室气体，技术手段难以清理，大气环境的增温和气候环境的恶化是长期的。

第二，对全球气候变化的挑战和机遇应有正确的认知。气候变化是一个缓慢的动态过程，但通过科学数据和检测可以了解其客观存在。

第三，碳中和背景下的碳关税壁垒是必然的。发达国家在全球减排中需要承担更多责任，通过碳关税等措施要求所有排放趋近于零。未来碳关税壁垒在国际社会会是一个新常态。因此，应采取积极措施减少排放，更多使用绿色能源，实现碳中和目标。

2. CCER 体系的制度基础

中国 CCER 的制度体系源于《京都议定书》。《京都议定书》于 1997 年 12 月通过，明确将市场机制作为解决二氧化碳等温室气体减排问题的新路径，形成了碳排放权交易，即碳交易。《京都议定书》规定，合同一方可通过另一方获得温室气体减排额，买方可用购得的减排额实现减排目标。《京都议定书》成为项目核证减排量包括 CCER 制度的基础。

当前全球减排市场主要分为强制减排市场和自愿减排量市场。《京都议定书》约定了三种减排机制：国际清洁发展机制（clean development mechanism，CDM）、联合履行（joint implementation，JI）和国际排放贸易（international emissions trade，IET），这是全球碳市场形成的源头。世界各国的碳配额管理体系均属于强制减排市场，包括欧盟的碳排放权交易市场和中国的全国碳市场、各试点市场的大部分类型。自愿减排市场包括黄金标准 GS、核证碳标准 VCS 和中国的 CCER 等，这些自愿减排体系的方法学体系基本脱胎于国际清洁发展机制（CDM）。

基于经济学范畴的 CCER 要求产权清晰和可量化。CCER 通过节能减排、造林与再造林行为产生，属于劳动产品和私人产品，产权明确才可交易。CCER 按照系统的监测和计量方法学，经过严格的设计、审定、监测和核证程序确定产权，最终获得签发才能成为商品进入市场交易。

从经济学角度看，碳交易遵循科斯定理，即把碳排放权作为一种环境权益，通过碳交易解决环境特别是温室气体的污染问题，碳市场机制有效结合了科学技术和经济问题。碳交易本质上是一种金融活动，金融资本投资于创造碳资产的项目和企业。而碳资产包括国家发给企业的配额和项目产生的减排量，如 CCER。碳市场中的这些产品均可成为碳资产进行交易，可以开发成金融工具，如期权和远期产品。CCER 需求方主要是参与全国碳市场交易的控排企业，见图 11-1。

CCER 方法学，一般是指用于计算和核实减排项目所实现的温室气体减排量的方法和技术规范，项目开发方法学体系覆盖工业制造、农林减排、能源替代、交通、建筑、废弃物处理、生活节能等领域。2016 年 11 月 18 日前备案的 200 个 CCER 方法学中，有 174 个 CCER 方法学来自联合国 CDM 方法学转化，26 个 CCER 方法学为中国结合国情所新开发的，涉及 107 个常规方法学和 86 个小型方法学。方法学中以年项目减排量 6 万吨二氧化碳当量为界限，6 万吨二氧化

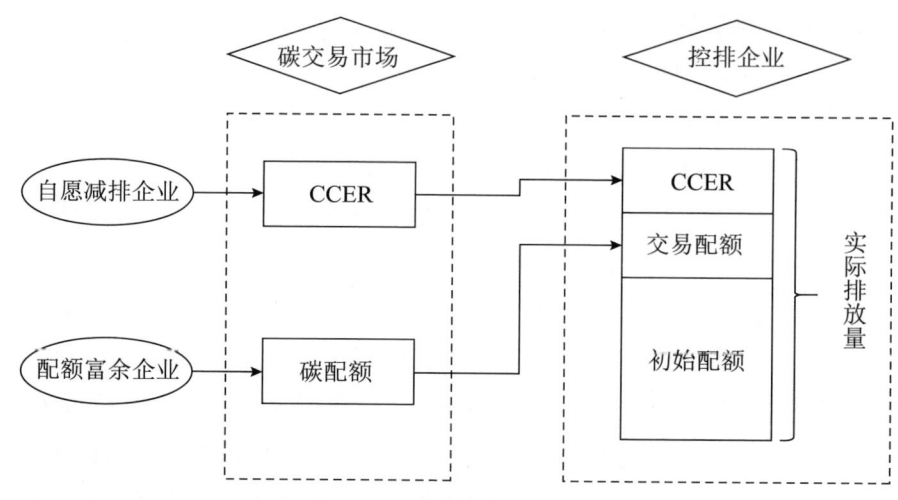

图 11-1　CCER 需求方交易

碳当量以下为小型方法学，6 万吨二氧化碳当量以上为大型方法学。

CCER 方法学分为农林碳汇类、甲烷利用类、建筑类、交通类、电力电网类和其他废能废水固体废弃物类。每种方法学均有特定的适用条件和基线选择，方法学适用性选择错误会直接导致项目申请失败。了解所有方法学和不同项目适用场景的条件，才能成功开发减排项目。

二、CCER 项目开发的逻辑过程

本节将从三个方面介绍 CCER 项目开发的逻辑过程：一是减排项目的逻辑性；二是减排项目逻辑性的特征；三是减排项目开发过程和步骤。

1. 减排项目的逻辑性

逻辑是一个客观世界存在和发展的规律。在本节的语境中，逻辑主要指减排项目客观存在和发展的规律。一般逻辑性有因果关系，比如在减排项目实施和发展的过程中存在因果关系，符合逻辑关系，还有具体的逻辑特点，如恪守逻辑规则等。

减排项目逻辑的过程是什么？主要包括项目的实施、项目的动机、减排项目的设计、项目边界的确定、监测计划安排、计量规范等，它们是一个逻辑的过程。如图 11-2 所示，一个项目从启动过程到计划过程、实施过程、控制过程、收尾过程，里面包含计划更新、项目计划、纠正措施、变更请求等规范有序的行为活动过程，这就是一个完整的减排项目逻辑过程。

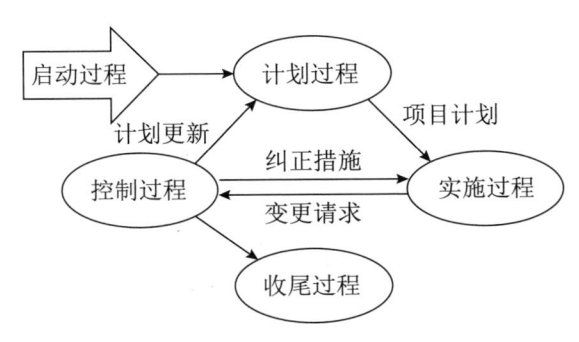

图 11-2　减排项目的逻辑性

一些开发机构和管理机关对减排项目存在模糊认识和误区，所有的项目都有一个逻辑实施过程，比如碳汇。自然产生的碳汇增汇不能做减排项目的开发，必须通过造林与再造林方式才能签发核证减排量。这个逻辑过程就是项目减排的基础和生命。

2. 减排项目逻辑性的特征

减排项目逻辑性的特征，可以从以下四点进行解剖和分析。

第一，存在性和独立性的问题。

关于存在性的问题，减排项目的管理是一个现实存在的活动，项目如果没有实施，那么这个项目就不可能获得减排量的开发。所以在市场里有些项目不规范，虽然材料经过包装，但有经验的人仍能看出端倪。比如一份检测报告，没有描述所有的林地与项目业主的关系，没有提交可研报告、环评、竣工验收等文件，直接要求从监测环节签发，这种项目非常不严谨。作为造林活动，造林过程中活动是如何实施的、由什么材料支撑，这些都需要详细描述。

关于独立性的问题。每个减排项目管理都是一个完整的活动，相互之间是独立的。每个减排项目都包含了详细的子项活动过程。例如，一个造林项目在前期实施造林的可研报告、造林设计、作业过程、苗木采购、验收过程等，各个细分活动之间都是独立的，比如造林作业设计有专门的设计机构，从立项到过程、当地土地适用条件调查等，每一部分工作都是一个完整的活动。所以减排项目的所有细分活动都有一个完整的过程，而不是简单的前后顺序。

第二，整体性和方向性。

所有的 CCER 减排项目，作为推动全社会减排的手段，在总体目标上和国家的"碳达峰碳中和"目标及能耗双控目标是一致的，是独立于强制政策之外的辅助手段。在这个问题上，整体性表达了什么意思？一个减排项目是由各个单元组成的项目，独立而联系密切。由于资源和路径的原因，各单元点形成大小不一的群组，组成整体空间结构。适度细分活动体系可以提高工作效率、降低风险、控制损害、减少交流距离等。从中观和微观角度来看，项目活动的组织和实施具备整体性特征。

第三，动态性和结构性。

项目只要是活动，就有动态过程和结构性特征。动态性方面，表现在减排项目从实施过程到开发和签发过程是一个动态过程。国际碳市场的政策和减排价值取向变化，会导致项目活动呈现动态变化。国际碳市场包括欧盟、美国、日本、加拿大、澳大利亚等地的碳市场，会进行清洁发展机制方法学的调整，这些调整要求项目活动按最新评估工具调整方案。目前整个 CCER 沿用的基础框架来自 CDM 方法学体系，CDM 方法学体系也会根据时间和空间变化进行微调。虽然大的原理不变，但通过微调以适应最新的国际社会基本情况是一个动态过程。

结构性方面，项目单元是一个独立的结构，每个细分活动单元都有独立的组织实施路径和结果。比如 SDG 评估项目中，联合国 17 个可持续发展目标的实施都要采取相应的活动组织和行动安排。项目管理内部呈现一个网状结构，立体空间结构从各个方面看都是网状结构，这也是项目逻辑性的一个特点。

第四，有序性和数量性。

关于有序性，所有减排项目都有时间性，呈现顺序性特点。减排项目实施过程中，项目设计文件里要写清楚项目实施过程的时间线，包括董事会决议安排、可研报告的财务分析、实施动机及全过程，要具体到每个时间节点、人员安排、参与项目的结果等，这些都是项目实施过程逻辑性的真实反映。

关于数量性，减排项目是有关时间和空间的活动，项目活动的每部分、每条路径、每个区域都有明确范围和确定的时间范围，项目活动各个方面都具有数量性。比如做一个减排项目开发，项目对当地村民或居民带动就业情况、就业数据、签订材料、发放工资等都要提供大量发票或有效证明，这个过程非常严谨。减排量的计算也体现出"数量性"特征，减排项目实施前，必须建立清晰的基线排放情景，即项目未实施情况下的排放量估算。该基线应覆盖所有相关排放源，如电力消耗、交通运输、化石燃料燃烧以及厌氧条件下的甲烷排放等。这些基线数据为后续的减排量核算提供了关键参照。实施减排项目后，项目活动过程中，利用甲烷是否泄漏、排废料，或产生额外排放，减少或没有排放的情况，都要详细计算。比如甲烷再利用发电，与以前场景相比基本没有排放，运输工具改为管道运输，项目实施过程中没有交通排放。需要根据不同项目的活动场景计算所有减排量产生的来源数据。

3. 减排项目开发过程和步骤

通常减排项目的开发过程包括以下几个关键步骤：项目准备、项目设计、项目实施、项目监测和项目验收。每一个步骤都有重要性和独特的要求，确保减排项目顺利进行，并达到预期的减排效果。

一是减排项目准备阶段。在这个阶段，项目开发者需要进行项目的可行性研究，评估项目的环境影响、经济效益和社会效益。这包括收集和分析相关数据，确定项目的基本参数和边界条件。项目准备阶段的工作非常重要，将为后续的减排项目设计和实施打下基础，确保减排项目具有科学性和可行性。

二是减排项目设计阶段。项目设计阶段是整个减排项目的核心环节，涉及详细的减排技术方案设计、实施计划的制订和资源配置。减排项目设计需要考虑减排技术的选择、实施路径的确定、监测和评估方法的制定等内容。一个合理的项目设计，能够有效提升项目的减排效果和管理效率。

三是减排项目实施阶段。项目实施阶段是将设计方案付诸实践的过程。在这个阶段，项目开发者按照设计方案实施具体的减排措施，包括设备安装、技术改造、运营管理等。项目实施阶段需要严格按照计划进行，确保每一个环节都顺利推进，避免出现偏差和风险。

四是减排项目监测阶段。项目监测阶段是对减排项目的实施效果进行跟踪和评估的过程。在这个阶段，项目开发者需要通过监测设备和技术手段，对项目实施过程中产生的减排效果进行实时监控和数据收集。项目监测的数据和结果是评估项目效果和改进项目管理的重要依据。

五是减排项目验收阶段。项目验收阶段是对减排项目整体效果进行最终评价和确认。项目验收需要依据相关标准和规范，对项目实施效果、数据监测结果和管理流程进行全面审查，确保项目达到预期的减排效果，并能顺利通过主管部门的审核和专业机构的认证。

需要注意的是，减排项目开发过程中，各个阶段相互关联、环环相扣，每一个环节的工作质量都直接影响项目的整体减排效果。因此，项目开发者需要高度重视每一个环节的工作，确保整个减排项目开发过程科学、规范、有序。

在实际操作中，减排项目的开发还需要考虑一些细节问题。比如，项目的财务管理、风险控制、利益相关者的沟通等。这些细节问题看似琐碎，实则对项目的成功实施和长期运行至关重要。

总之，减排项目开发是一个复杂的系统工程，涉及多个环节和细节。只有在各个环节都做到科学、规范、有序，才能确保减排项目的顺利实施和预期效果的实现。

三、CCER 项目开发的工具

1. 国内外碳市场政策工具

国际国内碳市场的政策法规工具在减排项目开发中非常重要。减排项目开发必须符合相应的政策法规。不同的政策对项目的额外性可能产生影响，这需要详细研究。各种国际碳市场的政策法规是减排项目获得支撑的重要依据。如果涉及强制减排的政策措施，对自愿减排项目来说是一项重大障碍。例如，如果一个减排项目开工前被纳入国家强制管理的范围，就不能申请自愿减排项目的开发，因为已受强制性减排管理。

国内的碳市场政策也非常重要，近年来我国出台了各行各业的绿色低碳政策，包括农林、交通、建筑、能源产业等。此外，还有国家和地方政府的激励措施。常用的文件包括《联合国气候变化框架公约》《联合国可持续发展目标》《〈关于消耗臭氧层物质的蒙特利尔议定书〉基加利修正案》和 IPCC 相关报告等。国内的文件包括《中国落实国家自主贡献目标进展报告（2022）》《中国应对气候变化的政策与行动 2024 年度报告》《关于进一步加强生物多样性保护的意见》《完善能源消费强度和总量双控制度方案》《2030 年前碳达峰行动方案》《中华人民共和国湿地保护法》《节能减排补助资金管理暂行办法》《碳排放权交易管理暂行条例》等。

此外，还有各地的法规规章文件，如《上海市低碳示范创建工作方案》《北京市低碳出行碳减排项目审核证与核证技术指南（试行）》等。这些地方性文件和规章制度也是项目是否为合规自愿减排项目的识别前提。

2. 额外性评估工具

额外性评估是减排项目的核心问题之一。CCER 项目强调额外性，主要是为了鼓励社会主体自主参与额外减排。额外性可以简单理解为在 CCER 的支持下，该项目可以克服融资、关键技术等方面的困难，产生额外的减排量。项目的基线和额外性评估非常重要，明确基线才能成立减排项目。额外性涉及项目减排额转让交易时全球环境效益的完整性，如果额外性的执行标准不统一，会导致交易障碍。例如，CCER 项目开发如果与国际或区域市场执行标准不一致，是无法相互交易的。额外性评估具有时效性，随着技术进步和商业化进程的推进，基准标准会发生变化，导致有些项目的评估失去额外性。

额外性还具有地域性特征，由于燃料价格、技术水平和地区选择的差异，同一类型项目在不同地区的额外性评估结果可能不同。[1] 例如，同一个项目在广东的额外性可能不足，但在内蒙古、新疆、西藏等地便具备适用条件。额外性与鼓励政策法规的互补性也是需要考虑的内容，通常鼓励政策与减排机制是并行不悖的，但在额外性问题上可能发生冲突，需要妥善陈述鼓励政策对项目有效性的范围和程度。

通常额外性评估工具包括以下四个方面：基准线替代方案、投资分析方法、障碍分析方法、普遍性分析方法。

（1）基准线替代方案，需要符合现实和可信的替代方案，提供同等质量特性和应用领域的产出和服务，符合强制性法律法规要求。

（2）投资分析方法，包括简单成本分析法、投资比较分析法、基准分析法。

（3）障碍分析方法，包括技术和管理障碍的证据，如法律法规、工艺规范、行业调研报告、官方统计资料、项目预可研报告、权威专家独立评估报告等。

（4）普遍性分析方法，需要解释项目活动与其他类似活动的本质区别，尤其是项目普及性较强的情况下，必须有大量技术材料论证项目的独特性。

3. 常规工具文件及参数文件

在减排项目中，需要使用大量的工具性文件和参数文件。例如，计算化石燃料燃烧产生的二氧化碳排放量工具，基线项目或电力消费的泄漏排放监测工具，并网可再生能源发电工具等各类文件。常用的参数文件包括 IPCC 报告中的默认值、国家公布的排放数值、燃油排放计算方法、碳含量转化公式等。

在项目监测数据方面，需要详细记录化石燃料消耗的电子档案、电表记录、甲烷和氧化亚氮的增温潜势值、交通工具行驶里程、汽油使用量等数据。这些数据来源必须符合方法学要求，并与默认值进行交叉核对，确保准确性。

常用的工具文件还包括公共建筑温室气体排放核算方法和报告指南、陆上交通运输企业温室气体排放核算方法和报告指南、中国区域电网基准线排放因子、计算电力系统排放因子的工具、IPCC 国家温室气体排放清单指南、中国能源统

---

[1] 陈迪. 利用 CDM 促进水泥行业资源综合利用的研究 [D]. 西南交通大学，2010.

计年鉴、ISO 14067 温室气体碳足迹量化要求和指南等。

以上内容是减排项目开发的核心。这些内容对于减排项目的开发至关重要，但如果没有深入了解减排项目开发的业务流程，往往难以感受到其重要性。

四、CCER 项目开发实践

CCER 项目开发实践包括六个方面：CCER 项目开发的流程，CCER 项目识别，商务流程，CCER 项目 PDD（Project Design Document，项目设计文件）文件审定监测和核证的报告，CCER 碳金融实操模型，风险防范。

第一，CCER 项目开发的流程。2023 年 10 月生态环境部新发布的《温室气体自愿减排交易管理办法（试行）》与旧的《温室气体自愿减排交易管理暂行办法》（2012 年）相比，在适用范围、主管部门、审定核查机构、注册登记机构、交易机构、项目方法学、申请条件、开发流程等规则方面进行了调整。特别是项目开发流程由六个步骤变更为九个步骤，如表 11-1 所示。

表 11-1　CCER 项目开发新旧流程对比

《暂行办法》（旧）	《管理办法》（新）
【依据】第十四条、第十五条、第十六条、第十七条、第十八条、第十九条、第二十条、第二十一条、第二十二条。 1. 项目文件设计 项目业主编制《项目设计文件（PDD）》。 2. 项目审定 （1）项目业主委托审定机构进行审定。 （2）审定机构审定并出具《项目审定报告》。 3. 项目备案 （1）项目业主向发展改革委申请 CCER 项目备案，部分央企直接向国家发展改革委申请备案，其余企业法人通过省级发展改革委提交备案申请，再由省级发展改革委转报国家发展改革委。 （2）国家发展改革委委托专家进行技术评估，评估时间不超过 30 个工作日。	【依据】第十一条、第十二条、第十三条、第十四条、第十五条、第十六条、第十八条、第十九条、第二十条、第二十一条、第二十二条。 1. 项目文件设计 （1）项目业主编制《项目设计文件（PDD）》。 （2）项目业主委托审定与核查机构进行审定。 2. 项目公示 PDD、审定与核查机构通过注册登记系统挂网公示 20 个工作日。公示期间，公众可以通过注册登记系统提出意见。 3. 项目审定 审定与核查机构审定后出具《项目审定报告》，包含对公示期间收到的公众意见处理情况的说明，《项目审定报告》上传注册登记系统公示。 4. 项目登记 （1）项目业主向注册登记机构申请 CCER 项目登记。

（续）

《暂行办法》（旧）	《管理办法》（新）
（3）国家发展改革委根据专家评估意见对项目备案申请进行审查，30个工作日内对审核通过的项目予以备案，并在国家登记簿登记。 4. 项目实施与监测 项目业主开展项目，并对项目实施情况进行数据收集和日常监测，编制《减排量监测报告》。 5. 项目减排量核证 （1）项目业主委托核证机构进行核证（对年减排量6万吨以上的项目，核证机构与审定机构不得是同一个）。 （2）核证机构核证后出具《减排量核证报告》。 6. 项目减排量备案 （1）项目业主向国家发展改革委申请项目减排量备案。 （2）国家发展改革委委托专家进行技术评估，评估时间不超过30个工作日。 （3）国家发展改革委根据专家评估意见对减排量备案申请进行审查，30个工作日内对审核通过的减排量予以备案，并在国家登记簿登记。	（2）注册登记机构对申请资料进行形式审核，审核期为15个工作日，审核后对审核通过的项目进行登记。 5. 项目减排量核算 （1）项目业主编制《减排量核算报告》。 （2）项目业主委托审定与核查机构进行核查（与负责项目审定的机构不能是同一个）。 6. 项目减排量公示 《减排量核算报告》审定与核查机构通过注册登记系统挂网公示20个工作日。公示期间，公众可以通过注册登记系统提出意见。 7. 项目减排量核查 审定与核查机构核查后出具《减排量核查报告》，包含对公示期间收到的公众意见处理情况的说明，《减排量核查报告》上传注册登记系统公示。 8. 项目减排量登记 （1）项目业主向注册登记机构申请项目减排量登记。 （2）注册登记机构对申请资料进行形式审核，15个工作日内对审核通过的项目减排量进行登记（"核证自愿减排量"）。 9. 项目实施与监测 项目业主开展项目，并对项目实施情况进行数据收集和日常监测，编制《减排量监测报告》。

CCER项目从开发到最后签发交易是一个完整的流程，需要企业具备可研环评核准的批复、环评批复文件、开工建设文件、完工验收文件和项目运行过程中的所有文件。这些文件是减排项目开发的基础资料，为项目文件设计做准备。完成项目文件设计后，进入项目公示阶段，20个工作日内公众可以通过注册登记系统提出意见。公示结束后进入项目审定环节，审定机构会根据项目进行现场审定和文件审查，提出问题并要求回复。审定机构进行内部审定后形成审定报告，所有问题回复完毕后，审定机构出具审定报告。

审定完成后进入项目登记环节。项目业主向注册登记机构申请CCER项目登记。注册登记机构对申请资料进行形式审核，审核期为15个工作日，审核后对审核通过的项目进行登记。登记完成后进入项目减排量核算环节，项目业主编制《减排量核算报告》，审定与核查机构通过注册登记系统挂网公示。然后进入减排量核查，核查后进行减排量登记，形成可以交易的减排量。之后项目业主还要继续对项目实施情况进行数据收集和日常监测。

第二，CCER项目识别。在项目开发实践中，项目识别非常重要，没有项目识别会带来巨大的开发风险。项目识别主要从项目的逻辑性、额外性和减排量估算等环节进行考量，还需结合具体政策进行判断。光伏项目等替代了化石燃料产生的电力消耗，但如果基线场景普遍，项目从额外性论证上就无法获得签发。此外，减排量的估算也非常重要，严格实施减排行为，实现预期的目标，才能确保产生减排量。

第三，商务流程。项目开发评估为低风险后，进行商务洽谈环节。新入行的公司往往不熟悉项目开发过程和商务模式，市场拓展困难。开发方式主要围绕降低开发风险展开，包括付费开发和垫资开发两种方式。合同签订是商务流程中的重要环节，合同内容包括生效日期、期限、职责、权利义务、服务费用、账户信息、税费承担、保密措施、司法规避、协议终止、争议解决和不可抗力描述等。垫资开发往往是碳市场主体或者碳市场发展初级阶段的形态，市场相对成熟后，转向付费开发方向。

第四，CCER项目PDD文件审定监测和核证的报告。PDD文件内容主要包括项目活动描述、基准线及监测方法学应用、活动期限及计入期、环境影响和利益相关方评价意见等，农林类项目还需要提供项目矢量图。审定报告包括审定概述、审定程序和步骤、审定发现和审定结论及相关文件清单。监测报告包括项目活动描述、项目活动实施、监测系统描述、数据和参数、温室气体减排量计算等。核证报告包括项目核证概述、碳减排量核证程序、核证发现、核证结论及参考文献。

第五，CCER碳金融实操模型。主要包括置换交易，控排企业可以使用CCER抵消碳配额的清缴，一般比例不超过清缴碳配额的5%。此外，企业可以通过CCER项目开发或CCER一级市场现货交易获得CCER资产，实现碳资产储备和降低履约成本。还可以基于市场分析，采用现货和远期交易等方式规避价格波动，实现保值。

第六，风险防范。CCER项目开发的风险主要包括政策风险、市场风险和项目风险。政策风险是由于碳市场属于政策性市场，政策变化和调整不可控，可能导致项目无法顺利签发。市场风险是供需变化导致核证减排量价格剧烈波动，价格长期低迷导致项目亏损产生的财务风险。项目风险是减排项目开发逻辑不完整、数据不准确等问题导致项目开发失败。解决方案包括加强专业知识培训、提高项目识别能力、严格按照减排管理规范开发项目等。

  以上是CCER项目开发实践的六个方面。通过这些内容的学习，读者可以对减排项目开发有一个初步的认识，并通过具体的业务操作掌握各个行业的专业知识和技能，系统了解减排项目开发的逻辑和工具文件的使用。

第十二章
企业碳资信评价体系及应用

随着气候变化问题日益成为全球关注的焦点，气候风险对经济主体信用状况的影响日益显著。在此情景下，经济主体"气候信用"状况的变化和评估变得至关重要。为进一步促进行业、企业参与和投资碳中和，企业碳资信评价体系建设成为必要的举措，以此建立相应的标准和规范，并在市场中逐步应用，已获得市场主体的广泛认可。

一、企业碳资信评价思路

本节重点介绍什么是企业碳资信、为什么要评价企业碳资信、企业碳资信评价思路与模型、企业碳资信评价基本框架、企业碳资信评价方法和企业碳资信评价程序。

1. 什么是企业碳资信

企业碳资信是指在应对气候变化与碳中和目标的背景下，企业履行承诺的意愿和能力。这一概念的提出，旨在反映企业在新的发展环境下的资信状况，即企业在气候变化和碳中和目标下的适应性和竞争力。

企业的碳资信不仅受气候变化的直接影响，还受非气候环境因素的影响。这些因素包括政策、技术、市场和消费者偏好的变化，它们通过影响企业的资源价值、资产价值和现金流，进而影响企业履行承诺的能力。

碳资信评价可以作为金融机构评估企业碳风险和碳机会的专门工具，帮助企业展示其在绿色低碳方面的实践和成效，降低融资成本，提高市场竞争力。随着人们对气候风险管理重视程度的提高，碳资信评价有望成为企业资信评价的重要组成部分。

2. 为什么要评价企业碳资信

评价企业碳资信的必要性源于气候变化带来的风险和机遇，这些因素共同影响企业的资信状况。随着碳排放成为企业成本的一部分，减排量转化为企业资产，企业的碳管理能力变得至关重要，它能够为企业带来竞争优势。

碳资信评价试图准确反映对企业资信有实质性影响的碳因素，并合理评估企业的碳风险和价值。这一评价机制对于理论探索和实践应用都具有重要意义，有助于填补当前气候风险评估方法的空白，提高地方政府、投资者和金融机构对气候与环境风险的认识和管理能力。

此外，随着企业对气候风险影响认识的加深，企业需要将这些因素纳入决策范围，并展示其真实的资金状况。碳资信评价提供了一种工具，帮助企业展示其在绿色低碳方面的努力和成效，从而获得金融机构的支持和投资者的青睐。

碳资信评价还有助于金融机构规避碳风险，筛选投资标的，地方政府进行招商引资，以及推动主管机构将环境社会和治理（ESG）因素纳入评级体系。这一评价机制的推广和应用，将促进企业和金融机构更好地应对气候变化带来的挑战。

3. 企业碳资信评价思路与模型

企业碳资信评价是一个多维度的分析过程，旨在综合考量企业在气候变化背景下的财务表现和风险管理能力。这一评价体系的思路是通过一系列精心设计的指标，对企业的碳表现进行量化评估。企业碳资信评价不仅考虑到气候变化对企业的直接影响，还涵盖了非气候环境因素的间接影响。由这一评价体系可知，企业资信状况是多级行为主体互动的结果，受国家政策、地方政府、产业动态和客户需求等因素的影响。

首先，评价体系会考虑企业的碳资产和非碳资产的风险。碳资产风险评估关注企业在碳排放权交易、碳信用获取等方面的能力，而非碳资产风险涉及企业传统资产在气候风险下贬值的可能性。

企业综合实力是评价体系的另一核心组成部分，包括人员实力、财务状况、经营状况与科研和创新实力。这些指标共同描绘了企业在碳管理方面的综合能力。

为了具体实施评价，评估机构设计了一套详细的数据采集和打分机制。企业需要提供财务报表、供应链信息、碳资信基础信息和综合实力信息等数据。这些数据将按照既定的评分标准进行量化，以确保评价的客观性和准确性。

其次，评价体系还包括了对企业在节能减排、技术研发和生产经营等方面具体表现的评估。通过这些细致的评估，可以准确把握企业在碳资产管理和风险控制方面的能力。

最后，企业碳资信评价的结果为企业在绿色金融领域提供了重要的参考依据，帮助金融机构和投资者做出更为明智的投资决策。

企业碳资信评价是一个综合性的分析过程，在评价企业碳资信时，采用了一个多维度的模型，该模型将气候变化风险性和企业易损性视为一个非线性函数。气候变化风险性由直接和间接致险因子共同决定，企业易损性则通过企业的暴露度、敏感性和应对能力来评估，见图12-1。

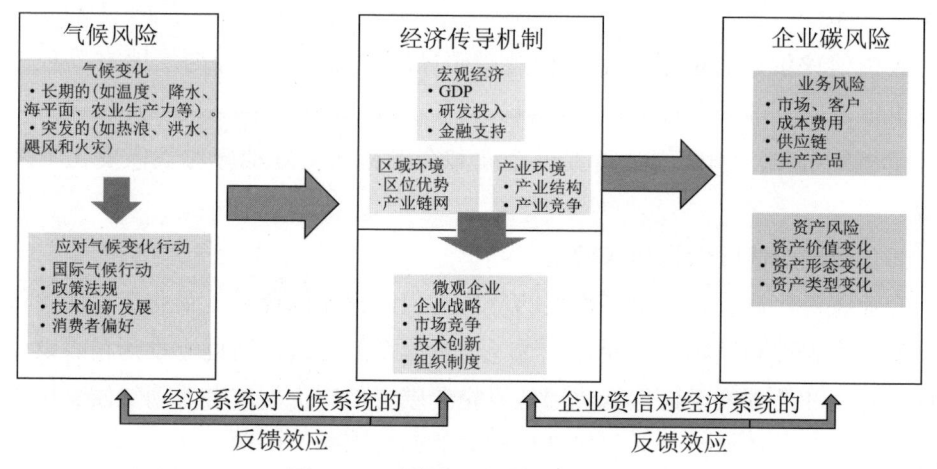

图12-1 碳资信评价模型构建原理

评价模型的核心在于分析企业在不同层面上面临的风险和机遇，包括宏观层面的国家政策、区域层面的环境因素、产业层面的竞争状况和企业层面的内部资源与能力。此外，评价模型还考虑了企业碳排放的范围一、范围二和范围三，以及企业在不同气候情景下的资产风险。通过这种全面的方法，企业碳资信评价能够为金融机构提供关于企业在气候变化背景下综合资信状况的深入见解。

4. 企业碳资信评价基本框架

在进行企业碳资信评价时，构建了一个基本的二元架构和四层推进机理框架。这一框架的核心在于将评价划分为业务风险和资产风险两大类，这与传统资信评价中业务风险和财务风险的二元架构有所不同，见图12-2。

第十二章　企业碳资信评价体系及应用

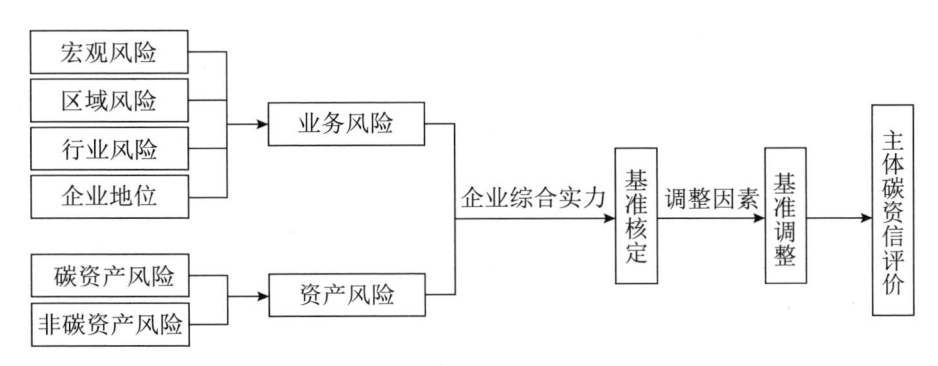

图 12-2　企业碳资信评价框架

业务风险的评估涵盖了宏观风险、区域风险、行业风险和企业地位四个层面。这些层面共同构成了企业在碳排放和气候变化适应性方面所面临的业务风险。资产风险的评估则关注企业在气候风险下的资产价值动态变化，包括碳资产风险和非碳资产风险。

此外，企业综合实力的评价也是框架的一部分，包括了企业人员实力、财务状况、经营状况和科研与创新实力等多个维度。这一部分的评价有助于揭示企业在碳管理方面的潜力和实际表现。

整个评价过程遵循了四层推进的逻辑：首先是评级因素的确定，其次是评估这些因素的重要性，再次是基准的核定，最后是根据其他因素进行基准调整。这一系列步骤确保了评价的系统性和科学性。

什么是四层推进机理？企业碳资信评价的四层推进机理是评价流程的关键组成部分，确保了评价的全面性和深入性。

第一层是评级因素的确定，包括宏观风险、区域风险、行业风险和企业地位等关键主题。

第二层是评估这些因素的重要性，确定它们的显著度和可能性，并据此进行排序打分。

第三层是基准核定，即确定评级因素和权重后，收集数据并打分，得到企业碳资信的初始得分。随后，考虑非碳因素对企业碳风险和碳价值的影响，并构建企业综合实力指标体系，进一步核定企业的基准等级。

第四层是基准的调整，考虑如集团支持、多元化等可能影响碳资信评价等级的因素。最终根据企业的初始得分、综合实力得分和调整系数，确定企业的碳资信等级。

这一推进机理不仅确保了评价的科学性和有效性，还通过细致的分析和综合考量，为企业在气候变化和碳中和背景下的资信状况提供了全面的评估，见表 12-1。

表 12-1　企业碳资信等级划分及含义[①]

得分 / 总分	等级符号	含义
95% 以上	AAA	企业在碳中和环境下适应性和竞争力极高，履行承诺的意愿和能力极高
90%～95%（含 95%）	AA	企业在碳中和环境下适应性和竞争力很高，履行承诺的意愿和能力很高
84%～90%（含 90%）	A	企业在碳中和环境下适应性和竞争力较高，履行承诺的意愿和能力较强
76%～84%（含 84%）	BBB	企业在碳中和环境下适应性和竞争力一般，履行承诺的意愿和能力一般
68%～76%（含 76%）	BB	企业在碳中和环境下适应性和竞争力偏低，履行承诺的意愿和能力偏低
60%～68%（含 68%）	B	企业在碳中和环境下适应性和竞争力较低，履行承诺的意愿和能力较低
55%～60%（含 60%）	CCC	企业在碳中和环境下适应性和竞争力很低，履行承诺的意愿和能力很低
50%～55%（含 55%）	CC	企业在碳中和环境下适应性和竞争力极低，履行承诺的意愿和能力极低
50% 以下	C	企业在碳中和环境下适应性和竞争力基本为零，履行承诺的意愿和能力基本为零

5. 企业碳资信评价方法

企业碳资信评价方法结合了定量评价和定性评价，以建立科学的评价模型。评价模型的得分采用加权平均法计算，涉及一级指标的得分，如业务风险和资产风险，并通过二级指标的打分来计算。

定性评价是基于数据库数据采集、问卷调查、现场调查和二手资料收集，通过专业委员会进行风险等级的定义评价。建立了业务风险评价和资产风险评价的专家委员会，以减少主观评价的空间，并通过统计方法辅助专家评分。

定量评价则依赖企业数据的采集，包括当前的碳排放数据、历史减排数据和前瞻性数据，以及行业排放数据、行业竞争数据和碳技术评价数据。这些数据的收集和分析为企业碳资信的量化提供了依据。

---

① 参见《企业碳资信评价规范》（T/CECA-Go 189-2022）。

在评价过程中，指标权重的确定和赋值是通过主观赋权法、客观赋权法和主客观综合集成赋权法等方法来实现的。专家组和专业评价人员根据企业的相关资料进行打分，确保了评价的专业性和准确性。

6. 企业碳资信评价程序

企业碳资信评价程序是一个系统化的过程，从需求分析开始，根据评价需求组织人员进行初评，确定资信等级，然后进行复评。复评可以由资信评价公司或权威机构如上海环境能源交易所来执行。评价结果发布后，相关材料将被保存，并进行结果跟踪。

在评价过程中需要遵循一系列基本要求，以确保评价的科学性、有效性和公平性。评价机构应遵守回避利益冲突原则，并建立合格的质量控制、内部监督和档案保管制度。评价周期的确定应考虑评价对象的规模和生命周期特征，以及通过第三方机构进行数据核查的重要性。

此外，评价过程中使用的数据应具有动态性和权威性，参考最新认可的风险数据和官方认可的能源数据和财务数据。信用评级的使用周期通常为一年，超过这一周期需要重新进行评级。

这一评价程序为企业提供了标准化、透明化的碳资信评估，帮助企业更好地理解和应对其在气候变化背景下面临的风险和机遇。

二、企业碳资信评价体系

企业碳资信评价体系涉及三部分内容。第一部分是企业碳资信评价的行业划分，第二部分是企业碳资信评价体系设计，第三部分是企业碳资信评价指标体系。

1. 企业碳资信评价的行业划分

企业碳资信评价体系在实施过程中会对不同行业的企业进行细致的分类。这一行业划分是基于企业在气候变化背景下的风险暴露和战略适应性，见表12-2。

表 12-2 适用碳资信评价的行业划分

序号	类型	行业
1	重点排放单位	年度温室气体排放量达到2.6万吨二氧化碳当量的发电企业
2	高排放企业（非重点排放单位）	八大行业（石化、化工、建材、钢铁、有色金属、造纸、电力、民航）中的非重点排放单位，自来水生产、港口、机场、水运、商场、宾馆、商务办公等高排放行业企业

(续)

序号	类型	行业
3	可再生能源企业	风能、太阳能、生物质能、地热能、海洋能、水能、氢能等可再生能源行业的上下游企业
4	绿色减碳企业	从事节能减碳、零碳、负碳技术研发，设备制造，工程安装，合同能源管理，综合能源服务，第三方专业技术服务等业务的企业
5	投资机构	商业银行、基金、证券、信托、保险、融资租赁、担保等行业开展气候投融资、碳信用、碳资产管理、碳金融等业务的企业
6	其他企业	除上述五类企业外的企业，包括但不限于机电产品、纺织品、化学品、互联网等行业的企业，从事钢铁、水泥、化肥、铝、机电产品、纺织品和化学品等产品贸易的企业

以下是对企业碳资信评价行业划分的具体说明。

（1）重点排放单位，如年度温室气体排放量达到 2.6 万吨二氧化碳当量的发电企业，这类企业被强制参与全国碳市场交易，因此面临的碳风险具有特殊性。

（2）高排放企业（非重点排放单位），如石化、化工、建材、钢铁、有色金属、造纸、电力和民航八大行业中的非重点排放单位。部分企业虽然短期内可能还未参与全国碳交易，但可能受地方政策的影响。

（3）可再生能源企业，涵盖风能、太阳能、生物质能等可再生能源行业的上下游企业。

（4）绿色减碳企业，这些企业专注于节能减碳、零碳、负碳技术的研发，设备制造和技术服务等。

（5）投资机构，如商业银行、基金、证券、信托和保险公司等，这类机构在气候投融资、碳信用管理和碳金融业务中扮演重要角色。

（6）其他企业，包括机电产品、纺织品、化学品、互联网等行业的企业，以及从事钢铁、水泥、化肥、铝等产品贸易的企业。

这样的行业划分有助于准确地评估企业在气候变化和碳中和目标下的资信状况，从而为金融决策提供针对性参考。

2. 企业碳资信评价体系设计

企业碳资信评价体系的设计，旨在全面评估企业在气候变化和碳中和背景下面临的风险和机遇。该体系从业务风险和市场风险两个维度展开，具体评价宏观风险时，考虑气候变化、气候政策和经济转型等因素。

宏观风险的评价，通过一系列科学指标来反映全球气候变化状况，如温室气体浓度、海平面上升、海洋热度和海洋酸化。同时，还考虑了全球和国内气候政策、经济转型情况，以及消费者、投资者和企业对碳中和的适应情况。

区域风险的评价则侧重地理区位、低碳基础、区域政策和产业发育等因素。这些因素共同决定了企业在区域层面的气候风险暴露度和敏感性。

行业风险的评价体现在碳的友好性、产业链和竞争程度三个方面。这一评价揭示了行业在全球气候变化和中国"碳达峰碳中和"目标下的适应性和竞争力。企业地位的评价则关注企业的资源和能力，这些因素决定了企业适应气候变化和碳中和情景的关键能力。资产风险的评价区分了碳资产风险和非碳资产风险，考虑了物理风险和转型风险对企业资产的影响。综合实力的评价则涵盖了企业人员实力、财务状况、经营状况和科研与创新实力等多个维度。

整个评价体系的设计，旨在通过细致的分析和综合考量，为企业的碳资信提供全面的评估，帮助企业更好地理解和应对其在气候变化背景下面临的风险和机遇。

3. 企业碳资信评价指标体系

企业碳资信评价指标体系，是一套为不同规模企业量身定制的评价工具，并根据应用场景的不同而有所差异。该体系包括了宏观风险、区域风险、行业风险、企业地位、碳资产风险、非碳资产风险和企业综合实力等多个维度。

在评价过程中，企业需要提供财务报表、供应商和客户数据、碳资信基础信息和综合实力信息。这些数据将根据评分标准进行量化，以确保评价的客观性和准确性。

评价体系的设计考虑了企业的多样性，特别为中小企业提供了加分项，以鼓励中小企业在节能减排、技术研发和市场竞争力方面加大努力。通过这一体系，企业可以更好地展示其在绿色低碳方面的成就，并为金融机构提供决策参考。

此外，针对供应链的碳资信评价指标体系，采取了行业、供应链整体和核心企业三位一体的架构，以供应链核心企业为评价重点，同时兼顾上下游的供应商和客户，从而对整个供应链的碳资信状况进行全面评价。

这一指标体系的设计旨在为企业提供一个全面、透明、可量化的碳资信评价框架，帮助企业在气候变化和碳中和的大背景下，更好地定位自身并制定相应的战略。

三、企业碳资信评价案例分析

企业碳资信评价的案例分析分三个部分：第一部分是以普惠碳资信为例，介绍企业碳资信评价流程，第二部分讲述企业碳资信评价的应用场景，第三部分为企业碳资信评价的试点应用。

1. 企业碳资信评价流程

普惠碳资信评价流程是一套为中小企业量身打造的评估体系，旨在帮助这些企业在绿色金融领域获得更好的融资条件。该流程包括资料收集、指标打分、分值计算、企业碳资信基准得分核定、企业碳资信等级锚定、企业碳资信等级调整和评价报告撰写等多个步骤，见图12-3。

资料收集	指标打分	分值计算	企业碳资信基准得分核定	企业碳资信等级锚定	企业碳资信等级调整	评价报告撰写
• 需收集企业财务报表、"被评级企业供应商及其客户数据""普惠碳资信基础信息表"和"普惠碳资信企业综合实力信息表"	• 通过原始数据分析，结合给出的评分标准，对"普惠碳资信基础评价指标体系"和"普惠碳资信企业综合实力指标体系"中的各项指标进行打分	• 根据指标打分，结合各指标的权重，按照分值计算的步骤，计算企业的"企业碳资信初始得分"和"企业综合实力得分"	• 结合企业碳资信初始得分和企业综合实力得分，根据企业综合实力调整系数表格，核定企业碳资信基准得分	• 根据企业碳资信基准得分和评价等级间的映射关系，确认企业碳资信基准等级	• 根据每个等级内的调整因素，可以对企业的碳资信基准等级进行上下半级的调整，从而确定最终的企业碳资信等级	• 根据企业碳资信报告模板撰写企业碳资信评价报告

图12-3 普惠碳资信评价具体实施流程

在资料收集阶段，企业需要提供财务报表、供应商和客户数据、碳资信基础信息和综合实力信息。这些信息将作为评价的基础材料，用于后续的数据分析和打分。

评价过程中，专家会根据企业提供的数据，结合评价指标体系，对各项指标进行打分。打分完成后，根据指标权重计算企业的初始得分和综合实力得分。这些得分将用于确定企业的碳资信基准等级。

确定基准等级后，评价流程还会考虑一些调整因素，如集团支持、业务多元化等，这些因素可能对企业的最终碳资信等级产生影响。经过综合考量，最终确定企业的碳资信等级。

完成评级后，将根据评价报告模板撰写详细的评价报告，为企业提供关于其碳资信状况的全面分析。这份报告不仅对企业具有重要参考价值，也为金融机构提供了重要的决策依据。

普惠碳资信评价流程的实施，为中小企业提供了一个展示其气候变化适应性和低碳发展能力的机会，同时也推动了绿色金融业务的发展。

2. 企业碳资信评价的应用场景

企业碳资信评价的应用场景广泛，并为企业、金融机构和政策制定者提供了宝贵的信息。以下是一些主要的应用场景。

（1）绿色金融。企业碳资信评价结果可以作为银行发放绿色信贷、信用评级公司发行绿色债券的依据，以及作为基金、保险和信托等金融机构投资决策的参考。

（2）地方政府的绿色发展体系。评价结果有助于地方政府评估企业或园区对碳的适应性和友好性，为建设零碳园区、认证节能减碳企业和低碳示范园区提供重要指标。

（3）指数构建。根据评价结果，可以构建上市公司碳资信评价指数、碳竞争力指数，并据此进行竞争力排名。

（4）环境、社会和治理（ESG）评级体系。企业碳资信评价可以作为ESG评级体系的一个重要组成部分，特别是在评估企业环境绩效方面。

随着企业碳资信评价体系的推广，其应用场景将不断扩展，为各方提供更多价值。

3. 企业碳资信评价的试点应用

自2021年启动以来，企业碳资信评价已在全国范围内开展试点应用。这一评价体系得到了众多专家、学者、政府部门和金融机构的参与和支持。《企业碳资信评价规范》已经发布并正式实施，由中国节能协会归口管理。

以试点应用来看，在宁波，该评价体系首次应用于普惠金融。宁波市生态环境局联合宁波市金融监管局、人民银行宁波中心支行、宁波银保监局和国网宁波供电公司等单位，开展碳资信评价体系建设及金融应用试点，并将评价结果作为小微企业绿色贷款的重要参考。这一试点显著提高了企业的融资便利性，降低了融资成本，并为企业带来了实质性的好处。

除了宁波，宜兴、常州、台州、徐州等地也在积极推动企业碳资信评价的实施。此外，该评价体系也在供应链、大型企业和园区等领域进行了探索，以期吸引更多企业的参与。

试点应用表明，企业碳资信评价体系不仅能为企业带来直接的经济利益，还能促进绿色金融的发展，支持地方政府实现绿色发展目标。

第十三章
碳管理体系建设

"碳达峰碳中和"目标提出以后，国家各部委以及地方省区市积极通过推动碳管理体系建设来助力实现碳中和。碳管理体系的四大子体系是碳管理体系的核心。其中，有效管理和利用碳资产，不仅关系到企业的环境绩效，也影响其经济效益。

一、碳管理体系背景和环境

全球气候变化带来的威胁、国际社会的环保要求和国内政策的推动，都使建立高效的碳管理体系成为必然。

1. 碳管理体系的重要意义

在政策方面，碳管理体系在2021年全国碳交易市场启动之前已经提出，该体系具有重要意义。

第一，碳管理体系是政府推动实现"碳达峰碳中和"目标的重要手段。"碳达峰碳中和"目标是我国在应对气候变化问题上的重要承诺，对我国经济发展具有重大影响。实现"碳达峰碳中和"目标是一场广泛而深刻的变革，随着《加快构建碳排放双控制度体系工作方案》的出台，我国将向"碳排放双控"全面转型，"十五五"期间在全国范围内实施"碳排放双控"制度，以强度控制为主、总量控制为辅。碳管理体系是推动低碳经济发展和实现国家考核指标的重要管理工具。

第二，碳管理体系是企业管理内外部风险的有效工具。全国碳市场启动以后，上海环境能源交易所（SEEE）总结了从2013年开始的地方碳市场经验，在调研过程中了解企业的实践需求，调研结果显示，企业需要关注外部和内部两方面的要求。外部要求主要来自行政考核压力。"十三五"期间，行政考核主要集中在能耗指标，国家将能耗指标分配给地方政府，但是地方政府一般会把具体指标分解到具体的重点能耗企业。然而，国家在"十四五"期间将考核重点从节能指标转向"碳达峰碳中和"指标，这意味着"能耗双控"向"碳排放双控"考核的转变。目前国家发展改革委正在制定相关细则，并将在"十五五"期间将"碳达峰碳中和"考核作为主要指标。碳排放考核和能耗考核不仅是指标的内容不同，从主体来看也有不同，能耗考核直接责任主体是政府，碳排放考核直接责任主体包括了政府和企业。随着企业内外部风险的变化，亟须建立一套行之有效、覆盖全生命周期涉碳的管理体系。

2. 实现碳管理体系的内外在要求

在碳中和实现过程中，政府和企业面临着不同层次的要求。

首先，行政上的要求。政府的考核方面，国家发展改革委将指标下达给省级政府，省级政府会将具体考核指标分解到下级行政区域。目前考核通常只到省级或直辖市级别，并未深入具体企业。尽管有时会对央企和地方重点排放企业进行总体考核，但总体上考核还是以政府为主。然而，未来这种压力将逐渐扩展，不局限于政府层面，而是明确重点排放企业的碳指标。随着行政考核要求的逐步强化，未来对重点排放企业的要求可能比碳市场考核还要严格。行政考核不限于国家层面，还包括地级市、区县等各级政府。这种压力将逐渐从上到下传递，因此，各级政府和重点排放企业将面临更高、更严格的考核要求。

其次，法律层面的要求。现在碳市场仍由生态环境部通过规章形式规定。2024年1月，国务院通过的《碳排放权交易管理暂行条例》发布，对企业参与碳市场提出法律上的要求。此外，学术界和专业机构也在研究相关立法。上海已在绿色金融领域制定相关立法，深圳、北京等城市也出台了侧重碳金融的法律。这些立法将对企业在碳管理方面提出更高要求。

再次，供应链方面的要求。供应链要求覆盖面更广，影响更大，强制性也更高。例如，苹果公司要求其供应商在2025年前使用可再生能源，否则将被剔除供应商名单。这对企业来说压力巨大，因为一旦失去大客户，将面临严重的经济损失。此外，碳中和园区的建设呼声日益高涨，对于园区内绿电绿证供应也存在较大需求。比如，常州作为新能源之都的代表，面临供应链对绿色能源的高要求，当地企业反映，如果没有绿色能源供应，生产成本将大幅增加，可能考虑将业务扩展到其他城市。

最后，国际贸易上的要求。欧盟碳边境调节机制（CBAM）已经开始实施。目前欧盟对中国外贸出口的影响有限，因为首批纳入CBAM的品种对中国出口影响不大。然而，未来 CBAM 的范围将逐步扩大，对中国企业的成本和出口产生更大影响。因此，中国需要提出自己的主张和应对策略，以免被动应对国际压力。

除了以上外部要求，一类企业还面临着自身转型发展和社会责任的内在需求。"碳达峰碳中和"目标提出后，各行业和部门纷纷响应，从政府到市场主体，从高碳行业到新能源产业，虽然目标各不相同，但核心需求都在于推动自身转型发展。例如，高排放企业如钢铁、水泥、有色金属和化工等传统八大行业，面对国内外的双重要求，首要任务是转型发展。宝钢等大型企业积极探索碳中和之路，如通过氢冶金等技术，推进能源革命和转型。另一类企业是拥有先进碳中和技术的新兴企业，如新能源企业。这些企业在"碳达峰碳中和"目标提出前已积累了多年技术储备，如光伏行业在过去十多年经历了亏损，但随着政策支持和融资成本降低，逐渐迎来了发展机遇。尽管新能源企业仍面临高负债率等问题，但其迫切需要通过碳管理体系将碳资产变现，并应对外部压力。

社会责任也是推动企业建立碳管理体系的重要因素。企业通过履行社会责任，可以提升品牌形象，获得社会认可和融资优惠。例如，企业在践行环境、社会和治理（ESG）原则时，不仅能获得市场的认可，还能在融资成本上享受优惠。这种内在驱动力使企业更加注重碳管理体系的建设。

二、碳管理体系总体架构

在构建企业碳管理体系时，需要明确几个关键问题，特别是"建什么"和"怎么建"。碳管理体系主要包括四大组成部分：碳排放管理体系、碳资产管理体系、碳交易管理体系、碳中和管理体系。

1. 碳排放管理的定义和体系建设

什么是碳排放管理？碳排放管理是碳管理体系的基础，涵盖了组织内部的碳排放，并结合国际形势变化，对产品碳足迹进行管理。国内早在 2011 年"十二五"规划时就提出了碳排放管理体系的概念，一些地方政府文件及地方标准也强调了碳排放管理的重要性。

（1）管理目标和适用标准。在具体实施碳排放管理体系时，企业需要根据自身需求确定管理目标和适用标准。例如，企业是为了履约还是为了满足国外机构或上下游的要求而实行碳排放管理？企业需确保所使用的标准满足这些需求。碳排放的定义涉及工业活动直接和间接向大气中排放的二氧化碳和其他温室气体。

（2）碳排放的核算。在中国，碳排放的核算包括直接排放和间接排放，如用电等。而在欧盟，核算侧重每个设施的直接排放。不同的核算标准和边界范围会导致排放量的计算结果存在差异。在核算碳排放时，需要考虑的国际标准包括 ISO 14064 等，尽管不同组织和地方可能有不同的计算方法和报告指南，但其核心计算方法基本上遵循 ISO 14064 的准则。

（3）排放系数和排放因子。排放系数和排放因子库的建立也是核算过程中的关键因素，需要国内外的统一和认可。除了组织层面的碳排放管理，企业还应考虑产品碳足迹的管理，包括供应链产品碳足迹和直接面对外部要求的产品组织管理。这要求企业在供应链中确保数据的准确性和可证明性，以满足国内外上下游的要求。

2. 碳资产管理的定义和体系建设

什么是碳资产？一般而言，碳资产是指企业通过减排项目所获得的碳排放权配额、碳信用等。碳资产的定义在不同行业中有所不同。根据会计和金融行业的标准，碳资产可以被定义为由碳排放权交易机制产生的新型资产。然而，这种定义可能过于狭窄，无法全面反映碳资产的特点。因此，对于碳资产，笔者提出了一个更广泛的定义：特定主体所拥有或控制的、预期会带来经济利益的、与温室气体有关的有形或无形资源。

（1）碳资产管理的重要意义。碳资产管理体系不仅对高碳排放企业至关重要，也对低排放企业和投资机构重大意义。根据笔者提出的标准，碳资产分为正资产和负资产，涉及抵押、技术改进、配额获取及贷款和利润等方面。碳资产管理涉及企业如何有效管理和利用其碳排放权和相关资源，以实现经济效益最大化。这包括碳排放权的交易、碳金融工具的使用及碳资产的评估和报告。

（2）碳资产管理面临的挑战。高碳排放企业在碳资产管理方面面临诸多挑战，包括如何处理正资产和负资产，以及如何通过技术改进获得更多配额。对于低排放企业而言，碳资产管理可能关系到能否在银行获得贷款，以及能否获得更多的商业机会。此外，投资机构做投资决策时，需要考虑哪些产品值得投资，投资后的收益如何，以及是否存在配额风险。

（3）碳资产管理建设的进展。中国在能源管理体系方面做出了重要贡献——将国家标准提升至国际标准。以上海为例，上海在推动能源管理体系方面已有 10 年历史，但真正建立该体系的企业还不多，这可能与政策实施后的成本回收和收益变现有关。案例分析显示，高碳企业由于生存压力，其在碳资产管理方面往往比其他机构更为积极。国外企业如壳牌和挪威国家电力等，在国际交易中的表现尤为突出。此外，一些高碳企业（如宝钢）已经开始在氢能和节能技术方面进行投资，显示出碳资产管理的多元化趋势。

（4）碳资产管理的实施。碳资产的管理涉及多个方面，包括碳资产的获取、维护、运行和处置。在获取碳资产时，需要考虑获取方式、成本和时间等因素。维护碳资产则类似于维护实物资产，需要定期检查和记录数据，以确保资产最大化。在运行过程中，需要考虑各种风险，并进行政策评估和融资考量。最后，在处置碳资产时，需要关注市场变化，并制定相应的拍卖和处置策略。

（5）碳资产管理制度和机制。为了有效管理碳资产，企业需要建立一套完整的制度和机制。例如，五大电力集团（如华能集团、大唐集团等）和四小电力公司（如国投电力、国华电力等）已经成立专门的碳资产管理公司，并制定了相关制度，以实现对碳资产的全方位管理。这些制度不仅包括具体的操作手段，还包括对碳资产活动的全面规划和管理。

总之，碳资产管理是一个复杂的过程，涉及多个方面和多个阶段。通过建立有效的管理制度和机制，企业可以更好地管理碳资产，从而在实现碳减排目标的同时，提高自身的竞争力和盈利能力。

3. 碳交易管理的定义和体系建设

什么是碳排放权交易？碳排放权交易是通过市场机制控制和减少二氧化碳等温室气体排放、助力积极稳妥推进"碳达峰碳中和"的重要政策工具。随着碳交易市场的逐步成熟，碳交易管理成为企业碳管理体系的重要组成部分。虽然目前并非所有企业都有进行碳交易的需求，但未来3～5年，随着市场的发展，企业将不可避免地参与到碳交易中。例如，非控排企业可能出于树立品牌形象的考虑，参与碳交易以实现碳中和目标。企业需要了解碳交易市场的规则和操作方法，并根据自身情况制定参与策略。

（1）碳交易管理的目的。在探讨碳交易管理时，企业需要明确其参与交易的目的，一般分为积极型、稳健型、被动型和学习型。

积极型参与者，如国泰君安，在2015年就获得了开展自营业务的批准，尽管当时并未受到广泛关注。随着时间的推移，人们逐渐认识到碳交易的重要性，其他券商也先后获得批准，开始积极参与市场。

稳健型参与者，理解并遵守碳交易的合规要求至关重要。中国的碳排放权交易首个案例出现在北京，涉及一家国有企业因无法购得足够的配额，而通过公开招标委托第三方服务机构购买配额。由于价格上涨，第三方机构无法履行合同，引发了法律纠纷。这一案例凸显了合规性在碳交易中的重要性。

被动型参与者，如某些控排企业，可能因为缺乏交易经验或对市场不熟悉而犹豫不决。例如，有企业花费1亿元购买碳配额，但在最终交易时犹豫不决，这体现了被动型参与者的特点。

学习型参与者，致力于掌握碳交易的基础知识，并希望通过实际操作增加对市场的了解。目前学习型参与者在市场中占较大比例。

（2）碳交易管理的交易计划。在进行碳交易时，企业需要制订明确的交易计划，包括买入或卖出的决策、交易方式的选择（如大宗交易、挂牌交易或拍卖）、现货与衍生品的交易等。此外，交易价格的管理也与企业的风险控制紧密相关。企业还需要考虑谁来负责交易操作，是自己管理、集团内统一管理，还是委托给第三方机构。如果选择自行管理，需要确定领导小组和归口部门，明确职责，制定相关管理办法，并进行资金和配额的管理。对于集团类企业，管理更为复杂。例如，国家能源集团等大型企业集团，通过建立碳资产管理公司，实现对旗下众多电厂碳资产的全方位管理。

（3）碳交易管理涉及的风险。此外，碳交易管理还涉及法律风险、违约风险、操作风险和市场风险。法律风险在最高法院的意见出台前尤为突出，违约风险和操作风险则与市场价格波动和交易执行有关。市场风险则与碳市场价格波动有关，需要建立合规的秩序以进行管理和控制。

（4）碳交易管理的信息披露。在信息披露方面，需要保护知识产权，并在发布新闻或交易信息时注明来源。此外，信息披露还应包括交易主体、交易量、排放额度和交易标的等信息。

（5）碳交易管理的计划和实施步骤。企业在实现碳中和的过程中，需要制订明确的计划和步骤，包括碳排放量的盘查、中和方法的选择、目标设定、实施策略和技术进步等。国际标准和国内标准为碳中和提供了指导，而企业应优先考虑通过技术进步实现碳中和，在必要时采用抵消措施。

综上，碳管理体系的构建是一个复杂而细致的过程，需要企业根据自身的需求和目标，选择合适的标准和方法，进行系统的规划和管理。通过上述措施，企业可以更有效地管理碳交易，降低风险，并朝着碳中和的目标迈进。

4. 碳中和管理的定义和体系建设

什么是碳中和管理？碳中和管理是企业的长远目标，需要结合企业发展需要，定义企业碳中和目标和行动方案，并指导实施的过程。许多企业（如腾讯等）已经设定 2030 年或 2050 年实现碳中和目标。尽管这一目标看似遥远，但其越早实现越好。

碳中和管理需要明确的目标、任务分解、资金、技术和人力资源的支持。企业需要制定详细的碳中和路线图，分阶段实现减排目标，将目标分解落实到各部门，并通过技术创新和管理优化，逐步实现碳中和。

三、企业内部碳定价

1. 什么是企业内部碳定价

随着全球气候变化问题日益严峻，全球应对气候变化的政策不断强化，企业面临的碳排放监管压力和市场风险逐渐增加。企业内部碳定价（internal carbon pricing，ICP）成为企业管理碳排放、降低环境风险、推动可持续发展的重要工具，旨在帮助企业提前适应可能的外部碳价格或碳税政策，提升企业在低碳经济中的竞争力[1]。

什么是企业内部碳定价？企业内部碳定价是一种将碳排放成本内部化的管理工具，通过设定碳价格，帮助企业评估和管理碳排放风险，并激励低碳投资和运营行为。其核心理念是通过经济激励机制，推动企业在决策过程中考虑碳排放因素，从而促进低碳转型[2]。

2. 企业内部碳定价的类型

企业内部碳定价主要包括影子价格、内部碳费和碳基金三种类型。

（1）影子价格（shadow pricing），是一种假设的碳价格，用于评估和管理企业内部项目或投资决策中的碳排放成本。企业在进行投资评估时，按照影子价格计算碳排放带来的成本，并将其纳入决策过程。这种方法不涉及实际资金流动，但通过模拟碳成本，推动企业选择低碳方案。

---

[1] World Bank，2017. Report of the High-Level Commission on Carbon Prices[EB/OL]. https://www.worldbank.org/en/programs/pricing-carbon/reports.

[2] CDP，2020. Putting a Price on Carbon：Integrating Climate Risk into Business Planning[EB/OL]. https://www.actu-environnement.com/media/pdf/news-29828-prix-carbone-entreprises-cdp.pdf.

（2）内部碳费（internal carbon fee），是企业对自身碳排放征收的实际费用，类似于碳税。企业按照内部碳费标准，对各部门或业务单位的碳排放进行收费，所收费用用于支持企业的减排项目或可持续发展计划。这种方法通过实际资金流动，直接激励各部门减少碳排放。

（3）碳基金（carbon fund），是企业设立的专项基金，用于支持内部的碳减排和可持续发展项目。企业按照设定的碳价格，将碳排放成本计入碳基金，用于资助节能、可再生能源和其他减排项目。碳基金通常专款专用，确保资金有效用于企业低碳转型。

企业内部碳定价是一种企业自主采取的策略。确定合理的碳价格是企业内部碳定价的关键。企业可根据多种因素确定碳价格，包括政策预期、市场价格和行业最佳实践。碳价格应既能反映未来外部碳定价的预期，又能激励企业内部的低碳投资。

健全的管理体系是企业内部碳定价实施的基础。企业应制定明确的内部碳定价政策和操作流程，确保各部门和业务单位理解并遵循相关规定。同时，企业需建立数据收集和报告机制，确保碳排放数据的准确性和透明度[1]。员工培训与沟通是企业内部碳定价成功实施的重要保障。企业应开展培训项目，提高员工对碳定价及其重要性的认识，确保员工理解并积极参与碳管理。同时，企业应通过多种渠道，加强内部沟通，分享成功经验和最佳实践。

企业内部碳定价的有效性需要持续监测与改进。企业应定期评估碳定价政策的实施效果，根据实际情况调整碳价格和管理措施，确保政策的动态适应性和长期有效性[2]。

3. 企业内部碳定价的重要意义

企业内部碳定价通过显性化碳排放成本，助力企业精准地管理和控制运营成本，并将碳成本纳入决策过程，识别和优化高碳排放的业务环节，减少不必要的碳排放，提升运营效率。

（1）有助于积极影响投资决策。内部碳定价对投资决策具有重要影响，可使企业在项目评估中全面地考虑碳排放的长期成本和风险，优先投资于低碳技术和项目，实现可持续发展。

---

[1] World Resources Institute. Carbon Pricing: The What, How and Why of Pricing Carbon, 2018.
[2] CDP, Embedding a Carbon Price into Business Strategy[EB/OL]. https://www.climateaction.org/images/uploads/documents/CDP_Carbon_Price_report_2016.pdf.

（2）有助于提前适应政策和降低风险。内部碳定价可帮助企业提前适应外部碳价格或碳税政策的变化，降低政策和市场风险，使企业更好地预测和应对未来的碳成本，提高在低碳经济中的竞争力。

（3）有助于构建碳成本和收益体系。企业内部碳定价通过经济激励机制，推动企业采取积极的减排措施，有效减少碳排放。通过将碳成本内部化，企业在日常运营和战略决策中更加重视碳排放管理，有助于实现更高的环境效益[1]。

（4）有助于技术创新和绿色转型。内部碳定价激励企业投资于绿色技术和可再生能源，推动技术创新和产业升级。通过支持低碳项目和技术，企业不仅能减少碳排放，还能提升自身的技术能力和市场竞争力，推动整个行业的绿色转型[2]。

（5）有助于增强环保意识。内部碳定价增强了企业员工和利益相关者的环保意识。通过培训和沟通，企业内部碳定价政策不仅影响企业的行为，还通过员工、供应链和客户等渠道，扩大了环保理念的传播和影响力[3]。

内部碳定价的实施不仅有助于企业内部明确碳排放成本，还能激励企业在运营和投资决策中更多考虑环境因素。这一机制不仅促进了企业的绿色转型，还在一定程度上提升了企业的市场竞争力。许多企业通过设置内部碳价格，将碳排放的潜在成本内化到产品和服务价格中，从而激励更多的节能减排行动。

四、碳资产定价

从企业的角度看，碳资产是指在应对气候变化的过程中，企业通过减少二氧化碳等温室气体的排放或实施绿色项目（如植树造林），从而获得的一类兼具环境权益和经济效益的财产性权益及其衍生权益。碳资产既包括可以交易的碳配额、自愿减排量、碳金融衍生品、绿色证书等"狭义碳资产"，也涵盖企业通过绿色供应链管理、节能减排、碳捕集利用与封存（CCUS）等手段，减少产品碳足迹所获得的"间接碳资产"，这类资产同样兼具环境效益和经济效益。不仅企业，个人也可以通过减少二氧化碳等温室气体排放或参与相关交易活动，获得兼具环境权益和经济效益的财产性权益（即碳资产）。例如，北京和重庆的地方碳

---

[1] World Bank. State and Trends of Carbon Pricing 2019.
[2] International Energy Agency. The Future of Hydrogen，2019.
[3] CDP. The Use of Internal Carbon Pricing by Corporates，2019.

市场允许个人作为交易主体直接参与碳交易，或者通过地方推出的碳普惠激励机制获得碳资产。

从全球碳市场看，碳资产价格通过总量管制和贸易体系（cap and trade，C&T）、基准与排放额度（baseline and credit，B&C）等模式得以确定。

1. 总量管制和贸易体系（C&T）

该机制首先设定总体的碳排放上限，然后将可交易的碳排放许可证分配给体系内的排放主体（无偿或有偿），最后体系内的成员根据实际排放量和所持许可额度的差异，通过碳市场进行调剂。

欧盟、美国东北各州的电力部门以及新西兰经济体是该体系的代表，这些地区的碳定价机制也是当今世界较为主流的碳定价机制。C&T体系的优势在于碳交易所需的信息较为简单，管理者只需要评估碳排放的社会成本，并据此确定减排目标和发放的排放配额，而不需要了解每个排放者的个体成本。此外，政府在碳交易市场推行初期通常会免费发放碳交易配额，这受到了企业的欢迎，因此市场阻力较小。

C&T体系在碳资产定价中扮演着关键角色。碳资产是指通过减少温室气体排放所获得的经济价值，这些资产的价格直接受C&T体系中排放许可证价格的影响。排放许可证的价格由供需关系决定：当许可证供应量有限且需求旺盛时，价格会上涨；反之，价格则会下降。因此，碳资产的定价不仅反映了当前的市场供需状况，还体现了减排政策的预期和企业减排成本的变化。

此外，碳资产定价还受政策预期和市场信心的影响。例如，政府是否推出更严格的减排政策、技术进步带来的减排成本降低等，都会影响市场对碳价的预期，从而引起碳价波动。同时，宏观经济因素如经济增长、能源价格等也会通过影响企业的生产和排放行为，进而影响碳市场的供需平衡和价格。

但该机制也存在缺陷，具体如下。

首先，配额的初始分配往往存在不公平性，可能导致大企业获得更多的配额，小企业或新进入市场的企业则面临更大挑战，从而扭曲市场竞争。

其次，C&T体系在实际操作中可能面临监测和监管难题，尤其是在一些行业和地区，排放数据难以准确获取或存在虚报行为，导致体系的有效性大打折扣。

再次，排放配额价格的波动性也是一个关键问题，过高的价格可能增加企业的运营成本，进而影响整体经济的发展，而过低的价格可能无法有效激励企业减排。

最后，C&T体系在跨境污染问题上存在局限性，因各国政策和市场的差异，难以实现全球范围内的有效协同。因此，C&T体系虽然是一种重要的环保工具，但在实际应用中仍需不断优化和完善。

2. 基准与排放额度（B&C）

基准与排放额度（B&C）体系是一种通过设定基准排放量并根据减排项目生成信用的碳排放管理模式。每个项目或行业在经过相关部门的审查和评估后，确定其碳排放基准值，这一基准值通常以每单位产品的二氧化碳排放量来表示。如果项目方自愿采用非强制性的新技术来提升碳利用率，减少排放，并在生产过程中实现的单位经济产出的碳排放强度低于设定的基准值，则可以获得相应的碳信用（carbon credit）。这些碳信用可以在碳交易市场出售给那些单位产出排放强度超过标准的项目或企业。

碳资产定价在B&C体系中至关重要。碳信用额度的价格由市场供需决定，并受多种因素的影响，包括减排技术的进步、政策变化、经济活动水平等。与C&T体系类似，当市场上对碳信用的需求增加或供应减少时，碳价会上升，反之亦然。B&C体系通过市场价格信号，反映了各个企业的减排成本和市场的整体减排潜力。基准与排放额度法需为不同行业设定不同的基准值，从而在一定程度上推动产业结构升级，淘汰落后产能。该方法由于实施阻力较小，并且碳抵消机制较为灵活，因此具有较高的政策可行性。然而，由于未涉及交易配额或许可证的出售，该方法无法为政府带来财政收入。

B&C体系的优势在于灵活性和激励作用。企业可以根据自身的减排能力和成本选择最佳的减排策略。那些具有先进减排技术和低减排成本的企业，可以通过出售多余的碳信用获得额外收益，从而进一步激励技术创新和提升效率。此外，B&C体系对新进入市场的企业较为友好，因为这些企业可以通过购买碳信用来满足排放要求，而不必受严格的排放配额的限制。

B&C体系也面临一些挑战。一是设定合理的基准线是关键，如果基准线过于宽松，可能导致市场上碳信用过剩，价格过低，减排激励不足；若基准线过于严格，可能增加企业的减排负担，影响经济发展。二是B&C体系需要完善的监测、报告和核查机制，确保排放数据的准确性和透明度，防止虚假减排和市场操纵。

因此在碳资产定价方面，B&C体系与其他市场机制共同构成了全球碳市场的重要部分。随着全球应对气候变化行动的深入，B&C体系将在不同国家和地区的减排政策中发挥越来越重要的作用。通过合理设计和有效实施，B&C 体系能够促进市场化减排，推动经济向低碳转型，实现环境保护与经济发展的双重目标。

五、碳管理体系数字化

数字技术的应用可以提升碳管理的效率和透明度。例如，利用物联网、大数据和区块链技术，可以实现碳排放数据的实时监测和管理，提高碳管理体系的智能化水平。

1. 碳管理体系数字化进程

2023 年 3 月，工信部提出了数字化碳管理体系建设的示范点构想。过去质量管理和环境管理体系主要通过授予企业证书来进行社会评价。然而，新时代的碳管理体系不仅要证明企业的合规性，更需要提高企业人员的能力，促进企业在碳排放、碳资产、碳交易和碳中和方面的精细化管理。上海环境能源交易所在打造 EANTS 碳管理体系时，便明确了发展趋势，即推动碳管理体系的数字化。上海也提出了打造数字化、智能化碳管理平台的目标。

对于企业而言，年度碳排放量不只是一个数字。通过建立管理体系，企业可以对排放量的增减及其效率变化进行监控，进而指导其他相关行为。数字化的实施使得所有问题和资产状态清晰可见，这对于企业来说至关重要，因为企业需要一个数字化的碳管理平台。这样的平台能够帮助企业明确自身的正资产与负资产，从而做出更加明智的管理决策。

在政府层面，园区内对能耗的统计和管理已有成熟的系统。相似地，碳排放的统计和管理也应通过数字化手段来实现。政府可以通过收集和分析每家企业、每一类企业的排放情况，以及整个地区的排放数据，评估企业在全国的排名情况。如果企业在全国范围内处于领先地位，那么企业未来面临的压力可能较小；如果企业的排放效率低于全国平均水平，那么企业未来可能面临更大的经营压力。

在当前阶段，政府需要采取措施帮助企业转变意识，提高其在新竞争环境中的发展能力。政府还需要考虑是否引入其他行业，以促进经济的多元化发展，而不局限于加大对传统行业上的投入。对于传统产业，政府同样需要依赖数字化统计来做出相应的决策。

因此，无论是企业还是政府，都需要利用数字化工具进行管理和决策。上海环境能源交易所已经建立数字化系统来支持这一过程。在管理体系平台上，实施了数字化管理。以首个数据报送系统为例，不仅包括了目前传统的高排放企业，还涵盖了未来可能不以工业生产为主的领域，如建筑行业。

2. 建立数据报送系统

考虑到中国人民银行对金融机构提出的碳中和目标，即便是没有直接排放的金融机构，也需要考虑其运营中的间接排放，并致力于实现碳中和。因此，一个精确的数据报送系统对于掌握每个地区企业的具体情况至关重要。碳排放报送数据系统能确保对企业碳排放进行透明化管理，并为政府和企业提供准确的决策支持。

目前数据报送系统遵循国际标准ISO 14064。选择这一标准的原因有三。首先，无论是地方还是国家标准，基本上是参照国际标准制定的，而ISO 14064方法学的覆盖范围远超过地方和国家标准。其次，许多上市公司在进行ESG评价和报告时，环境保护部分所采用的标准就是ISO 14064。最后，采用ISO 14064标准有利于未来与国际机构和市场对接，因为它提供了一个共同的基准。

3. 建立产品碳足迹系统

除了数据报送系统，还建立了产品的碳足迹系统，这是构建国际绿色贸易服务平台的一部分。该平台主要包含以下三方面内容。

第一，碳盘查及国际认证服务。目前国内机构出具的检测和认证报告尚未得到国际的广泛认可。为了解决这一问题，计划利用管理体系，通过全国各网点提供单独的服务，由众多机构执行相关的盘查服务，帮助企业快速计算组织碳排放量、产品碳足迹，服务出口型企业基于进口国政策及供应链下游降碳要求产生的不同认证需求。

第二，碳中和服务。当前的抵消交易主要处于产品碳盘查阶段。未来随着产品需要进行碳中和将涉及更多的抵消交易。可能的路径包括购买绿证进行抵消，如未来可能出现的欧盟CBAM证书交易。尽管这些制度尚未完全建立，但希望依托现有的绿证交易来实现产品的抵消，以解决出口问题。

第三，碳标签服务。最终将通过全球统一的碳标签，将上述两方面内容以统一的形式展现出来，这不仅有助于提升产品的国际竞争力，也便于消费者和市场更好地理解和接受。

通过这些措施，旨在建立一个全面、透明且与国际接轨的碳管理体系，以支持企业的可持续发展和碳中和目标的实现。

当前碳标签的实施已成为多个地区（包括山东省和浙江省等）的工作重点。在此过程中，获得国际机构及海外市场的认可是关键。目前许多地区正在进行自我探索。然而，在下一步的探索中，是否考虑将国际要素融入其中，以提高工作成效？这是值得深思的问题。

4. 建立数字化碳管理体系

此外，数字化管理体系的建立同样重要。这不仅涉及碳标签的发放，还包括碳排放的评定和碳资产管理系统。目前企业在碳资产管理方面临诸多问题，例如，哪些资产可以交易、交易价值如何确定，以及在履行未来义务时需要支付的成本和资金是多少。对于这些问题，目前尚缺乏统一且清晰的认识。

因此，建立数字化碳管理体系尤为关键，在未来也必将成为重要的工作内容。关于碳管理体系，市场上可能存在一些理解上的误区。目前市场上存在许多碳管理系统，但关键在于这些系统是否遵循了一定的标准？必须明确，系统并非体系，系统只是一个载体，而体系是一个建立在数字化基础之上，且有明确标准支撑的框架。

综上，碳管理体系的建立和完善，需要在地方实践中不断探索，并积极开阔国际视野，以确保其有效性、统一性和前瞻性。同时，数字化的管理体系将为企业提供一个清晰的框架，帮助企业更好地理解和管理碳资产，从而在实现自身可持续发展的同时，为全球减排目标做出贡献。

六、碳管理体系与地方经济发展

碳管理体系不仅是环境保护的需求，也对地方经济发展和转型具有重要的推动作用。

1. 碳管理体系地方开展情况

碳管理体系建设已经在多个地方开展。目前已经有9个地级市，包括常州、徐州、苏州等地，以及长三角示范区的安徽蚌埠、江苏宜兴、浙江台州和温州等相继与上海环境能源交易所签订了开展碳管理的合作协议。这些地区的经济发展即将迈入万亿级行列，显示出碳管理体系与地方经济发展紧密相连。

在建设碳管理体系的过程中，不仅需要企业承担一定的成本，也需要地方政府提供相应的政策支持。地方政府之所以愿意推动和支持碳管理体系建设，是因为地方政府希望通过这一体系的建立，促进当地形成低碳产业集聚区，从而推动经济的可持续发展。碳管理体系建设虽然在初期阶段需要企业投入成本，但地方政府的支持是不可或缺的。地方政府希望通过碳管理体系建设，为当地带来低碳产业集聚效应。

2. 碳管理体系建设的路径

碳管理体系建设主要通过三个路径实现：能力建设、绿色金融产业发展平台、国际绿色贸易服务平台。能力建设是通过为当地政府、企业和投资机构提供相关培训，增强各方对"碳达峰碳中和"目标和碳交易的理解，从而推动政策的制定和实施。绿色金融产业发展平台旨在挖掘和发现产业转型中的机会，帮助现有产业实现转型升级。国际绿色贸易服务平台则通过数字化管理平台，降低企业成本，扩大咨询机构的业务规模。

此外，交易市场的建设也是碳管理体系的重要组成部分。通过第三方咨询机构提供的服务，如代理交易、质押等，可以迅速形成产业集聚效应，吸引更多的企业和投资者参与。

最后，随着国内政策的逐步落地和国际竞争的加剧，企业对于碳管理体系的需求日益增长。从最初的碳排放管理，到现在越来越多的企业愿意全面开展碳排放、碳资产和碳交易管理，反映出企业对碳管理体系的认识和需求在不断深化和扩展。

通过上述措施和路径，碳管理体系不仅能推动地方经济的低碳转型，还能为企业和政府提供更多的合作机会和发展空间。期望通过不断探索和实践，为实现碳中和目标贡献力量。

本 篇 总 结

在全球应对气候变化的背景下，碳资产管理成为企业和政府战略中不可或缺的一部分。本篇综述了产品碳足迹、CCER 项目开发、企业碳资信评价体系和碳管理体系等关键主题。通过系统学习碳足迹评价流程和标准计算方法，企业能够准确识别和减少产品生命周期内的碳排放。通过学习 CCER 项目的开发流程、逻辑过程和工具类型，企业可以清晰理解并实施减排项目，获取碳信用。其中的实际案例展示了 CCER 项目的开发经验和成功要素，为企业提供了宝贵的实战指导。

碳资信评价不仅影响企业在碳交易市场的信用评级，还涉及其综合环境绩效和可持续发展能力。企业需要建立系统的碳资信评价框架和方法，全面评估其碳资信水平。从背景环境、总体结构、碳资产和碳交易管理，到数字化转型和与当地经济发展的关系，本篇也全面阐述了构建高效碳管理体系的必要性和方法。政府政策在实现碳管理目标中具有重要作用，其通法律法规和政策工具来实施，将推动行业和企业积极减排。

第五篇 碳中和产业投融资体系

碳中和是着力解决资源环境约束的突出问题，实现全球社会经济可持续发展的必然选择。碳中和已成为各国发展的战略目标。但是，实现这个目标需要规模巨大的投资，会面临如何布局投资、资金从哪儿来、如何产生效益等情况，这既是挑战又是具有潜在投融资的机遇。绿色金融、气候投融资、可持续金融等作为推动低碳经济发展和转型的重要工具，能够通过金融产品和服务创新促进经济社会可持续和高质量发展。这些碳中和投融资工具已经引起国际社会的广泛重视。

　　本篇将从多维度剖析碳中和产业投融资面临的机遇与挑战，探讨如何通过政策引导、市场机制、金融创新和技术进步等多方面协同发力，构建一个完善的投融资体系，助力中国实现"碳达峰碳中和"目标。本篇还将关注项目层面的投资策略、产能对接机制、优化投资环境和政策支持，探索低碳创新技术投融资的路径和模式创新，推动绿色低碳产业的发展，进而实现绿色低碳高质量发展。

第十四章
碳中和融资及国际资金利用

中国实现碳中和目标需要大量的资金投入，政府已发布全面绿色低碳转型等相关政策，推动气候投融资发展，并启动气候投融资试点工作。碳中和融资是绿色金融的重要组成部分，旨在引导资金投向应对气候变化领域。绿色金融工具和碳中和融资模式，有助于撬动更多社会资本和国际资金，助力实现"碳达峰碳中和"目标。

一、"碳达峰碳中和"目标与碳中和融资

党的二十大报告提出，"要统筹产业结构调整、污染治理、生态保护、应对气候变化，协同推进降碳、减污、扩绿、增长"和"积极稳妥推进碳达峰碳中和"。同时，落实"碳达峰碳中和"目标是推动绿色低碳高质量发展的重要抓手，而绿色低碳高质量发展又是实现"碳达峰碳中和"目标的主要路径。要实现"碳达峰碳中和"目标，需要在三个领域发力：传统产业的转型升级、战略性新兴产业的创新发展、数字经济与实体经济的深度融合。

碳中和投融资又称气候投融资，是一种引导和促进更多资金投向应对气候变化领域的投资和融资活动，也是绿色金融的重要组成部分。

"碳达峰碳中和"目标的实现，需要大量的资金投入。根据国家应对气候变化战略研究和国际合作中心、清华大学、国家发展改革委、中金公司等机构的测算，2020年到2030年中国实现碳达峰的资金需求在22万亿～34万亿元之间，而从碳达峰到实现碳中和的资金需求将达到百万亿元。然而，资金供给不充分、不平衡的矛盾始终存在，因此要积极鼓励和引导民间投资与外资进入"碳达峰碳中和"领域。从中国人民银行的统计数据看，银行贷款、政府债券和企业债券相加占社会融资的90%以上，是"碳达峰碳中和"项目融资的主要渠道。同时，根据中国科学院的相关研究，碳市场、资本市场、企业直接投资及国内外公共资金也将在我国实现"碳达峰碳中和"目标的过程中发挥重要作用。

2020年10月，生态环境部等五部门联合发布《关于促进应对气候变化投融资的指导意见》，对气候投融资做出顶层设计，引导资金、人才、技术等各类要素资源投入应对气候变化领域。2022年8月，生态环境部等九部门在23个地区启动了气候投融资试点，推动地方重点开展遏制"高耗能、高排放"项目盲目发展、有序发展碳金融、强化碳核算与信息披露、强化模式和工具创新、强化政策协同、建设气候投资项目库、加强人才队伍建设和国际交流合作等工作。

碳中和融资的实施路径是以"碳达峰碳中和"政策体系为引领，推动金融产品和融资模式创新，充分发挥公共投入、社会资本和国际资金在气候投融资中的作用，加大对气候友好型企业和项目的支持力度。

二、"碳达峰碳中和"目标带来的项目机遇

落实"碳达峰碳中和"目标会给企业和金融机构带来诸多投资机遇。2017年投资银行摩根士丹利（Morgan Stanley）与英国《经济学人》（*The Economist*）杂志联合发布了一份名为《减缓气候变化机会指数》的报告。报告指出，减缓气候变化的项目机会主要取决于六个方面：气候减缓需求、有利的气候环境政策、经济环境状况与营商环境、金融活动基础与投资活力、可控的金融风险与技术和基础设施。这些因素可归纳为三个方面：项目层面的参与机会、项目内外环境的评估和项目市场主体的评估。因此，需要从这三个维度研究碳中和的投资机遇。

1. 项目层面的参与机会

在项目层面，需要关注项目的两个属性：气候属性和金融属性。气候属性需要考察项目是否符合国家关于碳达峰碳中和的"1+N"政策体系的要求。能源、工业、建筑、交通等重点领域和煤炭、电力、钢铁、水泥等重点行业的碳达峰碳中和实施方案，科技、碳汇、财税、金融、教育等保障措施等，都为产业指明了发展路径，为市场提供了商业机遇。例如，2022年11月10日生态环境部发布的《气候投融资试点地方气候投融资项目入库参考标准》，为选择具有气候属性的项目提供了重要标准。

金融属性可以从多个维度来考量，既要参考国家相关部门发布的绿色低碳转型产业目录、绿色金融支持项目目录等，也要参考商业部门和金融机构对"碳达峰碳中和"目标下的市场和投资分析，还要深入分析项目的技术创新性、发展机会和潜力、竞争优势与市场风险、产品和商业模式成熟度、经营团队素质和企业

家精神、客户质量和忠诚度等因素。

在帮助金融机构和投资者寻找合适的投资项目时，建立产能对接机制是一种非常有效的方式。

例如，生态环境部鼓励试点地方建立气候投融资项目库，将技术先进、减排效果明显且商业可行的项目纳入其中。2022年，生态环境部与中国人民银行共同组织地方报送气候投融资重点项目。截至2024年6月，上海浦东新区的绿色融资余额约为4425亿元，其中95%以上属于气候融资，同比增长超过36%[①]。广州等地建立了绿色企业库和绿色项目库。这些都是绿色金融改革创新试验区和气候投融资试点地区开展的建设性探索实践。

国际方面，如2020年10月日本经济产业省启动了"零排放挑战"（Zero Emissions Challenge）计划。国际可再生能源署（International Renewable Energy Agency，IRENA）建立了气候投资平台（Climate Investment Platform），将投资者和金融机构、项目开发商、技术开发商和第三方服务机构聚集在一起，进行项目展示和对接。

2. 项目内外环境的评估

（1）地方政策环境的考量

在进行碳中和投融资决策时，需要考量地方的投资环境。地方需建立和完善碳中和投融资政策体系，对投融资活动起到目标引领、有效激励、服务监督和整合拓展作用，见图14-1。

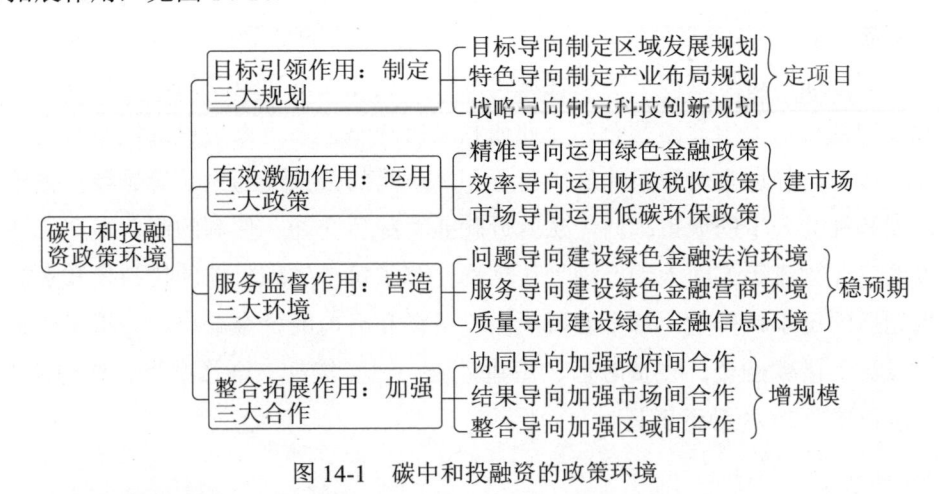

图14-1 碳中和投融资的政策环境

---

① 浦东试点气候投融资，项目库申报项目52个融资需求29亿元 [EB/OL]. https://www.thepaper.cn/newsDetail_forward_28720587.

发挥目标引领作用要制定三大规划，即区域发展规划、产业布局规划和科技创新规划，进而找准碳中和投资方向、确定气候友好型项目。

发挥有效激励作用要运用三大政策，即绿色金融政策、"碳达峰碳中和"财政税收政策和低碳环保政策，从供给侧和需求侧同时发力，建立碳中和产品和服务市场。

发挥服务监督作用要营造三大环境，即金融法治环境、金融营商环境和金融信息环境，提升决策质量、稳定市场预期。

发挥整合拓展作用要加强三大合作，即政府间合作、市场间合作和区域间合作，协同政策、整合资源，提升碳中和市场的规模和活跃度。

政策环境对企业和金融机构而言至关重要。例如，以碳中和为目标制定城市和区域发展规划，将使城市成为绿色低碳、智慧宜居的城市。从规划角度出发，可以寻找到许多项目，如绿色建筑项目、低碳交通项目、绿色智慧能源项目、低碳产业园和提升气候适应能力与防灾抗灾能力的项目。2018年世界银行国际金融公司（IFC）预测，2030年前，新兴市场国家与城市相关的绿色低碳投资机遇将达到29.4万亿美元，主要集中在可再生能源、公共交通、绿色建筑、电动汽车、气候智慧型水处理和废弃物处理等领域。

以美国加利福尼亚州圣何塞市为例，该市在2018年发布了"气候智慧圣何塞"（Climate Smart San José）[①]低碳城市发展规划。该规划对标应对气候变化《巴黎协定》设定的城市碳中和目标，体现了以人为本、人与自然和谐共生的理念。确定目标和实施路径后，圣何塞市提出了主要的低碳产业和气候友好型项目，如规划提出可持续和气候韧性城市战略，重点发展可再生能源和气候智慧水资源管理项目；提出紧凑智慧和交通便利城市战略，重点发展提升城市密度和土地使用效率、绿色宜居建筑、低碳出行和高质量的公共交通系统等领域；提出经济发展和社会公平的城市战略，从就近就业、绿色交通、便利的商业地产、清洁高效的商业物流等方面入手。规划还精确计算了每个领域目前的排放量和实施低碳规划后的每年减排量，每个领域所需投资额和目前的资金缺口，分析了资金来源并设计了借款融资、税费融资、基建融资、消费贷款、合作融资、促进消费6种融资模式、25种融资工具。

---

① 参见美国加利福尼亚州圣何塞市官网，https://www.sanjoseca.gov/your-government/departments-offices/environmental-services/climate-smart-san-jos。

（2）地方产业布局的考量

在实践过程中，还需要考察地方产业布局是否符合绿色低碳的发展目标。首先，要从实际出发，因地制宜制定产业发展战略，重点发展与区位优势和资源禀赋相匹配的产业；其次，尽量专注最具竞争力的细分产业，不断促进技术创新和提升产品质量，将优势和特色产业做大、做强、做精；再次，通过产业集群形成规模经济，增强产业竞争力；最后，注重品牌培育和维护产品信誉。

以瑞士为例，瑞士根据自身资源状况，选择了低污染、高科技的产业发展路径，专注于机械电子仪器设备、医药化工、钟表制造、纺织服务和食品加工等特色产业。同时，瑞士着重发展产业链上具有高精尖技术的细分产业，如医药产业集中在抗病毒药、呼吸系统疾病药物、头孢类抗生素等特定领域，化工产业集中在特种化工领域，纺织业则以发展高档纱线、专业面料和特种纺织品为主。在增强产业集群方面，瑞士钟表制造业通过十余年的整合，形成了斯沃琪、劳力士、历峰旗下的万园和法国的路易威登四大集团；而在巴塞尔地区形成的"化工之都"，聚集了3500多家精细化工、生物制药、生物工程、燃料及农药企业。

3. 项目市场主体的评估

（1）企业和金融机构气候友好型评估

在评估企业和金融机构是否具有气候友好型特性时，需要关注其是否将气候变化融入经营活动、参与相关行业倡议、披露碳排放数据、设定碳减排目标、增强气候治理结构、加强气候风险管理和努力降低产品碳足迹等方面。这些标准有助于识别和支持那些在气候行动中发挥领导力的企业。例如，兴业银行作为最早成立气候环境金融专营部门的金融机构之一，通过建立绿色金融集团化产品体系，为气候友好型转型提供了丰富的金融产品和服务。金融机构在气候风险管理、气候投融资业务、碳足迹管理等方面的积极探索和实践，对于推动气候友好型转型具有重要意义。

环境和气候信息披露对于吸引投资和降低融资成本至关重要。气候友好型企业和金融机构应遵循相关指南和标准，如中国人民银行发布的《金融机构环境信息披露指南》、生态环境部印发的《企业环境信息依法披露管理办法》及国际财务报告准则等，以提高信息披露的质量和透明度。

上述措施有助于促进企业和金融机构在气候行动中积极参与，为实现"碳达峰碳中和"目标做出贡献。

（2）碳中和投融资的营商环境评估

优化营商环境对碳中和投融资非常重要。世界银行发布的新的营商环境评估体系强调了公共服务、数字技术的智能化应用与可持续和绿色金融的重要性。例如，安徽省合肥市通过政府创新性的引导和积极发挥市场的作用，成功地将自身打造成为创新产业的聚集地。深圳和上海浦东新区则通过立法形式，鼓励绿色金融创新，开展绿色金融和气候投融资的试点和探索，并推动具有国际影响力的碳交易和创新中心的建设。这些措施不仅促进了区域经济的发展，还为碳中和目标的实现提供了强劲动力。

（3）碳中和低碳创新技术投融资评估

低碳技术创新是实现"碳达峰碳中和"目标的重要途径，必须从战略高度重视科技创新的长期规划和持续投入，建立科技创新生态系统。

根据相关研究，科技创新生态系统应包括以下几个方面。

①政策引导创新，使创新成为经济发展战略的重要组成部分。

②技术创新，识别并支持具有规模化发展价值的创新技术，以及掌握这些技术的企业和具有企业家精神的团队。

③市场驱动，在整个区域范围内实施促进创新技术商业化的举措，营造商业氛围和市场环境。资金支持也至关重要，需要吸引各类投资者、金融机构和资本市场的投资，形成资金链。

④人才积累方面，高校和研究机构在人才培养方面要发挥关键作用。

⑤多方参与，鼓励区域内各利益相关方共同参与科技创新。

⑥创业者与国内外市场紧密结合。

以美国旧金山湾区为例，其创新生态圈的核心是具有企业家精神的科创企业及其团队。支撑这一生态圈的是斯坦福大学、加利福尼亚大学伯克利分校等高校，国家级实验室等开展基础性研究的机构，创新工业园区，世界 500 强企业的研发中心等。天使基金、风险投资基金、初创企业加速器组织和传统金融机构提供了持续的资金支持，第三方服务机构则为企业提供了全方位的定制化服务。

硅谷的高科技产业和技术创新对旧金山湾区的经济发展和城市建设做出了巨大贡献。截至 2023 年，旧金山湾区继续主导美国的风险投资市场，吸引了美国 41% 的初创公司投资，总计获得约 493 亿美元的融资。这一增长主要受人工智能领域的推动，特别是像 OpenAI、Anthropic 和 Inflection AI 等公司，分别获得了超过 10 亿美元的投资。尽管全美初创公司融资下降，但旧金山湾区由于在人工智能、金融科技、生物技术等领域的强大创新能力，依然保持领先地位[①]。

三、服务"碳达峰碳中和"目标的融资工具和模式

在当前全球气候变化的背景下，绿色金融作为推动低碳经济发展和转型的重要工具，已经引起国际社会的广泛重视。中国在这一领域的探索尤其值得关注。绿色金融包括气候投融资、可持续金融等概念，其核心在于通过金融产品和服务创新促进低碳发展和绿色转型，助力经济社会的可持续和高质量发展。

1. 碳中和投融资的政策工具

中国的绿色金融体系是在国家战略层面上提出的。2015 年，中共中央、国务院在《生态文明体制改革总体方案》中明确提出建立绿色金融体系。该体系旨在通过银行业金融机构的信贷活动、资本市场的发展、信息披露的完善、担保和保险机制的建立、评级核算的标准化，以及国际合作的深化，全面推进绿色低碳经济的发展。

2016 年，中国人民银行、财政部、国家发展改革委等机构联合发布了《关于构建绿色金融体系的指导意见》，正式启动了中国绿色金融体系。该指导意见明确了推动绿色信贷、绿色债券、绿色投资等发展的一系列措施，并提出设立绿色发展基金、发展绿色保险、完善环境权益交易市场等具体举措。这一政策旨在通过金融手段引导资金流向绿色产业，支持可持续发展，减少环境污染，促进经济转型，为中国的绿色发展奠定了重要基础。

2024 年 3 月 27 日，中国人民银行等七部门发布了《关于进一步强化金融支持绿色低碳发展的指导意见》，提出优化绿色金融标准体系、强化以信息披露为基础的约束机制、促进绿色金融产品和市场发展、加强政策协调和制度保障、强化气候变化相关审慎管理和风险防范、加强国际合作和强化组织保障等举措。

2024 年 8 月，中共中央、国务院印发《关于加快经济社会发展全面绿色转型的意见》，其中第十条明确提出完善绿色转型政策体系，健全绿色转型财税政

---

① Crunchbase News. The SF Bay Area Has Become The Undisputed Leader In AI Tech And Funding Dollars[EB/OL]. https://news.crunchbase.com/ai/sf-bay-area-leads-tech-startup-funding/.

策,丰富绿色转型金融工具,优化绿色转型投资机制,完善绿色转型价格政策,健全绿色转型市场化机制,构建绿色发展标准体系。

2024年10月,中国人民银行等部门联合印发《关于发挥绿色金融作用 服务美丽中国建设的意见》,从加大重点领域支持力度、提升绿色金融专业服务能力、丰富绿色金融产品和服务、强化实施保障四个方面提出19项重点举措。

绿色信贷的政策框架由两份重要文件构成:2012年中国银监会发布的《绿色信贷指引》和2022年中国银保监会发布的《银行业保险业绿色金融指引》。与前者相比,后者不仅将保险业纳入绿色金融的监管范畴,还强调了公司治理的重要性。这些指引明确了绿色信贷和保险的定义,即支持绿色低碳循环经济,防范环境、社会和治理风险,并减少金融机构在投融资活动中的碳足迹。

此外,统计制度也是绿色信贷政策框架的重要组成部分。通过公开的统计数据,可以了解到绿色信贷支持的项目类型和年度贷款余额。2020年银保监会对绿色信贷的统计制度进行了调整,发布了《关于绿色融资统计制度有关工作的通知》,并会同生态环境部修订《关于绿色融资统计制度有关工作的通知》中涉及低碳经济、气候融资的有关内容,调整了相关统计口径。

评价和激励机制是绿色信贷政策框架的另一关键要素。金融主管和监管部门通过评价体系,对银行的绿色信贷活动进行监督和评估,旨在引导和鼓励金融机构在实现"碳达峰碳中和"目标的重点领域加大信贷支持力度。

综上所述,中国的绿色金融体系通过一系列政策措施和激励机制,有效推动了经济的绿色低碳和高质量发展,为实现"碳达峰碳中和"目标提供了有力的金融支持。这些政策和激励措施不仅规范了金融机构的绿色信贷操作,还通过评价和监督机制确保其有效实施,为中国经济的绿色低碳发展和"碳达峰碳中和"目标的实现做出了重要贡献。

2. 碳中和融资模式

(1) 公共政策和资金引导模式

尽管目前绿色金融工具丰富,但与"碳达峰碳中和"相关的项目往往存在经济学中的"外部性"问题,即风险较高、盈利偏低、前期投资额大。因此,公共政策和资金需起到引导作用,鼓励金融机构和资本市场积极运用绿色金融工具加大对"碳达峰碳中和"的支持力度。2020年,生态环境部等五部门发布《关于促进应对气候变化投融资的指导意见》,提出要完善引导机制与模式设计,推动市场资金流向气候领域，支持通过多种方式有效撬动社会资本参与气候投融资。"引导""拉动"和"撬动"这三个词非常重要，意味着通过公共政策和公共资金来引导、拉动更多资金投入"碳达峰碳中和"领域。

财政资金在实践中可以发挥很好的作用，支持推进"碳达峰碳中和"目标的实现。2022年5月，财政部印发《财政支持做好碳达峰碳中和工作的意见》，提出了基金（包括国家低碳转型基金、政府投资基金、绿色低碳产业投资基金等）、政府绿色债券、政府和社会资本合作（PPP）、税收及政府绿色采购（如绿色建筑和新能源公务车的采购）等。地方政府需充分发挥财政资金的引导作用，同时努力提高财政的使用效率和对社会资本的撬动能力。

国外在财政支持绿色低碳项目方面也有很多经验。欧盟的绿色新政提出增加财政预算资金，成立"投资欧洲"气候专项基金和公正转型资金，并希望各成员国调动更多资金支持碳中和战略。日本则通过设立绿色创新基金和征收碳中和投资促进税、数字化转型投资促进税等推动碳中和工作。

财政资金的一项创新运用是以公司制形式参与市场化运作。我国的国家绿色发展基金是由财政部、生态环境部和上海市人民政府共同发起设立的，首期资金规模885亿元，投资于大气、水、土壤、废弃物处理等环保项目。此外，中国清洁发展基金（CDM基金），根据2022年6月28日财政部、生态环境部等公布的《中国清洁发展机制基金管理办法》，其运作模式由"按照社会性基金模式"修改为"按照市场化模式进行运作"，并规定基金有偿使用、依托专业机构开展。

政策举措和市场机制的有效组合，是撬动社会资本的有效解决方案。金融工具主要分为债权工具、股权工具、混合工具等，政策举措包括风险缓释、财政资金支持、优惠贷款、PPP模式等。在实践中，将市场解决方案和政府解决方案有机结合，可以形成创新模式。例如，"政（府）银（行）保（险）企（业）"四方合作模式在青岛市的应用，通过建筑能效项目和地方政府的政策支持，引入人保财险的"减碳保"建筑节能保险和兴业银行的"建筑减碳贷"，形成四方合作模式。

风险损失分担模式的一个例子是世界银行国际金融公司在中国开展的"中国能效贷款项目"（"CHUEE项目"）。该项目通过资金支持、技术援助和损失分担的综合解决方案，推动金融机构开展能效贷款相关业务，见图14-2。

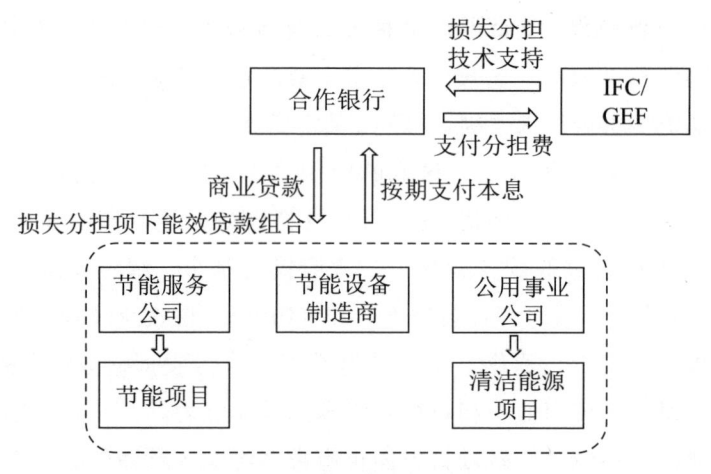

图 14-2　风险损失分担模式

担保增信模式，如江苏省的"环保担"是由省财政厅、省生态环境厅、省信用再担保集团有限公司共同打造的环保产业综合金融服务模式，通过担保、再担保、增信等综合金融服务，为符合支持条件的环保企业提供低门槛、低成本的增信服务。

引导基金模式，如安徽合肥提出"创新有风险，政府来分担"，先后设立合肥市天使投资基金、科学中心产业转化专项基金、政府引导母基金、合肥产业投促高新基金、合肥市种子基金等，引导社会资金投入科创企业和项目。

这些创新模式展示了通过政策举措和市场机制的有效结合，充分发挥财政政策和公共资金的引导和激励作用，有效撬动更多社会资本助力实现"碳达峰碳中和"目标。

（2）市场化模式

在传统金融的基础上，创新运用碳金融工具和碳资产管理对于推动碳中和投融资具有重要作用。碳金融的核心在于利用碳定价机制引导投融资活动。

《促进应对气候变化投融资的指导意见》提出，要充分发挥碳排放权交易机制的激励和约束作用，这实际上强调了碳价引导投融资的过程。该意见提出了三个关键点：一是稳步推进碳排放权交易市场机制建设，这是开展碳资产管理和碳金融的基础和前提条件；二是在风险可控的前提下，支持机构及资本积极开发与碳排放权相关的金融产品和服务；三是鼓励企业和机构在投资活动中充分考量未来市场的碳价格，用碳价信号指导金融机构和企业开展战略管理、生产经营和投资决策。

首先，碳金融是投融资工具。碳金融工具的多样性和创新性在中国实践中得到了体现。从碳资产的开发到管理和交易，各种碳金融产品和服务不断涌现。例如，碳债券通过浮动利率部分与 CCER 收益挂钩的方式，为投资者提供了具有吸引力的回报。此外，碳质押、碳配额回购和碳基金等业务，都是碳资产金融化的具体实践。例如，碳基金作为一种投资工具，通过专项投资于低碳项目，促进了碳资产的市场流通和价值实现。而碳中和指数 ETF（交易型开放式指数证券投资基金），为投资者提供了一种跟踪碳减排产业和清洁能源产业表现的投资方式。

碳金融工具在风险管理方面也发挥了重要作用，如碳期货、远期和掉期等衍生产品，虽然在国内尚未正式开展，但在国际上已有广泛应用。此外，碳资产保险的引入也为碳交易增加了一层风险保障。

其次，碳金融是增信工具。传统金融业务与碳金融的组合，有助于提高项目收益、降低投资风险，并吸引更多投资者。例如，巴西圣保罗的垃圾填埋气发电项目，就是结合了 PPP 模式、项目融资和碳交易的一种创新模式。

最后，碳金融是决策工具。通过碳价的形成和应用，影响企业的战略规划、经营决策、投资决策和资产配置。随着碳价的上升，企业经营状况和金融机构的信用评级都可能受到影响，因此，合理评估和应对碳价变化对于企业和金融机构至关重要。

碳金融发展的前提是碳市场的健康发展和不断完善，特别是碳市场的可投资性和对机构投资者的吸引力。咨询机构麦肯锡提出，碳市场的可投资性可从市场可及性、市场规模、流动性、标准化、价格可解释性等方面进行评价[1]。

（3）国际合作模式

在探讨碳中和投融资的过程中，国际合作的重要性不容忽视。应对气候变化作为一种全球公共产品，其市场和金融活动具有显著的国际性。国际社会，包括商业部门、外资银行及世界银行、亚洲开发银行等多边金融机构，对中国的"碳达峰碳中和"项目都非常关注。

为了有效利用国际资金支持国内的绿色低碳发展，可以采取"走出去"和"引进来"的方式。一方面，支持国内金融机构和企业到境外进行气候融资；另一方面，欢迎境外机构参与中国的绿色金融市场。这不仅包括人民币绿色金融资产的投资，还涵盖了绿色金融资产跨境转让和为境外融资增信等金融活动。

---

[1] 麦肯锡，可持续发展：全球金融业实践与探索，2022.

在国际绿色金融市场上，产品种类丰富，形成了从资产所有者、资产管理者、金融中介机构、资本市场到实体经济、第三方服务机构和政府部门的完整体系。例如，美国罗德岛的布鲁克岛风电场项目，作为美国首个离岸风电场，其技术先进性、经济效益、气候效应和社会效应均得到了国际金融机构的高度认可。

此外，多边和外国开发性金融机构在中国的绿色项目投资中扮演了重要角色。例如，世界银行批准的"绿色和碳中和城市项目"，将生物多样性保护和城市低碳发展相结合，体现了国际金融机构对气候项目的关注。

在"引进来"的实践中，山东绿色发展基金模式值得关注。该项目通过亚洲开发银行（ADB）、法国开发署（AFD）、德国复兴信贷银行（KFW）、绿色气候基金（GCF）的资金支持，形成有效的国际公共资金投资，并通过气候基金、能力建设、公私合作、专业管理等方式吸引私人机构和商业投资者的参与。这一模式不仅扩大了资金规模，还推动了金融工具和模式的创新。

"走出去"的一项实践是境外发行绿色债券。2021年，中国人民银行和欧盟委员会共同发布的《可持续金融共同分类目录》，为绿色债券的发行提供了中欧共同执行的标准。中国银行、中节能太阳能股份有限公司等发行的绿色债券，便是在这一框架下进行的。

绿色债券的发行需要遵循国际债券市场的原则，包括资金用途的专款专用、项目评估和选择的严格程序、资金使用的日常管理及严格的信息披露和报告。这些原则通过绿色债券框架和第三方审查意见来保证实施。在绿色债券的评级方面，以标准普尔为例，国际评级机构会根据项目的气候效益、透明度和治理状况进行综合评分。

综上所述，无论是"引进来"还是"走出去"，碳中和投融资都需结合国际标准和国内监管要求，同时考虑项目的成熟度、风险偏好和商业模式，以选择最合适的金融工具。这对于中国企业和金融机构在国际市场上的成功至关重要。

3. 碳中和投融资金融工具的选择

在碳中和投融资领域，存在多种绿色金融工具。不同的金融工具具有不同的特点和风险偏好，因此不同的金融工具适用的项目类型各不相同。项目选择合适的金融工具，需要考虑产品特性、项目需求、企业状况及金融工具的优势和局限。债权类工具如银行贷款和债券，其优势在于资金来源广泛、操作简便，但对项目的要求较高、风险承受能力较低，更适合成熟的项目。而股权类工具对风险的容忍度较高，但对项目潜力或股本占有可能有特殊要求，涉及风险和收益的综合考量。

从项目类型看，能源转型类项目，如电力系统、交通系统、工业生产和建筑节能，适合利用社会资本和市场机制，可能还需要引入风险缓释机制。而对于气候减缓、自然资本和生物多样性等相关项目，通常需要政策性资本、优惠贷款或财政支持。

金融工具的选择还需与项目的商业模式相匹配。不同的商业模式，其融资模式也不尽相同。以绿色出行产业链为例，存在多种商业模式，如产品销售、共享经济、电力销售和数据销售四种类型的14种模式。每种模式的收入来源、盈利模式、产品和服务、目标市场、供应商和合作伙伴及商业模式的成熟度都有所不同，因此适应的金融产品和融资模式大相径庭。

此外，金融工具的选择应与项目的发展阶段相匹配。在初创期，企业以技术研发为主，资金来源可能依赖私人投资、政府奖励、资助和补贴等。成长期时，随着技术逐渐成熟，风险投资、公募和私募基金，甚至金融机构都可能参与其中。到了盈利期，企业不再担心融资难和融资贵的问题，而是考虑融资结构对公司治理和发展的影响。

对于碳中和项目投资者而言，特别需要关注企业在成长期的融资模式。在这一阶段，技术、企业家精神、团队、市场和商业模式都在逐渐成熟。如果能够将成长期的企业培育成为盈利期的龙头企业，那么将是对碳综合投融资或绿色金融的重要贡献。

四、碳中和项目典型案例

SolarCity 是美国一家专注于设计、安装和服务民用分布式光伏系统的公司。SolarCity 的商业模式创新在于融资机制，该公司利用美国联邦和地方政府的激励政策，如投资税收抵免（ITC）和加速折旧等，为客户提供低成本的太阳能设备安装服务。

美国政府的一系列政策，包括太阳能投资税收抵免、现金返还补贴和加速成本回收系数，极大地激励了可再生能源的投资和消费。SolarCity 通过这些政策，结合产品创新、服务创新和营销创新，形成了全面的能源解决方案，包括太阳能发电系统、能效提升产品、电动车充电技术和储能技术，见图 14-3。

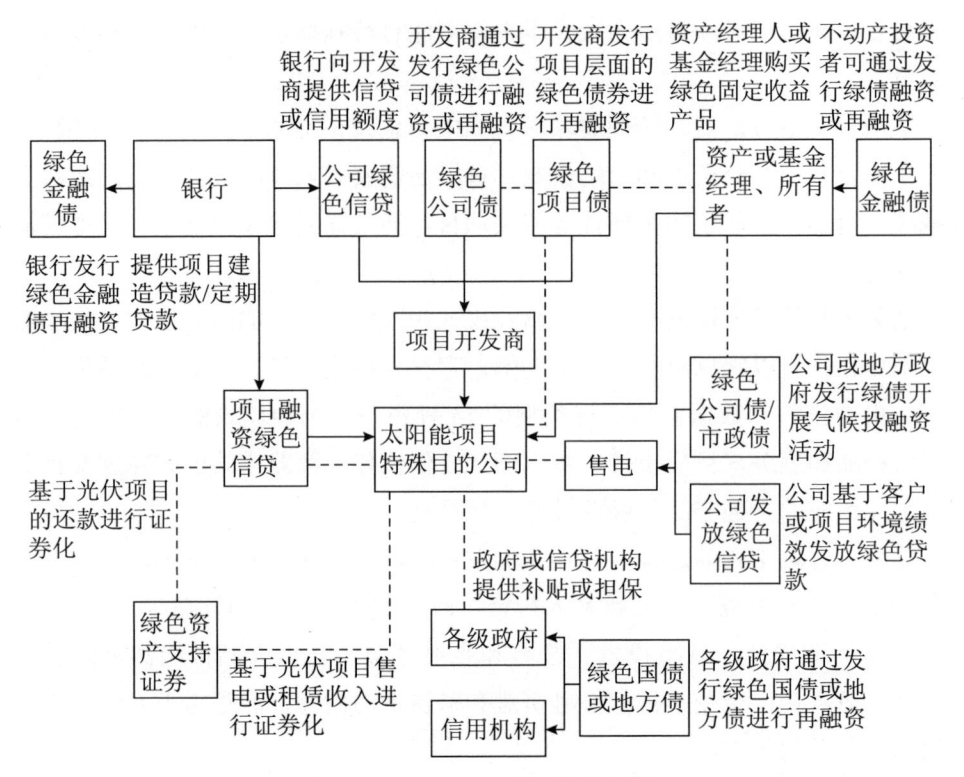

图 14-3 SolarCity 融资模式创新

SolarCity 通过多元化的销售渠道和合作网络，不断扩大客户群体，包括零售企业、科技企业、公共机构和教育机构等。

SolarCity 还进行了多种融资模式创新，如设备租赁、购电协议和贷款服务，客户无须前期投入即可安装太阳能光伏发电设备。此外，通过资产证券化，SolarCity 还将长期的售电合同转化为现金流，进一步扩大了融资渠道。

金融机构在 SolarCity 的成功中扮演了关键角色。花旗银行与 SolarCity 合作，不仅因为 SolarCity 的商业模式和政策支持，还因为花旗银行的气候目标和风险管理策略。花旗银行通过投资 SolarCity，展示了其对缓解气候变化的承诺，并实现了财务和环境的双重收益，见图 14-3。

SolarCity 的案例展示了政策环境、项目储备、金融机构及企业家精神在碳中和投融资中的重要性。通过机制和模式创新，可以引导更多的资金投向绿色低碳领域，为实现国家的"碳达峰碳中和"目标作出贡献。

第十五章
碳中和产业投资解析

自"碳达峰碳中和"目标提出以来,有关碳中和的政策体系已从顶层设计逐步向可操作、可落地的执行性政策发展。在执行性政策中,产业投资被视为推动"碳达峰碳中和"目标实现的关键环节。

一、碳中和产业投资的政策体系

理解和解析政策、判断宏观趋势的能力是开展有效产业投资的基础。在"碳达峰碳中和"战略提出和落地的过程中,从中央到地方再到各个行业,制定了"1+N"的政策体系。整个政策体系覆盖了大概十个主要方面,关系到产业发展乃至日常生活的方方面面,与投资高度相关的政策体系,有以下几个方向需要重点关注。

1. 产业升级的低碳转型政策

第一个方向是产业高质量的低碳转型。在碳达峰碳中和"1+N"的政策体系当中,中央两个主要文件即《中共中央 国务院关于完整准确全面贯彻新发展理念做好碳达峰碳中和工作的意见》和《2030年前碳达峰行动方案》重点强调的方向之一就是如何以碳中和为抓手,推动中国经济转型,并以此来实现产业的高质量发展,而产业的高质量发展必然跟低碳转型是一个相结合的过程。

党的十八大以来,中国经济一直处于战略性调整和转型升级的过程中,"三二一"产业结构格局日益巩固。根据整体规划要求,"十四五"期间,产业结构目标调整为:第一产业占比6.5%,第二产业占比35.5%,第三产业占比58%。因此,要实现这一目标,需要开展一系列必要的工作,见表15-1。

表 15-1　实现"碳达峰碳中和"的产业结构目标　　　　　　（单位：%）

产业结构	2019 年	2020 年	2021 年	2022 年	2023 年	2024 年	2025 年
第一产业	7.1	7.7	7.3	7.0	6.8	6.6	6.5
第二产业	38.6	37.8	37.3	36.9	36.4	36.0	35.5
第三产业	54.3	54.5	55.4	56.1	56.8	57.4	58.0

来源：《中国物价》，国家信息中心经济预测部。

近年来，在产业高质量低碳转型政策的推动下，提升能源利用效率成为重要任务。自 2014 年以来，中国国内生产总值的单位能耗累计降低了 20%。然而，第二产业的能耗占比仍然较高，并且单位增加值能耗问题依然突出，这表明未来在能耗降低方面仍有巨大的改进空间和机遇。在重点工业产品方面，中国的综合能耗水平已基本与国际水平趋同，但其他大多数产品的综合能耗仍有待进一步降低。

因此，在产业高质量发展过程中，低碳发展、全面绿色转型仍面临巨大压力。这一政策领域不仅需要予以高度关注，也是推动碳中和投资的重要政策方向。

2. 高效能源的低碳转型政策

第二个方向是能源低碳转型。能源低碳转型在整个碳中和政策体系中占据了重要地位，多部核心政策文件都强调了能源低碳转型的重要性。

中国的能源资源以煤炭为主，石油和天然气供应依存度较高，化石能源占比超过 70%。在这种情况下，加快能源消费结构向清洁低碳转变显得尤为必要。

在高度依赖进口能源的背景下，必须兼顾能源安全和碳减排。在确保能源安全的前提下，大力推动可再生能源替代，加快建设清洁、低碳、安全的能源体系成为迫切的政策任务。这一政策任务背后蕴藏着巨大的投资潜力。随着能源结构的调整，多个产业领域面临着大规模调整，而新兴的可再生、绿色和清洁能源领域具有巨大的增长空间。

中国能源转型呈现出四种主要趋势，这些趋势也反映了政策上的投资方向。一是能源消费增速放缓，向多元化清洁能源供应体系转型。二是数字化和智能化提升能源系统整体效率和安全性。三是能源服务模式和消费者角色发生变化。四是零碳、能源和数字化转型共同推动新模式和新业态的发展。

在能源低碳转型政策的深入解析中，节能增效是一个不可忽视的维度。这一维度不仅强调了能耗控制的重要性，还突出了能源有效节约技术的应用价值。通过这些措施，可以有效提升能源利用效率，使其达到一个更为合理的水平。

目前我国的能源使用水平与国际基准水平相比，尚存在一定的差距。因此，提高能效不仅是对能源资源合理利用的要求，也是实现碳减排目标的重要途径。这双重作用使得节能增效政策具有了显著的现实意义和投资价值。

能源低碳转型的第二个维度涉及对能源系统的理解。传统的能源传输方式主要是点状传输，然后逐步向网络化演进，直至目前已进入大型结构化能源系统的前期阶段。这种大型结构化能源网络要求具备智能支持和数据支持，其复杂程度远超以往的能源体系。智能电网系统以现代信息和电网技术为支撑，具有坚强性、自愈性、兼容性、经济性、集成性和优化性等特征。这些特征决定了未来的智能电网将开辟许多新的发展领域，孕育新的技术和投资价值。发展领域主要包括清洁友好的发电系统、安全高效的输变电系统、灵活可靠的配电系统、多样互动的用电系统和智慧能源与能源互联网系统，这五个领域均具备重要的碳中和产业投资潜力。

对能源低碳转型进行简单总结，整个能源低碳转型政策在碳中和政策体系中占据重要位置，同时也是技术创新的关键方向。各种新技术普遍出现在能源低碳转型领域，如分布式能源系统和光储直柔技术等，相应地，这些体系也要求政策进行相应调整。以光储直柔技术为例，作为建筑新型配电系统，它是发展未来零碳能源的重要路径。要让这一系统发挥作用，必须构建出"源网荷储"一体化的现代能源体系。该能源体系需要政策上的支持，因为"源网荷储"一体化系统包括区域级、市县级和园区级三个层次的整合，这种复杂的层次整合需要政策上给予力度支撑。

许多有关碳中和的技术和发展方向与碳中和政策之间具有互动性。有时技术先行，推动政策调整，有时政策引导技术研发和创新。这种良性互动在碳中和领域和绿色低碳领域是普遍存在的，也是一种积极的现象。

3. 能源化工的低碳转型政策

第三个方向是能源化工行业的转型。能源化工行业作为中国第二产业中占比非常高的行业，是下一步产业转型的重点，也是政策密集实施的领域。目前中国是全球最大的化工生产国和化工消费国，在此背景下，能源化工产业整体进入了低碳转型的关键期。

这一关键期恰好是行业整合、转型升级的重要时机。据不完全统计，近两年能源化工行业的并购显著提升，一些具有国际影响力的大型并购也发生在能源化工行业。这正是碳中和政策引导行业进行相应整合的体现，通过资本整合和并购的方式实现行业的低碳转型。

因此，需要高度重视能源化工领域的相关政策。短期内，能源化工行业的减排政策主要依靠提高能效和材料利用效率；从长期来看，是生产方式和原材料利用方式的转变，而这也蕴含了新的投资机遇。

4. 城市区域的低碳转型政策

第四个方向是城市低碳转型，主要包括几个核心内涵。目标是打造零碳城市，但从目前来看，实现这一目标还较为困难。在中国，排除少数森林覆盖率很高的边境城市或西部山林城市，只有少数城市能够在当前或未来几年内快速实现零碳城市的目标。

零碳城市的构建是一个系统化的过程，涉及大量城市空间、城市内容形态和城市能效问题。这些主体都需要使用能源，面临能效提升和碳排放降低的挑战。城市向零碳转型的核心在于构建联通体系、紧凑的城市构成体系和清洁的城市运转体系，这三者结合能够使零碳目标真正实现。因此，城市低碳转型中蕴含了低碳交通网络、低碳城市更新、低碳建筑系统和低碳能源系统等投资方向和机会。这是对城市低碳转型的认知。因此，需要认真研读这些核心城市的政策集。在国家相关政策指导下，中国的主要城市，包括副省级城市、省会城市及重要的经济大市，均已出台"碳达峰碳中和"相关指导文件。这些文件可以作为实现零碳城市的重要参考。

5. 乡村振兴的低碳转型政策

第五个方向是乡村低碳振兴政策。相比城市，乡村的碳排放量较小。但乡村建设与低碳建设有着天然的内在统一联系。习近平生态文明思想的一项核心内容是"绿水青山就是金山银山"的"两山"理念，这一理念是习近平总书记在浙江省湖州市安吉县余村提出的。

在"两山"理念的指导下，乡村振兴与低碳建设有着内在融合的逻辑。乡村振兴战略包括构建清洁可靠的乡村低碳能源体系，转变农业生产方式，逐步向精准化农业生产转型，增加碳汇，开发碳金融，推进农房的节能改造。在这些方面蕴含着巨大的投资机会。

具体来说，这些策略包含一系列技术路径，包括农村能源利用的新技术、农业减碳相关技术，尤其是与土壤和精准农业相关的技术。除此之外，还包括减少动物肠道发酵的技术。全球碳排放的一个重要来源是农场动物（如牛）的肠道排放。因此，减少动物肠道发酵的技术对于降低乡村碳排放具有重要意义，也是一个特殊的投资方向。

最后一个方面是碳抵消。目前的碳投资中，大量资金涌向乡村，以购买林业碳汇。在碳汇方面，目前林业碳汇开发的规模还不够，更多的是海洋渔业碳汇、农业碳汇等新的碳汇来源。这一块也蕴含了投资机会，见图15-1。

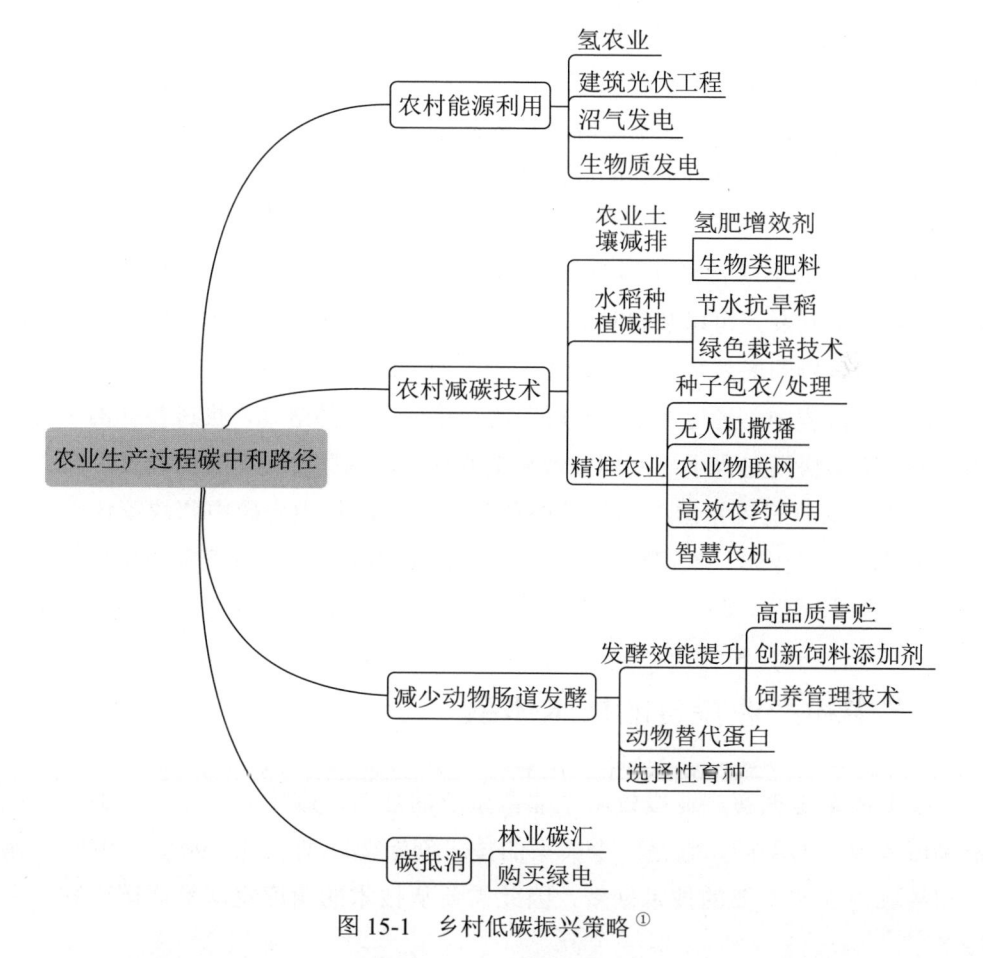

农业生产过程碳中和路径
- 农村能源利用
  - 氢农业
  - 建筑光伏工程
  - 沼气发电
  - 生物质发电
- 农村减碳技术
  - 农业土壤减排
    - 氢肥增效剂
    - 生物类肥料
  - 水稻种植减排
    - 节水抗旱稻
    - 绿色栽培技术
  - 精准农业
    - 种子包衣/处理
    - 无人机撒播
    - 农业物联网
    - 高效农药使用
    - 智慧农机
- 减少动物肠道发酵
  - 发酵效能提升
    - 高品质青贮
    - 创新饲料添加剂
    - 饲养管理技术
  - 动物替代蛋白
  - 选择性育种
- 碳抵消
  - 林业碳汇
  - 购买绿电

图 15-1　乡村低碳振兴策略[1]

在乡村振兴中，还有一个重要方向是低碳能源改造。乡村低碳能源改造有多种模式，传统的煤改气、煤改电方式是不可替代的。在当前情况下，还提出了一些替代性解决方案，包括沼气、光伏、风电等，还有农村的移动储能设施，这些都是未来乡村低碳能源改造的重要方向，也是重要的产业投资方向。

---

[1] 35斗.4类方式，12项行动，我国农业企业应对"双碳"目标的路径探讨[EB/OL]. [2022-03-26].http://vcearth.com/p/MmE2ZjI0YzI5N2VlOTYyMTFkNGZiYTI0NDQxYzI2Nzc=.html.

在这一轮乡村振兴中，农房绿色改造同样是具有相应资金支持和补贴的发展方向。乡村农房大多为独立自建屋，而这种独立自建屋更容易应用绿色技术和绿色材料。这也是相关行业经营者未来业务开展的重要场景。

6. 末端治理的低碳协同政策

第六方向是产业投资解析回归到减污降碳协同战略。在碳达峰碳中和"1+N"政策体系中，减污降碳协同被反复提及，原因之一是末端治理在碳治理中的重要性。碳的末端治理是一个不可回避的技术问题和政策问题。全球碳排放中，废弃物处理约占 3.2%[①]，这是一个不容忽视的问题。更重要的是，从科学角度看，温室气体与污染物排放具有很强的同源性，这一同源性经过技术验证和数据分析得出了科学结论。

温室气体的末端治理和污染物排放的末端治理在技术上也具有同源性，这意味着在技术开发上可以节省时间和成本，同时加快技术迭代和升级的效率。因此，减污降碳协同增效是当前"碳达峰碳中和"的重点任务。

在这一过程中，通过"无废城市"这一重要政策的落地，推进整体的末端治理。减污降碳协同包含了一系列技术和重要项目，这些都是重要的投资方向。

之所以从政策体系维度解析碳中和产业投资，是因为碳中和政策体系中蕴含了大量的投资逻辑。认识到这一点，对于理解和把握碳中和产业投资机会至关重要。

二、碳中和产业投资的技术体系

技术体系是理解产业投资一个非常重要的环节。碳中和体系与其他产业投资领域有很大的不同，它是一个典型的技术创新驱动型领域。90%～99%的碳中和领域内含着重要的技术创新，因此需要从技术的角度重新解读碳中和产业投资。

根据科技部对碳中和技术的分类，碳中和技术大致分为五大类：零碳电力能源技术、零碳非电能源技术、燃料/原料与过程替代技术、CCUS/碳汇与负排放技术和集成耦合与优化技术。科技部的这一分类基本上涵盖了从原创技术和创新路径上来看碳中和的大多数技术方向，见表 15-2。

---

① Our World in Data. Greenhouse gas emissions by sector[EB/OL]. https://ourworldindata.org/ghg-emissions-by-sector.

表 15-2 科技部碳中和技术分类

大类（5）	子类（18）	亚类（66）
零碳电力能源技术	可再生电力与核电	太阳能发电、风能发电、地热发电、海洋能发电、生物质发电、水力发电、核能发电
	储能	机械能储能、电气储能、电化学储能、热化学储能
	输配电	高比例可再生能源并网、交直流混联电网安全高效运行、先进电力装备
零碳非电能源技术	氢能	工业副产氢、电解水制氢、化工原料制氢、物理储氢、化学储氢、运氢、燃料利用、原料利用
	非氢燃料	生物质制备燃料、CO_2制备燃料、新型燃料、氢能燃料利用
	供暖	低品位余热利用、水热同产、热储能、热力与电力协同、其他热利用
燃料/原料与过程替代技术	电气化应用	工业电气化、建筑电气化、农业电气化、交通电气化
	燃料替代	生物质燃料替代、氢燃料替代
	原料替代	生物质原料替代、绿氢燃料替代、捕集CO_2原料替代、低碳建材/冶金/化工原料替代
	工业流程再造	钢铁流程再造、有色流程再造、化工流程再造、建材流程再造
	回收与循环利用	能量回收利用、物质回收利用
CCUS/碳汇与负排放技术	CCUS	捕集、压缩与运输、地质利用与封存
	负排放技术	碳移除、强化碳转化
	碳汇	陆地碳汇、海洋碳汇
集成耦合与优化技术	能源互联	多能协调发电、多能互补耦合应用
	产业协同	全产业链低碳集成与耦合、跨产业低碳集成与耦合
	节能减排降碳	效率提升、碳减排与大气污染物协同治理、碳减排与水污染物协同治理、碳减排与固体废弃物协同治理
	管理支撑	碳排放监测核算体系、碳中和决策支撑

资料来源：科技部二十一世纪管理中心。

在这些技术体系中，目前处于概念研发阶段的约占30%，处于中试和示范阶段的约占36%，已经进入商业应用阶段的约占34%。这些数据对投资具有直接的指导意义。从整体的技术架构上理解碳中和产业投资所涉及的技术方向，可以从中挑选几个重要的方向进行拆解，包括低碳能源技术，低碳产业技术，数字转型技术，生物能源技术，资源循环技术，碳捕集、利用与封存技术，碳汇技术和低碳管理技术等，逐一展开分析。

1. 低碳能源技术

低碳能源技术是目前占比最高、投资集中度最高的技术方向。能源的低碳化一直是一个亟待解决的难题。通过能源供应端逐步采用低碳化的技术最终达到零碳能源的愿景，这个过程非常漫长，需要的技术供给非常多，如图15-2所示。

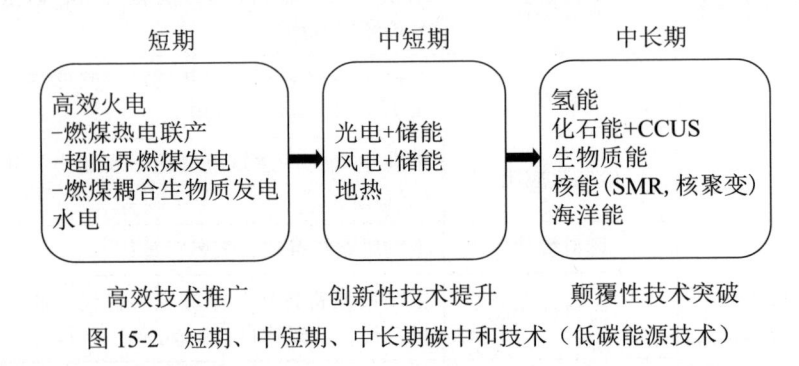

图15-2 短期、中短期、中长期碳中和技术（低碳能源技术）

从短期来看，需要高效的火电技术和水电技术；从中短期来看，需要光电加储能、风电加储能、地热等新技术；从中长期来看，需要实现氢能、化石能加CCUS（碳捕集、利用与封存）、生物质能、核能、海洋能等颠覆性技术突破。这些技术的叠加才能导向零碳能源愿景的实现。

在零碳能源愿景的供给侧，需要解决一系列体系化的问题，才能使上述低碳能源技术有效地将能源提供到需求端。这涉及技术的迭代、传统技术的更新、创新技术的提升、颠覆性技术的突破等。而不同阶段的技术对应着不同阶段和类型的投资。例如，目前光电、光热储能技术是典型的可以接入的技术领域；而高效火电和水电领域现在主要通过传统金融手段，以债务性资金为主要金融手段介入；中长期的氢能、CCUS、生物质能、核聚变等主要靠风险投资介入。

在太阳能技术方向，新技术和新材料提升了光电转化效率，推动了整个光伏产业的升级。全球的太阳能电池大部分采用高性能的PERC等技术，效能非常高。理论上，还有新的技术如TOPCon技术和HJT技术等，将不断提升太阳能光电转换的效率。钙钛矿电池技术作为创新技能技术，持续受到资本的关注，尽管在规模化应用过程中面临一些困难。

风能技术正逐步向降低成本、提高效率、改进工艺方向发展。现在中国风机的高度比以前更高、叶片更长，展现了在该领域的全球领先技术优势。海上风电领域也有重点突破，尤其是大型漂浮式电站，安装和发电效率及运维成本降低，也在不断提升风电的配套能力。

储能方面，主要是为了解决电力资源的时空分布不均问题。储能技术上，主要是发展新的储能解决方案，如各种新型化学储能。锂离子电池储能占据主导地位，而新的电池材料开发也孕育了新的化学储能机会，如钠硫电池、液流电池、超级电容等。

经过十几年的发展，目前氢能技术处于产业化早期。氢能行业已经出现上市公司，意味着行业已迈入产业化阶段。绿氢制备和储存与风光资源协同，是资本高度关注的领域。

2. 低碳产业技术

工业领域的低碳化是一个重要的技术领域。由于工业生产的碳排放比重高，如何在全生命周期内实现节能减排，是技术研发时考虑的重要因素。钢铁行业、石油石化行业等都需要通过技术创新实现降碳。

3. 数字转型技术

数字转型技术，如大数据、工业互联网、人工智能、区块链、云计算、物联网等，支持不同利益相关者进行碳减排。这些技术在不同领域或主体中使用，作用各异，但数字化技术的应用程度与主体降碳程度呈正相关关系。

4. 生物能源技术

生物质能源是新的高度受关注的方向，涉及生物质发电、生物液体燃料、生物质燃气、基础材料及化学化工品等。生物质能是绿色能源，部分具有可再生性。

5. 资源循环技术

资源循环技术意味着将部分有残值余值的能量、物品或资源进行二次利用，提高利用率。这需要技术的介入，如电池回收利用技术。

6. 碳捕集、利用与封存技术

碳捕集、利用与封存（CCUS）技术通过特定手段和装置捕集碳排放，然后运输至特定地区或装置进行封存。目前大多数 CCUS 技术尚不成熟，且商业成本较高，但未来有望具备更大的可用性和商业性。

7. 碳汇技术

碳汇技术，如生物碳土壤固碳技术、陆地碳汇增强技术和海洋碳汇技术，是天然具有价值的领域，具有直接变现能力。

8. 低碳管理技术

低碳管理技术涉及碳监管的全过程。碳监测技术，如在线监测、遥感卫星反演、大数据监测平台和空天地一体化监测网络是重要的碳监管手段。碳规划评估、碳足迹评价等技术也是低碳管理的重要组成部分，对提高碳中和产业投资能力和效率、保障投资效益具有重要意义。

三、碳中和产业投资的培育体系

本节探讨碳中和产业投资的另一项重要内容——碳中和产业投资的培育体系，了解碳中和产业项目是如何产生的，以及通过哪些维度和支撑，这些项目能够获得良好的发展。

1. 认识产业培育的基本规律

产业培育的整体逻辑，在于发现那些最终值得社会资本投资的项目。投资前需要明确为什么要投资碳中和产业领域的项目。主要原因包括：机制的创新，如"碳达峰碳中和"政策和一系列政策体系化的支持；市场驱动，市场的特殊需求促使某些项目出现；政策的倒逼，如碳中和政策要求某些行业尽早完成低碳化生产。

2. 考虑投资周期的问题

接下来，需要考虑投资周期的问题。在不同的周期，不同的技术、不同的项目所具有的价值是不同的。例如，在达峰周期，应重点关注协同转型项目，因为这个阶段时间短，需要高强度的效果来及早达到拐点。而在中和周期，由于有更长的时间，可以专注技术转型项目。

3. 考虑投资什么的问题

第三个问题是投资什么。需要从技术创新、产业转型和新兴产业方向等维度进行认真分解，并聚焦科技创新，因为碳中和领域具有高浓度的科技创新基因。

4. 考虑谁来投资的问题

最后一个问题是谁来投资。在碳中和产业中，由于存在不同的周期和技术体系，不同的社会主体需要参与到产业投资中。政府重点引导发展具有示范性和基础性技术创新的项目，并与不同周期的政策相匹配。企业则以投资回报和收益率为核心目标，考量不同技术的成熟度和风险性。此外，还有一些公共机构投资于具有公益性质的项目，如开源技术平台和数据平台。

5. 考虑潜在市场空间问题

产业培育还需要考虑潜在的市场空间。例如，能源行业整体规模将大幅扩大，工业领域、建筑部门和交通运输领域的投资需求也是庞大的。政策培育和产业培育得到了政策的有力支持，尤其是我国提出将能耗双控政策向碳排放双控政策转型，这对碳中和产业项目培育提供了更高的要求。

6. 考虑潜在项目空间问题

空间问题也是产业培育中需要考虑的一个重要方面。在我国的产业格局下，大多数项目进入了园区，园区成为碳中和产业投资的核心载体。园区在遴选企业时会有低碳化产业倾向，需要寻找增长空间和生态价值与经济价值的平衡。

7. 考虑技术评估和验证问题

技术评估和验证也是产业培育中不可或缺的一环。由于碳中和产业的技术依存度高，因此必须强化技术评估与验证能力。通过政府和社会公共机构的支持，可以搭建一个开源的碳中和技术评估与验证平台，为产业投资提供有效服务。

四、碳中和产业投资方向的选择分析

在这一节，我们将深入探讨碳中和产业投资的重要方向选择和考量，为投资者提供理解和选择碳中和产业投资方向和项目的基础。

1. 全球碳中和产业投资方向分析

国际能源署（IEA）对全球能源投资的预测表明，能源领域在碳中和产业投资中占据绝对比重（70%～80%）。根据 IEA 的预测，在净零排放的情形下，全球的能源投资将从近 5 年的年均 2 万亿美元增长到 2030 年的近 5 万亿美元，到 2050 年达到年均 4.5 万亿美元。为实现净零排放，全球的能源总投资额大概需要 130 万亿美元。这涉及的核心领域包括传统能源领域、主要的新能源领域和可再生能源领域、终端电气化、电力系统的更新升级、与能源相关的交通 / 工业基础设施 / 燃料生产等。这些也是需要读者从全球碳中和产业投资的角度重点关注的方向。

具体来说，从燃料、电力、基础设施和终端用能四大部门来看，未来具有以下趋势。

第一，未来10年电力部门的新增投资最为突出。预计到2030年，电力部门中可再生能源的年度投资可达到1.3万亿美元，成为关注重点。

第二，终端用能部门低碳技术的年度投资额预计从目前的5300亿美元增至2030年的1.7万亿美元。主要方向包括建筑深度改造、工业工程转型、低排放车辆和高效电气采购等。

第三，未来对低排放燃料的投资也将大幅增加，到2050年投资额预计比2020年增长30多倍，达到1350亿美元。其中，氢及氢基燃料和生物燃料各占一半。

可再生能源领域将是国际投资竞争的重点和制高点。各国出台了一系列政策且鼓励在可再生能源领域进行产业投资。例如，美国的《通胀削减法案》提出在清洁能源领域投资约3700亿美元，欧盟的《绿色新政法案》提出快速向可再生能源进行投资和转型，英国、日本、韩国等重要的经济体也将这些领域作为未来发展和投资的核心方向。

全球能源结构将加快调整，未来可再生能源会占到50%左右的比重。新能源将快速渗透到能源体系当中，将从传统的资源依赖转向技术依赖。在这种情况下，大量的能源领域的投资将转向对这些技术的投资。

在资源分配不均的时代，全球化石能源的分布显示出明显的不均匀性，风光资源则相对均匀地分布在地理空间中。能源的转型可以有效地打破这种不均匀的资源分配格局，提升新能源和再生能源的总体福祉，从而显著改变投资收益的回报形式。

2020—2030年将是全球清洁能源大规模投资扩张的10年。除了清洁能源的一次使用，还能转化为清洁能源的二次、三次使用形式，比如电动汽车，其发展潜力正迅速扩展。储能和氢能在未来的10～20年，甚至到2060年达到"碳达峰碳中和"目标时段都有望实现规模化发展，进而带动整个能源系统形态的根本性变革。

煤电投资持续大幅度降低。在这种情况下，如果沿用传统的投资逻辑来看待这个行业，可能与整体宏观趋势背道而驰，因此需要审视和反思投资策略。

从主流的财富基金、规模化的公募基金及部分规模化的私募基金的角度来看，全球向可持续基金方向拓展的规模越来越大。全球签署PRI（负责任投资原则）的金融机构数量在持续增加，其整体资产规模也在不断扩大。这些资金被定义为绿色资产，指投资于绿色低碳产业或碳中和产业的资产。全球绿色资产的规模不断扩大，这种扩大意味着碳中和或绿色资产的资产池规模已经达到一定水平，这对于进行二次交易和其他类型的交易非常有利，为投资行为提供了更多选择和更多投资工具的使用基础。

2. 中国碳中和产业投资方向分析

根据有关机构预测，中国要实现碳中和目标，从 2020 年到 2050 年的总投资需求分别为 127 万亿元和 174 万亿元，显示出庞大的投资规模需求。在不同的行业中，如能源、工业、建筑和交通等，各有相应的投资分配。尤其是能源行业，在碳中和投资中占据着绝对的比重，见表 15-3。

表 15-3　碳中和目标下中国能源投资　　（单位：万亿元人民币）

情景	能源供应	工业	建筑	交通	总计
政策情景	53.71	0.00	6.29	10.51	70.51
强化政策情景	77.89	0.39	7.42	13.99	99.69
温控 2.0℃ 情景	99.07	2.66	7.94	17.57	127.24
温控 1.5℃ 情景	137.66	7.18	7.88	21.66	174.38

来源："中国长期低碳发展战略与转型路径研究"项目报告，清华大学气候变化与可持续发展研究院。

国际能源署（IEA）的预测略有不同，其估计到 2060 年，中国实现碳中和目标的累计投资将达到 32 万亿美元，相当于 213 万亿元人民币，比前述预测高出数十万亿元人民币。IEA 的预测考虑到了国际资本互动因素，这些因素使得 IEA 的估算更为开放和全面。

中国在核心投资领域具备承载庞大资金量的基础。

（1）新能源和可再生能源潜力充足

预计到 2050 年，中国风电和太阳能的装机容量将超过 60 亿千瓦，是 2020 年的 11 倍左右。这表明在绿色电力方面中国有巨大的扩展空间。尽管东部地区的电力需求仍然巨大，但西部和东北地区的电力需求较少。由于中国的经济和人口主要分布在东部和南部地区，整体电力需求和供给并不匹配。

中国在可再生能源方面拥有丰富的资源基础。根据技术开发能力评估，中国陆地和海上 100 米高度的风能资源量非常可观，预计可开发量达到 51 亿千瓦以上。特别是近海水深 50 米的区域，其 100 米高度的风能资源开发潜力约为 4 亿千瓦。如果这些资源得以适当开发利用，风电和光伏发电的潜在年发电量可达到 77.9 万亿千瓦时，相当于目前全社会用电总量的 10 倍。因此，中国在可再生能源方面拥有丰富的资源基础，如图 15-3 所示。

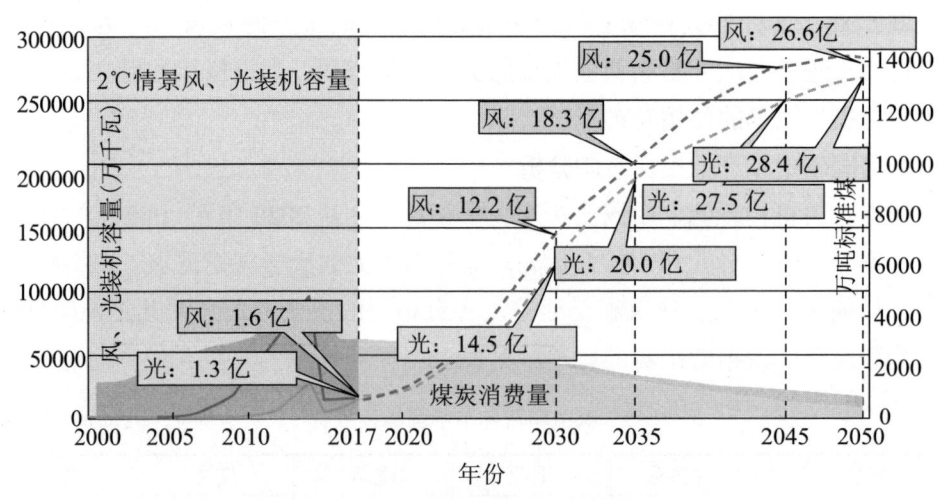

图 15-3 中国新能源和可再生能源潜力充足

数据来源：国家气候中心。

（2）中国可再生能源的成本已经降至一个合理的区间

以光伏发电为例，据国际可再生能源署（IRENA）的报告，光伏发电的全球加权平均电力成本从 2010 年的每千瓦时 0.445 美元下降到 2022 年的 0.049 美元，下降了 89%。这一显著的成本下降主要是由于光伏组件成本的急剧降低和技术进步提高了太阳能发电的竞争力。中国是光伏成本下降的主要推动者，在没有补贴的情况下，中国 344 个地级城市的光伏发电已经可以比电网供电更低的价格实现。这使得光伏电站成为一种稳定现金流的投资标的，满足大多数投资模型的需求。

对于传统保守型投资者，他们习惯于购买煤矿等资源型投资，而现在面临着投资逻辑的转变。煤矿和煤电产业逐步退出的背景下，光伏发电站的建设持续推进，并且展现出与煤矿投资相反的发展趋势。尽管在投资模型上二者都追求稳定收益，但二者的发展走向完全不同。

从比较的角度来看，中国的光伏发电成本相较于美国低约 20%，相较于欧盟低约 27%。预计到 2030 年，各类光伏技术的成本将进一步降低 60% 左右。这使得中国具备了向美国和欧盟出口光伏产品的竞争优势（前提是不存在贸易壁垒或反倾销措施），从而能够通过出口获取相应的投资回报，这一点非常重要。

据彭博新能源财经报道，中国的绿氢生产成本同样处于全球最低水平，比美国低约 30%，比欧洲低约 50%（如图 15-4 所示）。美国和中国均有望在 2030 年之前将绿氢的生产成本降低 80% 以上。中国凭借丰富的风电和光伏资源，绿氢成本最低，具备实现这一目标的潜力。在绿氢成本方面，中国有望长期维持全球最低价格的地位。

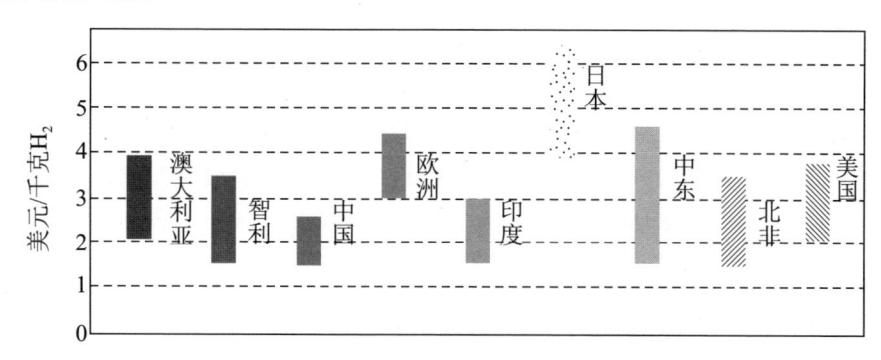

图 15-4　各国（地区）绿氢成本

资料来源：中国 21 世纪议程管理中心等。

（3）中国在新能源制造产业链上具有全球领先优势

在离岸风电、在岸风电、光伏、新能源汽车、核电等重要领域，中国的技术领先程度显著。中国在大多数领域的市场份额超过 40%，在某些领域甚至高达 50%～60%。在一些特殊领域，中国几乎垄断了全球市场 80%～90% 的份额。这表明中国在整个可再生能源产业链上的占据度极高，反映了其技术成熟度和新技术验证的成功率较高。这种领先地位不仅增强了中国在全球新能源市场上的影响力，也为相关技术投资和项目投资提供了稳定的基础和机会。

从投资的角度来看，存在一个投资耦合的基本框架，这一基本框架能够帮助投资者厘清主要的投资方向和所处的阶段。

（1）研发阶段。大多数项目需要天使型资金的介入，用以支持初期的技术验证和概念验证。

（2）起步阶段。随着技术的成熟和商业化进程的推进，项目可能进入起步阶段，此时风险降低，可以吸引风险投资（VC）介入，推动商业化进程。

（3）发展阶段。进入发展阶段的项目通常具备了一定的工业化规模，可以实现大规模推广和市场化，此时私募股权（PE）资金可能介入支持项目扩展，部分项目可能已经准备好进行首次公开发行（IPO）。

整体而言，这种投资耦合的逻辑清晰明了，适用于大多数碳中和产业和技术方向的投资匹配。

3. 碳中和基金投资方向分析

（1）碳中和基金投资方向

在具备良好的产业基础、政策支持、技术体系和产业培育手段的背景下，中国的碳中和基金或绿色基金开始迅速发展。这些基金涵盖不同的类型，具体如下。

第一，由各级政府主导的碳中和产业引导基金。其主要目的是引导产业发展。目前许多城市，包括十几个省份和副省级以上的城市，推出了数十亿元甚至数百亿元规模的碳中和产业引导基金。此外，国家级别的绿色发展基金如885亿元规模的国家绿色发展基金也已设立，这些基金在促进产业引导方面发挥着重要作用。

第二，以投资收益为核心目标的标准碳中和产业投资基金。这些基金主要由宝武、五矿等大型企业集团推出，同时还包括一些转型企业和新能源企业。这些企业通过投资碳中和相关产业，旨在实现经济收益的同时，创造相应的社会价值。

第三，从投资角度的PPP项目型基金。主要是项目型基金在碳中和领域的应用较为普遍。通常这些项目型基金比较稳定，其现金流表现较好，特别是在投资光伏电站、大型节能改造等领域时更为显著。这些项目型基金通过PPP模式和EOD模式（生态环境导向的开发模式）等进行投资，其投资逻辑较为特殊，适合一些具有特定投资偏好的资金。

第四，以特定技术为主要投资方向的PE（私募股权投资）和VC（风险投资）基金。这两类基金在碳中和领域也很常见。一些知名的市场化基金如红杉等也成立了自己的碳中和基金。这些基金通过投资碳中和产业，旨在实现经济收益的同时，推动技术创新和产业发展。

（2）碳中和基金面临的挑战和机遇

目前中国的碳中和基金体系相对完整，涵盖了各个行业和各个类型的投资。一些代表性的基金包括宝武设立的500亿元规模的碳中和基金、中金跟协鑫成立的100亿元规模的碳中和基金、远景跟红杉成立的100亿元规模的碳中和基金等。分析市场上已成立的专注于投资碳中和产业的基金，发现这些碳中和基金正面临着一些挑战和机遇。

第一，这些基金多关注能源结构调整，投资方向过于集中。目前碳中和基金过于集中在能源结构调整方面，部分涉及产业结构调整，这具有一定的合理性，因为能源是碳中和战略的核心。主要投资赛道包括新能源动力电池、储能新材料及相关装备，这些都是典型的能源结构调整方向。但过于集中在能源结构调整上可能面临一定挑战，需要在投资逻辑中增加更多特色，以提升竞争力。

第二，基金在技术成熟度上面临认知挑战。当前的基金投资在技术选择和认知能力方面面临挑战。投资于成熟期项目时，不应过于追求标杆性技术或仅因其市场知名度而选择该项目。因为这些项目未必在商业上成熟或成本上可靠，需要认真分析。对于那些专注于特定技术以获取高回报的基金来说，必须具备强大的技术判断能力和科学可行的技术识别与验证逻辑，否则这些项目很可能面临长期持有而难以短期变现的挑战，只能通过部分股权出售等方式获取部分回报。因此，这些基金的投资策略存在差异，需要根据具体情况进行精准定位和制定策略。

第三，多数基金集中设立，规模庞大，竞争激烈。目前碳中和基金面临的另一项挑战是密集设立，许多基金规模庞大，但短期内相关领域未完全开拓，导致投资领域相对单一，可能引发内部激烈竞争现象。一些备受瞩目的项目，尤其是具有高确定性和上市可见度的后期项目，竞争激烈且估值极高，常见的估值数额达到百亿元甚至数百亿元级别。在这种情况下，退出策略和最终的收益问题是需要考虑的关键因素。

尽管碳中和基金数量众多，但建议专注于投资碳中和产业的机构根据自身的特点、经验、技术评估体系与能力、资源结构、预期收益、IRR（内部收益率）门槛及基金维持期等因素，精心设计和选择最适合的投资方向。只有这样，才能有效地与基金的特性相匹配。

4. 政策引导的投资方向分析

根据前述章节分析的政策与技术培育逻辑，可以梳理出政策引导的投资方向主要包括减污降碳协同、循环经济和能源低碳转型等。

（1）政策引导的投资方向

第一，减污降碳协同是在碳达峰周期内政策引导投资的一个典型方向。这一方向在"碳达峰碳中和"政策中被重点强调，并且当前市场需求巨大。环境末端治理领域依然具备很大的投资价值，已得到市场的广泛认可，相关企业的净资产收益率（ROE）水平也表现不俗。在此基础上，对传统末端治理技术进行低碳化改造将带来多重叠加效应，因此政策鼓励和引导资金投入这一方向。

第二，政策重点鼓励引导投资的方向是循环经济。目前通过相应的政策制定和政府大型引导基金的推动，如国家绿色基金，大量资金已经投向与循环经济相关的项目。这些举措有效地引导了社会资本向循环经济方向投资。从整体来看，循环经济有助于碳中和目标的实现，同时也是企业降低成本、提高效率的有效手段，因此在商业逻辑上具有一定的合理性。关键问题在于如何在循环经济的框架下，找到符合不同类型基金投资要求的具体项目和投资标的，这是需要认真考虑的。

第三，政策和引导性资金指引投资的方向是能源低碳转型。这一方向的重要性无须过多强调。大量资金正在全球范围内投入能源低碳转型领域，特别是围绕中国"碳达峰碳中和"目标设定的投资基金，大多数集中在这个领域。在能源低碳转型领域，新能源技术的应用无疑是核心竞争力所在。然而，即使在同一竞争赛道，依然存在多个关键技术节点值得深入探索，需要对这些技术节点所对应的具体项目和投资标的进行精准判断。大多数资金聚焦中国"碳达峰碳中和"目标设定的能源低碳转型项目。在这个领域，新能源技术的应用是核心的竞争赛道。然而，即使在同一赛道，仍然需要深入分析和判断各个关键技术节点的投资潜力。

综上所述，减污降碳协同、循环经济和能源低碳转型是目前政策重点引导的投资方向。这些领域不仅具备巨大的投资潜力，也要求基金根据自身特点和能力进行精准的投资判断和策略设计。

（2）政策引导的投资细分方向解析

将减污降碳协同、循环经济和能源低碳转型这三类投资赛道进一步拆解，可以看到各自细分的分析及投资方向。

1）减污降碳协同领域的投资机遇

末端治理技术具有显著的投资价值。例如，在低碳水务领域，系统智能化运营、智慧给排水管理及有机物能量回收等方向都展现出可观的投资潜力。对这些技术所支持的项目进行财务分析可以发现，其财务指标相对可靠，并且经得起检验。

在园区污水低碳处理领域，存在一系列可供投资的技术标的。例如，在有机固废处理方面，微生物转化技术、生物质热解技术及蒸汽爆破技术等都是值得投资的技术方向。另外，在土壤低碳修复技术领域，微生物修复、土壤修复的纳米材料及数字化增效技术都展示出相对可观的投资回报潜力。此外，二氧化碳监测技术也是一个具备投资吸引力的领域，整体市场规模依然保持在万亿级。

2）循环经济领域的投资机遇

在循环低碳协同技术方向，有几个具体的投资方向值得关注和分析。

一是退役新能源装置的资源化利用。这包括风力发电机组件、太阳能电池板及动力电池的回收利用，这些领域存在着较大的增值空间。关键问题在于政策支持、技术的有效性和经济性。随着风机和太阳能电池板逐步进入大规模退役期，技术推动成为关键考量因素，重点在于实用性强的技术项目。中国动力电池的退役规模预计到 2025 年达到 80 万吨，欧盟和其他经济体的新电池法规可能进一步推动动力电池回收的增长。尽管未来毛利率可能不会保持目前的高水平，但这个领域仍将吸引多家上市公司的关注。

二是机电产品的再制造。由于机电产品具有较高的附加值，其再制造也是循环制造领域的重要投资方向。投资可以集中在相关技术项目或规模化的机电产品再制造项目上。

三是回用件的回收体系。目前这个领域正在逐步建立，投资标的相对分散，需要一定的投资能力来精确定位具体的投资标的。

四是高值废物的回收体系。国内已有一些成体系的投资标的，未来可能经历新一轮的市场洗牌，一些领先企业有望实现上市，整个领域仍有较大的发展机会。例如，在高值利用技术领域，从废弃物中进行有利的分析、分解和分拣的技术体系正迅速发展。宁德时代旗下的动力电池回收公司邦普科技每年在全球范围内收购特定高值废物，而格力旗下的再生资源公司也通过技术并购扩展废物回收能力，形成了较大的企业体系。

总的来说，预计循环经济产业的规模可达到 5 万亿元人民币，许多企业有机会深度参与其中。

3）在能源低碳转型领域的投资机遇

能源低碳转型技术领域，特别是新能源材料与装备方面有几个显著的投资方向值得关注。

一是以氢能和燃料电池为代表的新能源装备技术。这些技术涵盖了低成本制氢技术、储氢设备技术、燃料电池集成技术等，由于产业链长、技术密集度高，因而具备显著的投资潜力。另外，新能源相关的基础材料如碳纤维、气凝胶、生物基材料和柔性光伏薄膜等，因具有普适性和高值特性，也值得高度关注。

二是数字降碳领域。投资方向包括园区综合能源与碳排放管理、碳资产管理、数字化企业和低效用能挖掘等。

三是建筑低碳领域。投资涉及被动式建筑、光伏建筑一体化和绿色建材等领域，这些领域具备较大的投资挖掘潜力。

四是 CCUS（碳捕集、利用与封存）领域，如果某项目早期有代表性基金介入，可以重点关注，这样可以有效把握市场的发展趋势和机会。

五是替代能源及材料领域，特别是 BECCS（生物质能与碳捕获和封存）方面，合成生物材料和其他生物基材料已被证明是不错的投资方向。

六是储能与氢能作为典型的长产业链、高技术密集度领域，应用前景广阔。通过投资与并购，能够有效预测未来的增长空间，并深入了解储能与氢能的未来应用场景。

七是虚拟电厂作为一种技术集成方案，通过其项目可以有效验证应用技术的有效性。

八是远海漂浮式风电和抗台风型大风机技术，在核心技术攻关和市场认可方面具备显著的投资潜力。

九是在未来能源网络的场景中，智慧化管理系统的投资标的尤为值得关注。

十是零碳园区作为一个技术验证平台，通过能源、建筑、交通和数字运营等技术方案的综合应用，可以有效量化特定技术的投资价值。

4）投资风险是不可忽视的方面

低碳技术的发展具有较长、较深的死亡谷期，投资机构在决策过程中需慎重评估技术风险，并合理提供资本支持，帮助技术开发者跨越低碳技术的死亡谷期。

总的来说，碳中和产业投资具备双重收益，既包括传统产业的价值收益，也涵盖碳收益。尽管低碳技术面临较高的风险，但碳收益在一定程度上可以弥补潜在的损失。在碳中和产业投资实践中，需要反复考量技术死亡谷期的挑战，以确保投资标的的可持续性和价值的增长。这种策略性的投资方法有助于平衡风险与回报，同时推动低碳技术的进步与应用。

五、ESG（环境、社会和公司治理）投资

1. ESG 与 ESG 投资的概念

ESG（Environmental，Social and Governance）指环境、社会和公司治理，是一个跨领域的概念。早在 20 世纪早期就有了道德投资的概念，之后随着公民运动的兴起（20 世纪 60 年代）而逐渐演变。2004 年，联合国成立全球契约组织，正式提出 ESG 的概念，并于 2006 年成立联合国责任投资原则组织（UNPRI），

推动 ESG 成为全球投资的关键理念。中国在 2022 年成立国家级组织用于推广 ESG，并将可持续准则作为财务会计的新准则体系。

ESG 投资涵盖环境保护、社会责任和公司治理三个方面。环境保护与碳中和紧密相关，社会责任关注劳工、产品责任和信息安全，公司治理关注财务和内部治理。ESG 投资被视为碳中和产业投资的一部分，其发展对推动碳中和目标的实现具有重要意义。

在 ESG 投资框架下，碳市场投资作为重要辅助和支撑方向，通过交易碳排放权和其他环保资产，进一步推动碳减排和可持续发展。因此，ESG 投资和碳市场投资共同构成了推动碳中和产业发展的关键力量。

随着 ESG 理念的普及，ESG 投资在全球投资体系中的比重和增速显著增加。2024 年，全球 ESG 投资市场的估值约为 28.36 万亿美元，预计到 2030 年这一数字将增至 79.71 万亿美元，年均复合增长率为 18.8%。根据预测，到 2026 年，ESG 投资将占全球管理资产总量的 21.5% 以上[①]。ESG 投资已经成为全球主流投资方式和理念，受到机构投资者和社会公众的广泛认可。

2. ESG 投资的重要意义

从政策和监管角度看，ESG 被视为促进绿色转型的重要工具。通过 ESG 投资，政策措施可以有效促进绿色发展和转型，特别是提升能源使用效率和推动碳中和进程。从金融机构的视角来看，ESG 成为践行可持续投融资的主要手段，帮助金融机构有效应对气候环境和社会风险。通过向低碳项目及企业倾斜的金融支持，ESG 可以减少金融机构活动对环境的负面影响。

在企业层面，ESG 被视为可持续发展的管理框架，有助于提升企业的可持续发展水平。通过遵循 ESG 原则，企业能够有效规避 ESG 因素可能带来的风险，并增强企业获取 ESG 资金支持的能力。

中国的 ESG 政策从 2003 年环保总局（今生态环境部）提出环保信息披露开始，之后逐步发展壮大。不同年度提出的政策规定、规则和文件不断完善，近年来政策的影响力逐渐扩大。未来，证券市场在信息披露方面将按照 ESG 理念，对上市公司提出更高强制性、更高规格的信息披露要求，以推动更广泛的 ESG 实践落地。

---

① Grand View Research. ESG Investing Market Size，Share & Trends Analysis Report，2024—2030[EB/OL]. https://www.grandviewresearch.com/industry-analysis/esg-investing-market-report.

3. ESG 体系的基本内容

ESG 包括三大体系：ESG 投资体系、ESG 评价和 ESG 信息披露，如图 15-5 所示。

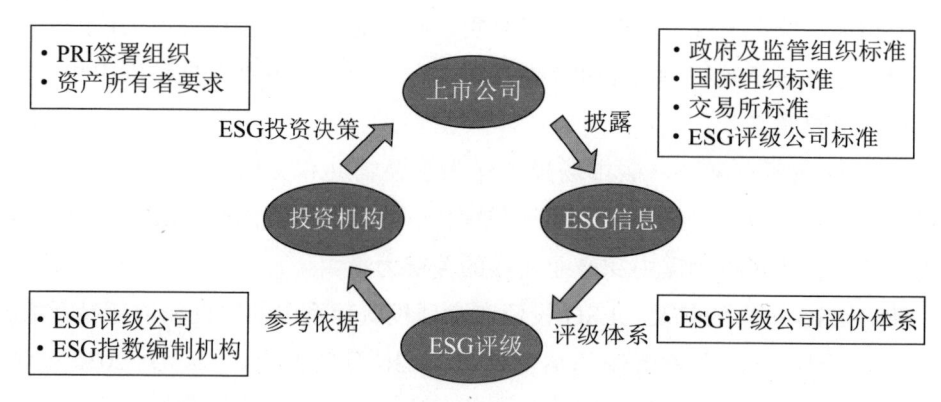

图 15-5　ESG 投资生态与要素

资料来源：社投盟。

第一，ESG 投资体系，主要由投资基金、投资者和签署 PRI 的组织等参与者组成，他们将资金投给符合 ESG 逻辑的企业和项目。

第二，ESG 评价，由第三方独立评价机构按照标准对包括上市公司在内的特定公司进行评估，生成单一评价报告或 ESG 指数级报告。

第三，ESG 信息披露，要求主体机构按照相关标准向公开市场或特定主体提交企业的 ESG 信息。ESG 评级分为主动评级和被动评级两种形式。主动评级除了依赖企业公开披露信息外，还通过问卷调查等方式获取额外数据；被动评级则仅基于公开渠道获取信息。主要的评级机构包括明晟、标普、CDP 等国际机构，国内也有商道融绿、华证、国证、中证、嘉实等评价体系，如表 15-4 所示。

表 15-4　国际评级机构与 ESG 评价体系

	MSCI ESG	S&P Global CSA	Sustainalytics	CDP	GRESB
信息来源	仅接受企业公开信息（如 ESG 报告和官网），以及具有公信力的信息统计渠道（如 CDP 等）	调查问卷、公司文件、公共信息、与公司直接联系四种渠道	公开信息，公司反馈	CDP 问卷	GRESB 问卷

(续)

	MSCI ESG	S&P Global CSA	Sustainalytics	CDP	GRESB
评价指标	ESG 三方面；10 个主题；35 项 ESG 关键评价指标；每家企业平均应用 6～10 个指标	ESG 三方面；61 份特定行业调查问卷；平均包括 100～130 个跨行业和特定行业问题，涉及 23 个关键主题	ESG 三方面；3 个模块：公司治理、实质性 ESG 议题、企业独特议题；20 个 ESG 议题，300 项指标；每个子行业应用不超过 10 个议题	设置不同行业的气候变化、水安全和森林问卷；每类问卷都包括公司治理、战略、风险管理、指标及目标等要素	分为房地产评估及基础设施评估；房地产：管理、绩效表现和开发三个层面；基础设施：管理和绩效表现两个层面
评级结果	行业落后：CCC，B；行业平均：BB，BBB，A；行业领先：AA，AAA	0～100 分	0～100 分（0～10 分：可忽略的风险，10～20 分：低风险，20～30 分：中等风险，30～40 分：高风险，40 分以上：严峻风险）	披露等级：D-、D；认知等级：C-、C；管理等级：B-、B；领导力等级：A-、A	0～100 分，根据分数分为 5 个星级，5 星级为最高
评级时间	每年更新，若有重大争议事件或关键 ESG 议题的指标数据获得更新将及时调整评级	通常为每年 2 月至第三季度，不同邀请组别遵循不同的时间线	每年更新，通常评级时间为 6 周	通常为每年 3/4 月至 7/8 月	通常为每年 4 月 1 日至 7 月 1 日开放 GRESB 线上平台，填报问卷
沟通机制	MSCI ESG lssuer；Commu-nication Portal 发行人沟通平台；esgissuer-comm@msci.com	及时填报 CSA 问卷；csa@spglobal.com	在反馈期及时回应 Sustainaly-tics 意见征询；通过 Sustainaly-tics "发行人关系团队"与分析师沟通	及时回复 CDP 问卷；asia@cdp.net	及时填报 GRESB 问卷；GRESB Helpdesk

资料来源：ERM。

ESG 信息披露主要应用于证券领域，采用的主流标准包括 GRI、SASB、IIRC、CDP 等。其中，GRI 是全球应用最广泛的披露标准，覆盖率高达 95%；SASB 标准根据企业业务类型和资源强度等因素，为 77 个细分行业制定了特定的披露标准。

在亚洲地区，如香港交易所的《环境、社会及管治报告指引》要求上市企业分析其环境、社会和管治方针、策略及相关目标，并解释这些方针与业务的关联。在中国证券市场，也已经推出强制性的 ESG 信息披露标准，以促进更广泛的 ESG 实践。

预计 ESG 投资将逐步成为主流资本市场的投资方法。尽管碳中和产业投资目前集中在一级市场，但其最终发展方向是二级市场，这要求其接受 ESG 评价、信息披露和投资逻辑的严格考验。借鉴 ESG 评价方法，通过二级市场的反向检测，可以有效评估一级市场投资的逻辑和实际表现。在进行一级市场投资时，重要的是关注碳中和技术的识别和价值判断问题，以便在与二级市场的衔接过程中制定精细化的投资模型和判断指标。这种方法有助于确保投资在长期可持续性和市场表现方面符合预期。

本 篇 总 结

中国实现"碳达峰碳中和"目标需要投入大量资金。根据测算，中国实现碳达峰的资金需求约为 28 万亿元，实现碳中和资金需求约为 100 万亿元。现阶段的资金供给不充分、不平衡矛盾将持续存在，民间投资和外资进入"碳达峰碳中和"领域具有较大空间。中国绿色金融成为引导资金的重要途径，绿色金融体系通过指引类政策、评价和激励机制确保绿色信贷政策的实施。碳金融方面，金融机构在服务碳市场的同时也应适度开展碳金融投资和开发理财产品。碳中和投融资需要结合国际标准和国内监管要求，考虑项目的成熟度和风险偏好，形成典型商业模式。

本篇全面阐述了碳中和产业投资中的政策体系分析、技术体系分析、投资方向选择分析、投资模型设计分析、与 ESG 投资的融合互动分析、与市场投资及碳基金结合分析等内容。碳中和产业投资的综合分析体系不仅有助于实现环境目标，也为投资者提供了在低碳经济转型中获得长期盈利和可持续发展的途径和策略。

| 第六篇 | **碳中和投融资典型案例**

在全球气候治理的宏观背景下，实现碳中和已成为国际社会的共同目标。本书前五篇深入探讨了碳中和的理论基础、政策框架、交易体系、产业投融资等内容，为读者构建了一个全面且系统的碳中和知识体系。在本书第六篇，我们将通过一系列精选的案例研究，阐释碳中和理念在实际应用中的成效。

本篇选取的典型案例涉及能源转型、工业减排、绿色金融、循环经济等多个关键领域，旨在通过对典型案例的细致剖析，揭示碳中和实践中的关键要素、成功经验和所面临的挑战。在这些案例中，我们将看到企业如何通过创新技术和管理模式，实现经营过程的低碳化。我们还会看到金融机构如何通过创新绿色金融产品，支持碳中和项目和企业的发展。我们期望这些案例的分享能够激励广大读者进行深入的思考并采取行动，共同推动碳中和事业的发展。

案例一：
新疆智能分布式光伏用能自洽系统研究探索——新疆交投集团

一、案例背景

新疆交通投资（集团）有限责任公司（简称新疆交投集团）是新疆维吾尔自治区直属大型国有企业，注册资本 200 亿元，资产总额 2302.47 亿元，信用评级 AAA，下属企业 140 户，员工 2.3 万余名，运营新疆 39 条高速（一级）公路 8125 公里（占全疆 82%）、232 个收费站、84 处服务区，主营业务为交通基础设施投资、建设、管理、养护、运营与服务，综合交通相关的科学技术研究、咨询服务、装备制造及相关业务，具有"五甲一特"（勘察甲级、设计甲级、检测甲级、监理甲级、养护甲级、施工总承包特级）交通全产业链资质。

新疆路域服务区智能分布式光伏用能自洽系统（简称自洽系统），通过新疆交投集团科技赋能，采用微网管控技术，在沙漠腹地、戈壁荒滩、高温高寒、电网末梢等特殊环境条件下开展研究和应用示范，形成了微网互济、并网互联、通网互动的新疆公路交通新能源网络架构。系统第一期包含两个交能融合示范项目。2022 年，新疆交投集团承担了国家重点研发计划"高速公路基础设施绿色能源自洽供给与高效利用系统关键技术研究"，克拉美丽服务区作为示范项目建设点，同时申报了自治区全社会节能减排专项资金项目；羊塔克库都克服务区分布式光伏列入国家重点研发计划扩大示范，目前处于稳定运行状态。

二、建设内容

（一）实施内容

考虑到新疆电网的特殊性（可再生能源发电装机占比较高，电网消纳能力不足），在新疆高比例规模化新能源并网的电网条件下，新疆电网原则上不接受"自发自用、余电上网"和"全额并网"模式，所以上述两个示范案例均采用"自发自用，余电不倒送"的用户侧并网模式，系统采用适合新疆的特殊控制策略，实时监控负荷变化曲线，控制系统的出力功率，防止倒送。

自洽系统设在克拉美丽服务区，位于新疆阿勒泰地区S21阿乌高速K209+000处，地处沙漠腹地（见图16-1），建设分布式光伏600.6kWp[①]，配置储能1200kWh（600kWh铅碳电池+600kWh磷酸铁锂电池）；羊塔克库都克服务区位于新疆阿克苏地区新和县G3012库阿高速K749+000处，地处戈壁荒滩区，建设分布式光伏554.4kWp，配置储能1200kWh。

图16-1 克拉美丽服务区光伏阵列

其中，克拉美丽服务区的自洽系统主要由光伏发电系统、储能系统、能量管理系统等组成，系统采用直流母线系统，可方便灵活地接入各类新能源设备，实现系统高效率运行。共安装光伏600.6kWp，采用550Wp单晶硅半片光伏组件，

---

① kWp是光伏装机容量的单位，指特定条件下光伏电池板能够产生的最大电功率。

光伏组件每 14 块为一个组串，每 13 个组串接入 1 台汇流箱，并由汇流箱输出接入 DC/DC 变流器。其中东侧、西侧边坡各安装光伏 300.3kWp。

采用 EMS 能量管控系统，实时跟踪服务区用电负荷，根据用电负荷，调节 DC/DC 变流器、PCS 输出功率，防止余电倒送。微网控制器集数据采集、运行监视、运行控制于一体；平台化、插件化设计，满足多场景运行控制和就地能量管理需求；支持多种人机交互界面，实现系统运行监视和操作；智能化程度高、安全性高、扩展性强；具备基础的 SCADA 功能，同时可以实现储能优化调度、发电预测、负荷预测、收益分析等高级应用功能。

EMS 平台具备云端监控及控制功能，结合大数据平台可实现智能化控制，同时便于远程巡查与智能运维。边缘侧微网控制器采集微网内各设备数据，并根据系统安全稳定运行策略和云端经济优化策略实时控制储能系统设备运行并进行主动防护。

（二）解决的关键问题

为了深入践行"交通强国"战略，努力实现"碳达峰碳中和"目标，新疆交投集团在"十四五"期间规划新建公路 1000 余公里。拟建公路布设大都路线长，沿线站点多为人烟稀少区域，电网支撑能力不足、供电质量不高，"孤岛"现象普遍，而传统供电架设成本高、损耗大、运营费用巨大，与使用效益极不匹配，亟须构建供能用能结构多元的现代绿色能源体系。面向桥隧、服务区、收费站等多种公路交通场景，结合新疆风光电氢可再生资源丰富、成本较低、场景需求明确的特点，综合利用风能、太阳能、氢能等可再生能源，实现公路交通领域能源的自给自足。构建的现代绿色能源体系，不仅可以满足新疆公路交通供能用能需求，还有助于深入践行国家"碳达峰碳中和"目标、推动"交通强国"建设、助力自治区公路交通绿色低碳高质量发展。

（三）案例的创新性

1. 交能融合风、光、氢（制、储、用）、负荷容量最优配比技术研究应用

通过试点项目的建设，针对高速公路自洽能源典型场景，构建以用能需求分析为基础的高速公路自洽能源系统模型，建立具有普适性、可扩展性、可移植性

且适用于新疆弱电无电地区的交通能源自洽系统规划体系，为进一步推动交通能源融合产业化提供示范。

2. 交能融合一体化场景下网络拓扑研究应用

构建数据分析平台，通过大数据分析技术研究，面向高速公路基础设施场景，形成基于信息物理系统的绿色能源多态自洽供给与高效利用系统。

3. 多能协同运行技术与控制系统研究应用

试点项目打造交能融合一体化智慧管理平台，对能源网、交通网和数字网进行信息融合和智慧调控，实现对集团公司所属服务区全域的光伏、风电、储能、用电负荷和电网的统一协调控制。

4. 基于"新能源＋制储氢"等一体化场景的智能化技术及应用示范

在沙漠腹地、戈壁荒滩、高温高寒、电网末梢和自然环境恶劣等特殊环境条件下，针对广大无电网、弱电网区高速公路网能源需求场景，实现高速公路自洽能源系统成套技术和装备的规模化应用，形成微网互济、并网互联、通网互动的新疆公路交通新能源网络初步架构，为解决广大无电网、弱电网地区高速公路智能化和服务多样化发展能源需求问题提供应用范例。

三、实施后的效益

（一）实施效果及应用情况

新疆路域服务区智能分布式光伏用能自洽系统克拉美丽服务区示范项目于 2023 年 6 月 24 日调试完毕，截至 2024 年 8 月，系统已正常运行 10 个多月，高速公路设施运行用能自洽率≥30%，交通运行安全相关设施绿色能源自洽保障率达到 100%，风雨灾害或电网失效情况下，交通运营用能自洽保障时间大于 6 小时。每年可节省标准煤 216.91 吨，年减排二氧化碳 553.09 吨。

羊塔克库都克服务区分布式光伏科技示范项目于 2023 年 3 月 28 日调试完毕，目前系统已正常运行一年多，截至 2024 年 6 月，累计发电量为 73 万千瓦时，委托集团公司路域新能源项目开发咨询服务单位全面跟踪、指导调试过程，并出具了调试报告，收益率达 6.55%。每年可节省标准煤 222.71 吨，年减排二氧化碳 567.89 吨。

（二）实施后的价值

经济效益：本项目的实施能够有效降低高速公路沿线关键节点和关键路段供电通道的建设费用，提高路网的运行效率，同时将产生显著的经济效益。

社会效益：本项目的实施能够有效提高不同场景下高速公路的运维保障能力和服务水平，降低外界输入能源中断对道路正常运营、养护和维修的影响。通过实现高速公路交通基础设施运维能源的自洽供给，为交通领域实现"碳达峰碳中和"目标奠定了技术理论基础。同时本项目受到各类主流媒体和自媒体的报道，获得百万次的点击和转发，并得到国家新闻媒体专题报道，产生了重大的社会效益。

四、总结

新疆路域服务区智能分布式光伏用能自洽系统两个示范项目一南一北（北疆、南疆），地理环境、气候特点、资源禀赋不同，系统方案也各不相同。示范项目成功建设运行的同时，也培养了集团公司新能源项目建设管理团队，形成一套项目建设管理监督流程体系。项目还通过以点带面的形式，为集团所属服务区新能源建设提供了技术支撑及建设经验，对于集团推动"交通＋新能源"，落实创新创效工作部署，盘活利用高速公路路域资源，拓展路衍经济，实现国有资产保值增效，推动交通产业转型发展具有重要的意义。

集团公司现承接运营管理新疆39条高速（一级）公路8125公里（占全疆82%）、232个收费站、84处服务区。"十四五"期间在全疆管辖高速公路收费站、服务区、养护工区等公共区域需求场景，开展光伏、风电的应用，实现路域能耗的可再生能源替代，G216喀木斯特等部分沿线服务区配套新能源项目已进入实施阶段。

同时，可将形成的绿色低碳供能用能微网管理范例和在无电网、弱电网地区形成的供能用能技术支撑方案及建设经验，逐步在S24鄯善至库米什高速公路（路线全长187公里）、G30星吐高速公路（路线全长539公里）、G217独库高速公路（路线全长约400公里）、G219线温昭公路（路线全长233公里）、S339麦盖提-塔中-若羌公路（路线全长近1000公里）、G571线拉配泉至巴什库尔干公路（路线全长近190公里），以及G219国边防公路等应用场景中加以推广和规模化应用，应用前景广阔。

案例二：
绿色债券承销发行——天风证券

一、案例背景

天风证券股份有限公司成立于2000年，总部设于湖北省武汉市，是湖北唯一省属证券公司，现有总资产995.48亿元。2018年10月，天风证券在上海证券交易所主板上市，注册资本达86.66亿元。2023年，天风证券全面落实《关于构建绿色金融体系的指导意见》《绿色债券发行指引》《绿色投资指引（试行）》《国务院关于加快建立健全绿色低碳循环发展经济体系的指导意见》《关于促进应对气候变化投融资的指导意见》等绿色金融政策及规定，发挥天风证券"投资＋研究＋投行"的综合金融服务优势，积极开展绿色投融资实践。

2016年，天风证券将绿色金融纳入公司战略，持续推动绿色理念与业务发展融合，构建了较为完整的绿色金融产业和服务体系。具体来讲，天风证券积极推出绿色金融产品与服务，支持绿色企业业务发展及战略布局，引导资金流向绿色产业，同时为我国绿色金融发展摸索出可推广、可复制的经验，开创了绿色金融助推我国经济实现转型升级的新路径。[①]

本案例以天风证券发行的绿色债券为主体，通过介绍其发行管理模式，展示天风证券在绿色金融领域的探索和成果，旨在为推动绿色金融发展、实现"碳达峰碳中和"目标提供有价值的实践经验。

---

① 李俊玲.我国绿色债券市场发展探析[J].当代县域经济，2022（5）：83-85.

二、建设内容

（一）实施内容

1. 绿色企业债券

2023年3月27日，天风证券主承销的"2023年山东正方控股集团有限公司绿色债券"成功发行。本期债券发行规模7亿元，期限7年，票面利率5.00%，此次债券的发行符合《绿色债券发行指引》《绿色债券支持项目目录（2021年版）》等文件要求，是济宁市首单绿色企业债。此次债券的发行推进了济宁市热电产业的绿色转变，是经济效益、社会效益和生态效益的最佳结合，是济宁市绿色发展的重要举措。

此次债券募投项目为邹城经济开发区工业供汽工程，募投项目对于传统电厂的转型有指导意义，有助于提高电厂机组的效率和经济性，减少对环境的污染，淘汰小型热电厂和小锅炉，对于热电产业的发展和能源的高效利用有带头作用。项目的建设实现了较大范围的集中供热，减少了一氧化碳、二氧化硫、一氧化氮等废气和烟尘的排放，使环境质量得到较大改善，大气污染物减排效益显著。表16-1所示为天风证券部分绿色企业债基本信息。

表16-1 天风证券部分绿色企业债基本信息

发行时间	债券简称	发行总额（亿元）	债券期限（年）	票面利率（%）	发行场所	债项/主体评级
2016年9月22日	16清新绿色债	10.9	5	3.70	深圳证券交易所	AA/AA
2019年8月6日	19南川城投绿色NPB	10.8	7	7.80	银行间	AA/AA
2021年4月29日	G21武铁1	20	7	4.00	银行间/上海证券交易所	AAA/AAA
2023年3月27日	23方正绿色债	7	7	5.00	银行间/上海证券交易所	AA/AAA

2. 绿色公司债券

2022年4月18日，由天风证券担任牵头主承销商和簿记管理人的"无锡产业发展集团有限公司2022年面向专业投资者公开发行绿色可续期公司债券（第二期）"在上海证券交易所成功发行。本期债券发行规模为4亿元，期限为

"3+N"年，票面利率为3.44%，创发行时全国可比债券历史最低利率。本期债券是天风证券及无锡产业发展集团促进"碳达峰碳中和"进程、强化产融互动的重要实践。未来天风证券将进一步探索绿色低碳高质量发展之路，助推绿色产业发展升级。表16-2所示为天风证券部分绿色公司债基本信息。

表16-2 天风证券部分绿色公司债基本信息

发行时间	债券简称	发行总额（亿元）	债券期限（年）	票面利率（%）	发行场所	债项/主体评级	第三方认证机构
2021年12月15日	GC太湖01	6.7	7	3.70	上海证券交易所	-/AAA	北京中财绿融咨询有限公司
2022年3月21日	22中材G1	8	3	3.28	深圳证券交易所	AAA/AAA	绿融（北京）投资服务有限公司
2022年4月18日	G22锡Y2	4	"3+N"	3.44	上海证券交易所	AAA/AAA	联合赤道环境评价有限公司

3. 绿色资产支持证券

2023年3月29日，天风资管（天风证券的子公司）作为计划管理人，支持上海易鑫融资租赁有限公司（简称"易鑫租赁"）成功发行"天风－易鑫租赁惠民1期绿色资产支持专项计划"，募集资金4.386亿元。此次发行是易鑫租赁的首单绿色ABS（资产支持证券），入池资产对应的新能源汽车每年节约标准煤2493.96吨，减少排放二氧化碳5321.19吨，减少排放氮氧化物3.75吨，减少排放可吸入颗粒物0.12吨，具有显著的碳减排及良好的社会环境效益，绿色等级为G1。此次项目是天风资管资产证券化项目在深圳证券交易所的首次亮相，展现了公司积极响应国家"碳达峰碳中和"目标号召，实现汽车金融行业绿色发展的决心。表16-3所示为天风证券部分绿色资产支持证券基本信息。

表16-3 天风证券部分绿色资产支持证券基本信息

发行时间	债券简称	发行总额（亿元）	债券期限（年）	票面利率（%）	发行场所	债项/主体评级	第三方认证机构
2019年3月14日	G19高能1	6	3	7.00	上海证券交易所	AAA/AA	上海新世纪资信评估投资服务有限公司

(续)

发行时间	债券简称	发行总额（亿元）	债券期限（年）	票面利率（%）	发行场所	债项/主体评级	第三方认证机构
2020年10月22日	G西高热2	2.06	1.58	4.50	上海证券交易所	AAA/-	绿融（北京）投资服务有限公司
2021年7月14日	GC国租A1	5.85	1.02	3.20	上海证券交易所	AAA/AA+	联合赤道环境评价有限公司

4. 绿色金融债券

2021年3月29日，天风证券主承销的"柳州银行股份有限公司2021年第一期绿色金融债券"成功发行。本期债券发行规模10亿元，期限3年，代码"21柳州银行绿色债01"，该笔债券是柳州银行获批50亿元绿色金融债发行额度后的第三期发行。本期债券募集资金在一年内全部用于中国金融学会绿色金融专业委员会发布的《绿色债券支持项目目录（2021年版）》规定的绿色产业项目。本期债券的成功发行，是金融行业以金融创新服务国家绿色金融战略的重要实践。表16-4所示为天风证券部分绿色金融债券基本信息。

表16-4 天风证券部分绿色金融债券基本信息

发行时间	债券简称	发行总额（亿元）	债券期限（年）	票面利率（%）	发行场所	债项/主体评级	第三方认证机构
2019年2月28日	19日照银行绿色金融01	30	3	3.70	银行间	AA/AA	中债资信评估有限责任公司
2019年3月6日	19柳州银行绿色金融01	10	3	3.75	银行间	AA+/AA+	中节能衡准科技服务（北京）有限公司
2021年3月29日	21柳州银行绿色债01	10	3	4.00	银行间	AA+/AA+	中节能衡准科技服务（北京）有限公司
2022年5月10日	22柳州银行绿色债01	10	3	3.35	银行间	AA+/AA+	中节能衡准科技服务（北京）有限公司

（二）解决的关键问题

自 2016 年以来，天风证券以绿色发展理念为引领，致力于帮助企业发行绿色债券产品，为发展绿色产业提供了高质量的、可依赖的直接融资工具，对发挥资本市场优化资源配置、服务实体经济、贯彻和落实绿色发展理念具有重要意义[①]。

长期以来，天风证券通过策划并助力企业成功发行绿色债券，不仅为绿色产业的资金需求提供了坚实支撑，还增强了资本市场在优化资源配置、赋能实体经济转型升级等方面的功能，有力地促进了生态文明建设，并身体力行地践行了绿色、可持续的发展理念。

（三）案例的创新性

天风证券针对绿色公司债设立绿色通道机制，简化项目内部审核程序，鼓励绿色金融业务创新。在债券项目推进过程中，天风证券将发行主体在环境合规、社会责任、公司治理等方面的表现和违规情况纳入是否继续推进项目的考量范围，以规避绿色业务开发中的 ESG（环境、社会和公司治理）风险。

1. 立项

在选择客户并确立项目时，天风证券首先评估客户是否具备发行绿色债券的资格。立项标准包括企业经营状况审查（近三年资产规模、营业收入、净利润、净资产、资产负债率及债券募集资金在项目投资总额中的占比等），并确保相关程序完备及偿债保障措施健全。同时，对募集资金的使用情况进行严格审查，确保资金用于节能减排技术改造、绿色城镇化建设、清洁高效能源利用、新能源开发和循环经济发展等领域，并与国家政策一致，同时需进行绿色认证。此外，还需全面评估融资情况。满足天风证券绿色债券项目设立标准后，拟订初步计划，并与客户就相关细节进行沟通，确保计划的可行性并尽量达成一致意见。

2. 尽调

天风证券制定了标准严格的尽调（即"尽职调查"）指导，内容涵盖发行人经营状况、团队管理、公司治理、财务信息、偿债能力、偿债计划征信状况、拟

---

① 何辉. 天风证券绿色金融样本解读 [J]. 支点财经，2021（9）：24-29.

投资项目的基本信息和风险因素等[①]。鉴于绿色债券融资的核心在于支持绿色产业项目的建设、运营、采购或绿色项目贷款的清偿，因此需要特别加强对绿色项目分类、项目选定标准、预期环境效益目标及相关信息的核实工作，必要时引入独立第三方评估或认证机构出具专业报告，以确保信息准确无误。

3. 申报

天风证券后台部门会根据尽调信息重新核实，以保证尽调信息真实、有效，同时风控部门对公司偿债能力做出风险评估、出具风险评估报告。之后由公司内核委员对项目进行审核。若通过，履行法律及其他有关手续后报审批机构，经批准后转入发行程序。

三、实施后的效益

（一）实施效果及应用情况

1. 经济效益分析

天风证券及其子公司从事的主要业务包括证券经纪业务、投资银行业务、自营业务、研究业务、资产管理业务、期货经纪业务、私募基金管理业务和海外业务等。天风证券承销发行的绿色债券属于其投资银行业务。投资银行业务主要是为机构客户提供股票承销与保荐、债券发行与承销、上市公司资产重组、兼并收购、改制辅导及股权激励等财务顾问业务，以及股转系统挂牌推荐、持续督导及并购重组、融资等服务，获得承销费、保荐费、财务顾问费等收入。表 16-5 所示为天风投资银行业务收入情况。[②]

表 16-5　天风投资银行业务收入情况　　　　　　（单位：亿元）

	2023 年	2022 年	2021 年	2020 年	2019 年
投资银行业务收入	7.60	9.10	8.87	10.42	7.43
投资银行业务净收入	7.53	8.98	8.60	10.24	7.43
证券承销业务收入	6.14	7.84	6.99	8.40	5.40

资料来源：天风证券年报。

---

① 何辉. 天风证券绿色金融样本解读 [J]. 支点财经，2021（9）：24-29.
② 天风证券. 天风证券股份有限公司 2023 年年度报告 [R]. 武汉：天风证券，2023.

截至 2023 年末，公司总资产 995.48 亿元，较 2022 年末同比增长 1.22%；实现营业收入 34.27 亿元，同比增长 99.10%；投资银行业务营业收入实现 7.39 亿元，毛利率 47.94%，较 2022 年增长 8.12%。

2023 年，国内经济整体处于复苏期，市场环境复杂多变，但天风证券的绿色债券业务保持了较高的竞争力和影响力，2023 年天风证券企业债规模行业排名第 2 位，公司债规模行业排名第 14 位。公司主承销绿色债券 10 只，较 2022 年增长 66.67%，融资规模 61.4 亿元，承销规模 33.84 亿元；子公司天风资管发行 2 单绿色资产证券化项目，发行规模总计 34.776 亿元。

由此可见，天风证券的绿色债券业务确实为公司带来了经济效益。

2. 降低企业融资成本

天风证券响应国家政策，积极承销发行绿色债券，帮助企业降低融资成本。以天风证券成功承销湖北 2021 年首单绿色优质主体企业债券"2021 第一期武汉地铁集团有限公司绿色债券"为例，本期债券发行规模 10 亿元，期限 7 年，票面利率 4.00%。武汉地铁集团选择发行绿色债券，是因为债券融资是其常用的融资方式，且绿色标识符合公司的行业性质，加之国家针对绿色债券实行了优惠政策，如放宽准入条件、对绿色债券给予免税贴息等，有效降低了公司的融资成本。表 16-6 所示为银行贷款利率情况。[①]

表 16-6 银行贷款利率情况 （单位：%）

期限	一年以内	一年至五年	五年以上
贷款利率	3.85	3.85	4.65

资料来源：中国人民银行《2020 年 10 月 20 日全国银行间同业拆借中心受权公布贷款市场报价利率（LPR）公告》。

在绿色金融领域，发行成本的核心为绿色债券的利率水平，即常说的票面息率。根据统计，2021 年我国贴标绿色债券的加权平均发行成本大部分在 3%～4% 之间，由天风证券负责承销发行的武汉地铁集团的"G21 武铁 1"绿色债券票面利率为 4.00%，低于同期银行贷款利率（4.65%）。[②] 通过市场实际对比分析，结合学术界的实证研究成果不难发现，绿色债券的票面利率虽略高于同时期的国债利率，但在总体上显著低于常规债券的利率水平。天风证券作为承销商，成功助力武汉地铁集团实现了融资成本的有效降低，以较低的利息成本成功募集了所需

---

① 于庆. 武汉地铁集团发行绿色债券案例分析 [D]. 湘潭大学，2018.
② 于庆. 武汉地铁集团发行绿色债券案例分析 [D]. 湘潭大学，2018.

资金，充分体现了绿色债券在优化融资结构、降低融资负担方面的积极作用。

（二）实施后的价值

天风证券这几年的绿色金融实践在企业、金融机构和我国绿色金融事业的发展三个层次上均发挥了探路先锋与示范引领的作用。

1. 企业转型的催化剂

聚焦企业层面，天风证券的绿色金融实践显著推动了传统企业的绿色转型进程。2019 年天风证券帮助 5 家公司完成 72 亿元绿色债券及股票的融资发行工作，2020 年天风证券携手 6 家企业实现 93 亿元绿色债券及 ABS 融资。天风证券不断将资金流向天然气供应、环境修复、环保园区建设、水系改善、工业废物处理及大气质量提升等环保领域，有效促进了低碳经济的发展。

中央财经大学绿色金融国际研究院的调研显示，2016 年绿色债券在国内发行后，AAA 评级绿色公司债券发行利率总体低于同类型普通债券。由此可见，绿色债券的发行不仅助力企业削减过剩产能，减少资源消耗与环境污染，还促进了中高端绿色创新产品与服务的有效供给，推动企业实现转型升级，进而在激烈的市场竞争中稳固并提升地位。

2. 金融机构的引领者

天风证券对绿色金融的探索与研究对金融机构开展绿色债券产品发行承销、健全绿色金融市场具有示范与带动作用。[1]

作为业内绿色金融的先行者，天风证券持续引领绿色债券及相关业务的创新发展，其绿色债券的发行数量与规模均位居行业前列。在提供高效绿色金融产品解决方案的同时，天风证券还积极倡导并推动整个金融行业加大对绿色金融业务的投资力度，促进绿色金融市场的繁荣与发展。

3. 中国绿色金融发展的驱动力

天风证券是证券行业内较早开展绿色研究的证券公司。自 2016 年布局绿色金融以来，天风证券充分整合绿色产业和相应金融资源，捐资设立了中央财经大学绿色金融国际研究院，于证券行业内先行探索，开展绿色研究，为中国绿色金融事业健康快速发展提供了智力支持。

---

[1] 支点财经. 天风证券：绿色金融的探路者 [EB/OL].（2021-08-27）[2024-08-07]. http://news.cnhubei.com/content/2021-08/27/content_14052117.html.

2023年，天风证券充分发挥自身研究优势，持续深耕气候金融、绿色金融和能源金融等领域，聚焦可再生能源、绿电交易、碳信用等前沿议题，以及行业与个股绿色低碳发展等方面开展研究。公司参与中国证券业协会《绿色股票标准研究》《证券行业促进产业向绿色低碳转型》行业标准及主题研究；天风证券研究所共发布绿色金融相关研究报告17篇，以及ESG投资研究报告4篇，被政府部门、金融机构和媒体广泛采纳、引用和传播。

四、总结

天风证券发行的绿色债券广泛支持了各类绿色项目，包括可再生能源、能效提升、清洁交通、可持续城市建设及生态系统保护等，这些项目在减少温室气体排放、改善环境质量、促进绿色企业成长、保障绿色项目顺利实施、创造就业机会及提升社会福利与经济效益等方面发挥了重要作用。

天风证券在绿色金融领域精耕细作，不断完善组织架构，积极创新产品模式，精心构建风险控制体系，并成功打造出一套高效运行的服务模式。未来天风证券将继续以绿色发展为资金导向，以金融力量促进企业绿色发展，促进实体经济向更加环保、可持续的方向迈进，引导和激励更多社会资本有序投入绿色产业，为中国高质量发展的绿色引擎增添新的动力。

案例三：
绿色金融服务平台赋能碳资信与评价——启润零碳数科

一、案例背景

绿色金融是指支持环境改善、应对气候变化和资源节约高效利用的经济活动，即对环保、节能、清洁能源、绿色交通、绿色建筑等领域的项目投融资、项目运营、风险管理等所提供的金融服务。[①]

目前绿色金融发展现状为政策法规逐渐完善，金融机构逐渐加大对绿色金融的投入力度，社会各界对绿色金融的关注度逐步上升，但同时，绿色金融的发展也面临一些问题，如产品种类有待丰富和多样化，标准制定上有待统一和完善，信息披露的透明度有较大改善空间。这些问题在一定程度上制约着绿色金融的发展。

绿色金融服务涉及政府、金融机构和工业企业等，目前各方主要痛点和市场需求如下。

政府：政府出台了一系列绿色产业金融扶持政策，但企业在获得相关扶持时存在一定复杂性。在国家"碳达峰碳中和"目标和"碳排放双控"替代"能耗双控"政策框架下，政府需要引导金融资本、社会资本精确支持优质企业进行绿色转型。

金融机构：2021年7月生效的《银行业金融机构绿色金融评价方案》可定量考核绿色金融业务总额占比、绿色金融业务总额份额占比、绿色金融业务总额同比增速、绿色金融业务风险总额占比，但绿色信贷面临识别优质企业难、绿色企业认定难、资金去向确认难、贷后管理（企业真实经营状况无法持续跟踪）难和金融扶持抓手少等"四难一少"的问题。

---

① 中国人民银行.中国人民银行 财政部 国家发展改革委 环境保护部 银监会 证监会 保监会关于构建绿色金融体系的指导意见[EB/OL].（2016-08-31）[2024-08-01].https://www.beijing.gov.cn/zhengce/zhengcefagui/201905/t20190522_59497.html.

工业企业：随着"碳排放双控"和工业高质量发展相关政策的实施，企业在推进能源替代和技术改造等节能降碳时，常遭遇资金短缺问题。绿色金融政策旨在解决这一问题，但在金融机构现有的风险控制体系中，企业往往因缺乏绿色潜力评估数据而在寻求绿色融资时遇到挑战。

启润零碳数科是一家智慧能碳科技公司，致力于利用物联网、大数据、云计算和人工智能等技术赋能企业能源与碳管理的数字化、智能化转型升级。其研发的绿色金融服务平台处于行业领先地位。

二、建设内容

（一）实施内容

启润零碳数科研发的绿色金融服务平台，其核心能力是为绿色信贷相关角色（放贷的金融机构、借贷的工业企业、监管的政府、为企业服务的节能技改供应商）提供一个综合服务平台，帮助金融机构降低放贷难度、提升贷后管理能力，帮助工业企业用户降低借贷难度、提升能效水平和碳效水平，帮助政府用户更好地监管当地企业生产经营情况，帮助节能技改供应商降低营销成本，实现精准获客。

1. 绿色金融评价模型

绿色金融评价模型是一个评估企业绿色低碳经营能力的标准指标体系。该模型通过将工业企业的生产经营活动转化为量化分数，实现了复杂能力的指标化展示。该模型依据被评估企业的碳排放、能源使用和生产经营数据，并结合相关国家标准、行业规范及专家的行业知识，构建了一套细分行业的评分系统，从而量化了企业的绿色低碳经营能力（见表16-7）。

表16-7　模型打分依据（部分）

序号	一级指标	一级指标权重	二级指标	二级指标权重	评分相关参数	评分逻辑
1	能耗水平	30%	单位产品能耗	80%	能耗、排放结果表，产品1单位产品能耗	按照国家相关单位产品能耗国家标准，计算单位产品能耗：所有指标低于3级水平，得0分；

(续)

序号	一级指标	一级指标权重	二级指标	二级指标权重	评分相关参数	评分逻辑
1	能耗水平	30%	单位产品能耗	80%	能耗、排放结果表，产品1单位产品能耗	所有指标达到3级水平，得40分；所有指标达到2级水平，得70分；所有指标达到1级水平，得100分。装备、电子、电器等离散制造业及未发布相关单位产品能耗限额国家标准的，可采用单位产值或单位工业增加值指标，并采取水平对标法
1	能耗水平	30%	能源结构	20%	碳排放结果表，碳排放结构	计算企业综合能源消耗中煤、电、气，热比例数据，评估企业用能低碳性，结合行业情况采取专家打分法打分
2	碳排放水平	40%	单位产品碳排放强度	80%	能耗、排放结果表，产品1碳排放强度	计算相关产品单位产品碳排放量（产品碳排放强度）：所有产品碳排放强度未达到行业平均水平，得0分；所有产品碳排放强度达到行业平均水平，得60分

2. 金融机构侧服务平台

为银行、保险公司、投资机构和担保机构等金融机构提供包括产品创新、客户识别、业务拓展和贷后管理在内的一系列服务。

3. 工业企业侧服务平台

为工业企业提供绿色信贷等金融服务，并提供企业绿色经营能力的评级优化服务。

4. 运营侧服务平台

为平台运营方提供运营管理和运营分析能力。

5. 政府侧服务平台

为金融监管部门提供绿色金融融资数据，跟踪绿色金融政策执行情况，为政府碳中和主管部门提供企业节能降碳行为和效果监测，为其制定相关政策提供参考依据。

6. 供应商侧服务平台

为节能技改供应商提供经过脱敏处理的数据，帮助供应商精准识别潜在客户，同时也为有需求的企业推荐可靠的节能技改供应商，促进双方的有效对接，提高节能技改项目的成功率。

（二）解决的关键问题

1. 量化企业绿色潜力，降低金融机构放贷难度

国家要求银行等金融机构增加对绿色信贷的投资力度，但由于缺乏相关标准，金融机构在设计金融产品时往往倾向于光伏、储能等标准化程度较高的项目，对于工业企业的诉求则持谨慎态度。金融机构通过量化模型的指标评分，能够直观地评估企业绿色转型的成效，从而降低放贷难度。

2. 提升金融机构对企业的贷后监管能力

金融机构在放贷时往往持谨慎态度，特别是在面对不熟悉的工业领域时，由于缺乏有效的监管工具，仅依赖财务报表数据无法真实、全面地了解企业的经营能力，贷后风险较高。金融机构通过绿色金融服务平台提供的实时能源和碳排放等数据，实现了对企业经营能力的动态监管，提升了对企业贷后监管的能力。

3. 为中小企业提供绿色信贷渠道

传统上，金融机构倾向于向信用良好的大型企业放贷，而中小企业由于缺乏绿色借贷渠道，常常面临资金短缺问题，不得不选择高利率的借贷方式，甚至无法获得贷款。绿色金融评价模型通过将企业的生产经营情况量化为分数，为企业绿色信贷提供了指标依据，为中小企业开辟了信贷渠道。

4. 解决工业企业节能技改难题

绿色金融服务平台具备对企业能耗、碳排放等数据的实时动态监测能力和大数据分析能力，能够精准评估企业用能状况，识别企业高能耗、高碳排放设备，并为企业推荐合适的节能技改供应商，助力企业高效完成设备升级改造，同时帮助节能技改供应商精准定位潜在客户。

5. 为政府制定相关决策提供数据支持

绿色金融服务平台能够向政府实时提供企业的能耗、碳排放等生产经营数据，并确保数据的真实性和准确性，这些数据能够直观反映企业的经营状况，尤其是绿色低碳转型成效和使用绿色金融服务成效，从而为政府制定相关政策提供数据支持。

（三）案例的创新性

1. 运用物联网技术采集多维数据

平台运用物联网技术，能够实时采集用户的电、气、热、冷、水等能源数

据，通过对接相关生产设备获取产量数据，对接 ERP 系统（企业资源计划）等获取经营数据，实现了用户多维度数据的全面、动态、实时采集，为后续数据分析和建模提供支撑。

2. 基于大数据分析模型的客观评分

启润零碳数科根据国家和行业的标准及专家的实践经验，为不同行业的各类生产企业制定对应的绿色金融评价模型，并将这些模型转化为算法，嵌入绿色金融服务平台。平台通过分析企业的生产经营、能源消耗、碳排放等数据，实现了对企业绿色经营能力的动态评分。与传统的人工评估相比，这种评分方法不仅提高了工作效率，还降低了人为因素的干扰，确保了评分的公正性、及时性和准确性。

3. 工业互联网平台技术做底层支撑

绿色金融服务平台依托工业互联网平台技术，具备多租户管理、租户内组织层级自由划分、数据权限组织级配置、功能权限按钮级配置、设备权限单台配置等能力，确保绿色金融服务平台满足多类用户的多种需求。

三、实施后效益

（一）实施效果及应用情况

1. 建成全国首个动态场景的企业碳账户体系

2023 年 12 月 28 日，启润零碳数科建成全国首个"动态场景的企业碳账户体系"和绿色金融综合服务平台，由金融机构类用户日照银行发布上线。同时，日照银行同时公布了首个基于绿色金融服务平台的绿色贷款授信，达到数千万元。

2. 服务日照银行等金融机构完成多家企业的授信和信贷服务

日照银行作为金融机构方，通过绿色金融服务平台，已先后对启润轮胎（日照）有限公司、日照兴业汽车配件股份有限公司等多家企业完成授信工作，涉及轮胎橡胶、汽配等多个行业。金融机构的金融产品种类得到了扩展，工作效率大幅提升，多家企业解决了融资问题。

（二）实施后的价值

充分发挥数据价值，实现数据变现。数据已成为一种被广泛认可的资产，将其变现需要可靠的商业模式。绿色金融服务平台通过整合设备运行数据、企业能耗数据和碳排放数据，利用金融手段实现数据变现。这标志着公司从传统盈利模式升级为数据资产盈利模式，为公司开辟了第二条收入增长曲线。

盘活企业业务，增强企业综合竞争力。绿色金融服务平台通过结合绿色金融和数智技术，为企业提供低成本的融资途径，帮助企业从融资角度缓解资金紧张问题，降低融资成本，增强企业的综合竞争力。同时，面对经济下行导致的企业经营困难，绿色金融服务平台能够有效改善企业的现金流，减轻企业的资金压力，从而盘活企业业务。

四、总结

绿色金融服务平台通过构建一系列绿色金融评价模型，将企业复杂的生产经营和绿色生产能力转化为直观的分数，有效助力金融机构把握企业绿色转型的成效，并提升绿色信贷的发放效率。同时，平台能够帮助企业了解其在行业中的定位，为其节能减排和获取更多绿色信贷支持提供数据支撑。平台已获得多家金融机构和工业企业的认可，并展现出广阔的应用前景。未来，启润零碳数科将继续利用其在碳中和与绿色金融领域的专业能力服务更多用户，并积极推动评价模型成为团体标准或行业标准，以填补相关领域的空白。

案例四：
综合能源行业节能与降碳实践——金房能源集团

一、案例背景

金房能源集团股份有限公司，成立于1992年，原隶属北京市住建委房地产科研所，是"国家级高新技术企业""中关村高新技术企业"和"专精特新"企业，也是在国家发展改革委备案的第一批节能服务公司。

金房能源集团专注于供热空调投资运营、节能改造和节能产品的研发、生产与销售，出身于科研人员的管理团队对节能供热空调领域有着深刻的理解，实行"节能技术为支撑、节能运营为主体、节能改造为辅助"的立体化服务运营模式，金房能源集团是中国供热行业有重要影响力的节能供热企业。金房能源形成了集团化规模，拥有12家子公司，分布在北京、天津、石家庄、沈阳、西安、贵阳、宜川、西宁、乌鲁木齐及广州等城市。全国签约供热面积4000余万平方米、供冷面积约200万平方米，服务用户近40万户。

二、建设内容

（一）实施内容

金房能源集团自创立之初便确立了节能降碳的核心发展目标。一是围绕集中供热和综合能源领域，开展节能降碳相关的技术和产品研发，并在公司内部项目全面推广应用，从供热的源头节能并降低碳排放。二是不断完善碳管理制度，致力于精准监测和评估各个项目的碳排放量变化趋势，从而为制定更科学、合理的降碳目标和碳交易提供坚实的数据支撑和可靠依据。

金房能源集团按照《北京市人民代表大会常务委员会关于北京市在严格控制

碳排放总量前提下开展碳排放权交易试点工作的决定》等有关规定，于 2014 年加入北京市碳排放权交易市场，开启碳排放管理与履约工作。金房能源集团通过市场机制参与社会控碳、减碳活动，主要工作包括碳排放管理，碳排放报告报送与核查，碳排放配额核发，碳排放交易及清缴等。

1. 碳排放报告

金房能源集团每年 4 月份按照相关标准、规定，核算上一年度碳排放数据，编制《北京市重点碳排放单位二氧化碳排放报告》，并在规定时间内通过北京市碳排放权交易管理平台报送。报告中明确主要排放设施信息、核查边界，统计详细的能耗数据。再根据不同能源形式的碳排放因子，核算集团碳排放总量。

2. 碳排放核查

委托第三方核查机构，依据制度要求对报送碳排放报告进行核查，确保碳排放数据的准确性和真实性。第三方核查机构需按照《北京市碳排放报告第三方核查程序指南》和《北京市碳排放第三方核查报告编写指南》开展核查工作。在核查过程中金房能源集团配合核查机构的工作，提供必要的支持和协助。如核查过程中没有出现不符合规定的事项，第三方机构将出具碳核查报告，连同碳排放报告一同报送至北京市碳排放权交易管理平台。

3. 碳排放配额核发

每年 9 月，北京市生态环境部门按照《北京市重点碳排放单位配额核定方案》核发本市碳市场年度配额。配额的发放采取免费和有偿两种方式，目前以免费为主、有偿为辅。金房能源集团业务范围属于热力生产和供应行业，免费发放配额核定方法采用基准线法核定，行业基准值：0.0631 tCO_2/GJ。碳排放配额核发后，即可确定企业上一年度碳排放总量是否满足配额要求。

4. 碳排放权交易及清缴

如果年度碳排放报告中的排放量满足配额要求，金房能源集团直接在交易管理平台进行清缴，完成履约责任。富余配额可出售或储存至下一年度履约周期使用。如果碳排放配额不足，则需要在北京市碳排放权交易管理平台购买超配额排放部分，进行清缴，确保排放总量与排放配额相等，才可以完成本年度的履约责任。

（二）案例的创新性

金房能源集团历经 30 年的技术沉淀与研发，成功掌握了一系列先进的节能降碳技术。金房能源集团将这些先进技术不断应用于实际项目,实现了技术成果的转化和产业升级。这一举措不仅显著提升了集团的经济效益,还为环境保护做出了积极贡献,实现了持续显著的碳减排效益。

1. 气候补偿技术

气候补偿系统通过采集室外、系统各状态点及控制点温度、压力、流量和其他参数,经过系统内置算法,自动计算目标参数值,通过供热系统的自动精准控制,采暖系统的供回水温度在整个供暖期间根据室外气候条件的变化及不同需求进行调节,使用户散热设备的放热量与用户热负荷的变化相适应,防止用户室内温度过低或过高,使供热量等于需热量。在保证供暖质量的前提下,实现供热系统的稳定、优质、高效及节能。

2. 智慧供热技术

智慧供热技术分为智慧运营、智慧管理和智慧监管三个部分。智慧运营是指整个供热系统从热源、输配到用户的整体智能化运行,包括锅炉的集中控制、负荷的预测、供热量的控制、用户调控、预警报警、能源利用分析、热力平衡分析等;智慧管理是指从供热企业人、财、物的管理上实现信息流通和整合,包括资产管理、客服中心、收费系统、维修(工单)系统等;智慧监管是指招标人、政府部门通过数字化手段实现对供热行业的能耗、投诉、供热质量的监督和管理。

智慧供热技术基于云计算技术将与生产相关的自动控制系统、指挥调度系统、应急指挥、能源分析及预测系统、水力平衡、地理信息系统(GIS)等子系统功能模块打包,将资源设备以应用的形式对外提供服务,使系统模块结构化且易于编排发布和统一管理。

3. 烟气余热回收技术

烟气余热回收技术通过回收锅炉排烟中的有效热量,在不影响锅炉热效率的前提下,提高锅炉热效率3%～8%,是一种投入少、回报高的节能技术。目前排烟温度已经普遍降到70℃,最低可到40℃。通过对烟气余热回收装置进行技术调控或加装新余热回收装置,提高回收烟气中的热量加热系统回水,使这部分热量得到充分利用,并且降低排烟温度、提高锅炉效率。

4. 水力平衡调控技术

水力平衡调控技术采用了物联网和热力平衡技术。配置的电动阀门和温度压力传感器,通过专用控制器与云平台相连,将现场数据传送至云平台服务器,也可以接收来自云平台的指令信息。通过现场采集每栋楼的回水温度,平台可以判断系统的水力失调情况，回水温度极差越大，说明水力失调越严重，根据每栋楼返回的室内温度情况，平台会给出每栋楼的回水温度值，现场的控制器根据给出的目标温度调节阀门开度，最终使每栋楼达到水力平衡状态。

分布式变频二级泵控制技术，作为水力平衡调节的有效补充手段，可以将传统的区域供热系统水循环动力重新进行优化。通过分散设置变频二级泵，实现对供热系统中水循环流量的精确控制，以满足不同区域或用户的供热需求。该技术能够大幅度减少系统流量的波动，提高系统效率和工作稳定性，从而显著降低能耗。分布式变频二级泵控制技术可以根据实际需求，灵活调整各泵站的水泵转速和流量，以适应不同区域或用户的供热需求。这种灵活性使系统能够适应复杂多变的供热环境。通过分散设置变频二级泵和精确控制水循环流量，实现了对供热系统的优化管理和节能降耗。

5. 基于可再生能源的热泵技术

以电能为基础驱动能源，以空气热能、深层地热及浅层地热为主要输入能源，通过高效热泵机组向建筑物供能，实现能量从低温热源向高温热源的转移。在冬季，热泵系统将空气或土壤中的热量"取"出来，提高温度后供给室内用于采暖；在夏季，则将室内的热量"取"出来释放到空气或土壤中，从而保持自然环境温度的均衡。热泵技术使用电力为驱动能源，没有燃烧过程，因此不会对环境产生污染排放。同时，地热能热泵技术不抽取地下水，也不破坏地下水资源，具有高度的环保性。由于地热资源的温度一年四季相对稳定，因此地热能热泵系统的运行效率较高。空气能热泵技术对环境要求较低，适用范围广。相比传统供热、空调系统，热泵系统的运行效率可提高约40%，节能效果显著。热泵技术不仅可用于冬季供暖，还可用于夏季制冷及为全年提供生活热水，实现"一机三用"，是一种高效环保的能源应用技术。

三、实施后的效益

（一）实施效果及应用情况

多年来，金房能源集团研发了多种节能降碳技术，并持续对供热项目进行技术升级和改造，在降低供热能耗的同时，显著减少碳排放量。除了对传统供热项目进行技术优化，金房能源集团还积极投身于综合能源技术的研发与应用，并落地了天津解放南路1号能源站项目。该项目采用"深层地热+浅层地源热泵+能源梯级利用"等多种技术，为供热行业向多能互补、绿色低碳的能源转型提供了宝贵的实践经验。

1. 锅炉房改造项目

金房能源集团每年投入专项资金，对锅炉房进行高水平节能降碳改造。改造内容包括温度补偿控制系统、烟气余热回收系统、智慧供热控制系统等。

随着集团供热面积连续增加，截至2022年，仅北京地区的供热项目已经超过99个，集团陆续对超过300台燃气锅炉实施了节能改造工程。

2. 天津解放南路1号能源站项目

解放南路1号能源站位于天津市解放南路起步区西区，规划供热面积386000平方米、供冷面积122300平方米，用能建筑类型包括住宅、配套公建、医院及酒店。该能源站利用深层地热能系统耦合浅层土壤源热泵系统作为输入能源，通过热泵为建筑供冷、供热。

能源站配备6台高效螺杆热泵机组，以电能为基础驱动能源，同时利用深层地热和浅层地热作为输入能源，按照能源品质高低进行梯级利用，高效向建筑物提供能源，全年总可再生能源利用比例为78.1%。

2023年，解放南路1号能源站总供热量63954 GJ，如按传统燃气锅炉热源方式，核算碳排放总量为4035 tCO_2。而项目采用地源热泵的热源形式，以电力消耗核算碳排放总量为317 tCO_2，由供热技术升级带来的碳减排量为3718 tCO_2，平均碳排放强度由134.5 $tCO_2/10^4m^2$降至10.6 $tCO_2/10^4m^2$，减少92%，节能降碳效果显著。

（二）实施后的价值

随着技术革新和改造的深入实施，金房能源集团现有的供热项目在能源消耗方面展现出显著的降低趋势。这种趋势表明，每年所消耗的基准能源正逐步减少，从而为集团整体的碳减排工作带来了实质性的积极效果。

四、总结

金房能源集团作为供热行业的知名企业，始终秉持绿色、低碳的发展理念，致力于通过技术创新与应用，推动行业向绿色、高效、低碳的方向转变。集团积极响应国家提出的"节能减排"和"碳达峰碳中和"政策要求，将碳减排管理工作置于集团战略发展的核心位置。通过技术创新和内部管理优化等手段，圆满完成了节能减碳的各项任务目标，为集团从传统供热企业向综合能源创新企业转型注入强劲动力，为供热行业转型升级和发展树立了标杆。金房能源集团将持续开展技术和管理创新，为推动集团和供热行业的绿色可持续发展不断努力。

案例五：
能碳管理综合实践推动绿色低碳产业运营——中红普林

一、项目背景

中红普林集团有限公司成立于2000年，总部位于北京。由厦门国贸控股集团有限公司和北京树军控股集团有限公司共同投资。中红普林集团聚焦医疗用品与服务、食品与消费两大赛道，员工近万人。在医疗用品与服务赛道，中红普林拥有江西科伦医疗器械制造有限公司、江西中红普林医疗制品有限公司等多家医疗器械工厂。

中红普林旗下子公司江西科伦医疗器械制造有限公司（以下称"中红科伦"）主要从事研发、生产及销售输液器、注射器、留置针、采血管等一次性使用无菌医疗器械。面对设备老化、运行效率低下、数字化水平不足和人力成本较高等挑战，中红科伦与厦门启润零碳数字科技有限公司（以下称"启润零碳数科"）合作，共同制定了一套整体解决方案。该方案以"零碳＋智能"为核心，通过建立全厂统一的数字化能源与碳管理平台，并采用合同能源管理模式，对动力和暖通等能源系统进行整体托管，助力工厂向绿色低碳转型并实现低成本运营。中红科伦的成功经验可快速推广至集团内其他生产制造工厂，进而推动整个集团的绿色低碳升级和高质量发展。

二、建设内容

（一）实施内容

1. 数字化能源与碳管理平台

由启润零碳数科为中红科伦部署数字化能源与碳管理平台，实现对中红科伦全厂能源使用和碳排放的全面、实时、可视化监管，这一举措能够帮助工厂迅速定位能耗和碳排放浪费点，有效推动工厂节能减排和提升成本效益。

中红科伦通过利用工厂关键设备能耗及运行数据（如关键生产设备的能耗、空压机产气量、冷水机制冷量等），并结合这些设备间的相互关联性，能够反向验证工厂的生产状况。这种反向验证方法实现了"以电控产"和"以气控产"的管理模式，为工厂产量监管提供了多维度的数据支持，确保了数据的真实性。

2. 用能设备改造升级

中红科伦与启润零碳数科签订了包含用能设备改造和能源托管服务在内的整体协议。根据协议，启润零碳数科承担了方案设计、设备投资改造和数智运维等职责，中红科伦则以较原用能成本有所折扣的价格支付用气、用冷等用能费用。这种合作方式不仅使中红科伦节省了设备采购和维护成本，还显著降低了用能成本，实现了节能减排和成本节约。启润零碳数科通过先进的技术和数智化运营，从用能费用中获得合理利润，双方因此达成了共赢的合作模式。

改造项目的核心内容如下。

智慧空压站改造：双方确定单位体积压缩空气的单价，以产气量（在规定压力下的体积）进行结算。启润零碳数科将原有空气动力设备升级为效率更高的双级压缩设备，新设备具备低能耗、低负载、低震动和长寿命的特性，能够提升单机效率约20%。

智慧冷水机组改造：双方确定单位制冷量单价，以总制冷量进行结算。启润零碳数科将老旧设备替换为性能更稳定的满液式水冷冷水机组，该机组具有低噪声和电机寿命长的特点，其能效比可达 5.2 以上，相较于干式同类设备节能 10%～15%。

余热回收再利用：回收空压机的余热，用于再生干燥机和工艺用水，实现了余热的有效利用。

（二）解决的关键问题

解决设备数字化能力不足、稳定性差、用能成本高的问题，实现数智化管理。所有改造的设备均接入数字化能源与碳管理平台，平台能够实时精准采集设备的关键运行数据。借助大数据分析技术，平台实现了设备故障预警，能够提前发现隐患，有效预防生产中断，保障生产的连续稳定。同时，数字化改造使空压

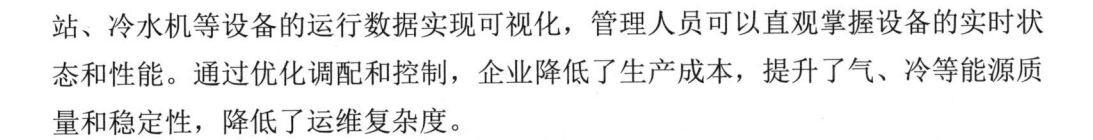

站、冷水机等设备的运行数据实现可视化，管理人员可以直观掌握设备的实时状态和性能。通过优化调配和控制，企业降低了生产成本，提升了气、冷等能源质量和稳定性，降低了运维复杂度。

（三）案例的创新性

1. 数字化能源与碳管理平台的创新

数字化能源与碳管理平台兼顾环境与经济效益，通过引入先进的能源和碳管理解决方案，优化生产流程，降低运营成本，提高资源利用效率，同时助力工厂实现绿色低碳转型升级。

2. 设备管理方面的创新

工厂借助物联网、大数据和云计算等技术，实现设备管理的数智化，解决了设备效率低、成本高、预警不及时和决策能力不足等问题，增强企业竞争力。

三、实施后效益

（一）实施效果及应用情况

近年空压机、冷水机等设备技术迭代快，通过合同能源管理模式可以减少客户的固定资产投资，并保证技术的及时更新，提高生产效率。在运维方面，由启润零碳数科提供专业团队，确保设备始终处于最佳运行状态，降低了能源费用和运维成本。据统计，工厂降低能耗15%~35%，减少碳排放1694吨/年。

1. 节能降本效果

空压机站、冷水机站节能改造项目共降低用能费用约79.65万元/年，如表16-8所示。

表16-8 节能改造降本统计

序号	项目	费用节约（万元/年）
1	空压机站房改造	14.4
2	冷水机站房改造	65.25
3	合计	79.65

2. 综合运营费用降低效果

改造后的运营费用大大降低，减少约 57.2 万元 / 年，如表 16-9 所示。

表 16-9 综合运营费用降低统计

序号	项目	改造前支出（万元）	改造后支出（元）	费用节约（万元）
1	双站大修 / 维护 / 保养费	50	0	50
2	空压机人员管理费	7.2	0	7.2
3	合计		57.2	

3. 减少碳排放

经整体测算，技术改造后中红科伦工厂可减少二氧化碳排放约 1694 吨 / 年。

（二）实施后的价值

1. 提高生产效率和盈利能力

工厂通过部署先进的数字化能源与碳管理平台，实现了能源与碳管理的数字化和智能化，降低了能源消耗和生产成本，提升了工厂的生产效率和盈利能力。

2. 推动工厂节能减排绿色转型

应用先进设备实现"以旧换新"，提高设备运行效率。应用数字化能源与碳管理平台，实现了能源和碳管理的精细化和智能化。二者均可实现企业的节能减排，推动工厂绿色低碳转型。

四、总结

基于中红科伦工厂的成功案例，数字化能源与碳管理平台可应用于集团和集团各子公司，实现集团级能源与碳排放的数字化管理。基于合同能源管理模式，能够实现工厂老旧设备低成本升级至国内先进水平，并节约运维费用。上述技术创新和模式创新，可以促进企业绿色低碳转型，值得快速推广。

案例六：
智慧能碳打造低碳智能工厂——广州南网能源综合利用公司

一、案例背景

党的二十大报告明确提出，"加快建设制造强国""推动制造业高端化、智能化、绿色化发展"。二十届中央财经委员会第一次会议提出："要把握人工智能等新科技革命浪潮，适应人与自然和谐共生的要求，保持并增强产业体系完备和配套能力强的优势，高效集聚全球创新要素，推进产业智能化、绿色化、融合化，建设具有完整性、先进性、安全性的现代化产业体系。"

2024年3月，国务院印发《推动大规模设备更新和消费品以旧换新行动方案》，提出："推进重点行业设备更新改造。以节能降碳、超低排放、安全生产、数字化转型、智能化升级为重要方向，聚焦钢铁、有色、石化、化工、建材、电力、船舶、轻纺等重点行业，大力推动生产设备、用能设备等更新和技术改造。加快推广能效达到先进水平和节能水平的用能设备，分行业分领域实施节能降碳改造。推广应用智能制造设备和软件，加快工业互联网建设和普及应用。"

随着"碳达峰碳中和"政策的陆续出台，国家对制造业在碳排放、能源、环保领域的相关要求，以及新经济形势下市场对制造业"绿色+智能"生产的需求不断提高。我国生产制造企业正处于智能化、绿色化发展的转折点，如何由传统高能耗、高碳排的以人工为主的生产向低碳排、低能耗的数字化生产过渡，是绝大多数制造企业面临的问题。这些问题具体体现在以上方面。

生产设备老化问题。生产制造企业面对经济下行和制造业疲软带来的压力，往往缺乏专项资金对其现有老旧生产设备进行更新迭代，生产设备的生产效率未能达到市场上同类型先进水平，导致了低效、高能耗、高碳排和高故障率等问题。

工厂缺乏数字化管理系统。企业普遍关注产量、成本等问题，对于能够帮助其提质增效的数字化管理系统,在普遍商务模式下,需要企业单独出资采购,这不是工厂优先级最高的工作,长此以往会产生人工成本高、生产及管理效率低、安全响应不及时等问题,制约企业发展。

节能技改缺乏渠道。制造型企业在实施节能技术改造时,常常面临专业人员不足的问题,仅有节能改造的想法而缺乏切实可行的实施方案,导致技改项目难以推进,因此,企业亟须能够提供全面节能技改整体解决方案的服务商。

缺乏资金。面对制造业疲软和经济下行压力,企业资金更多用于购买生产原料、支付用能和员工工资等生产性支出,往往缺少资金应用于节能、降碳、降本相关的数智化改造,导致其综合竞争力不强,并形成恶性循环。

二、建设内容

(一)实施内容

1. 智慧能碳管理平台整体概述

智慧能碳管理平台融合了物联网技术、新能源技术、智能化技术、碳捕捉技术等,在动态精细计量的基础上,实现对工厂的电、气、冷、热、水等能源与碳排放的数字化、精细化和智能化管理(见图16-2)。

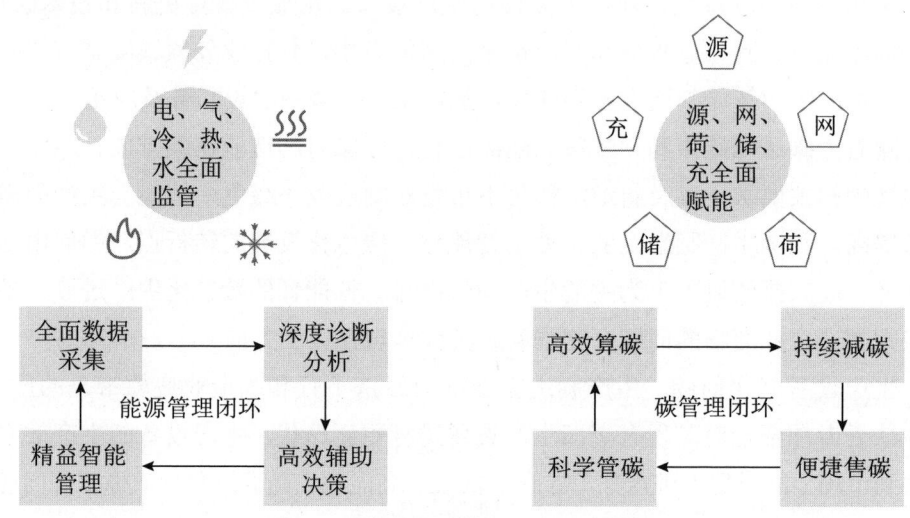

图16-2 智慧能碳管理平台四大优势

2. 智慧能碳管理平台提供的核心能力

（1）能源/碳排放数据全面采集

利用物联网技术，智慧能碳管理平台实现了对用户生产过程中涉及的电、蒸汽、压缩空气、冷、热、水等类型能源数据的实时采集，为计算实时能耗和碳排放提供数据支撑。

（2）碳排放计算工具

基于国家相关标准和地方相关标准，形成一系列细分行业的碳排放计算算法模型，实现碳排放的快速计算，并智能生成碳足迹报告。

（3）数据分析工具

在数字化应用方面，智慧能碳管理平台提供实时监测、能源/碳排放统计工具、设备精细化管理及费用智能生成、安全管理等相关应用。

实时监测：提供能源、碳排放、安全、能源质量及设备运行相关数据的实时监测。

能源/碳排放统计工具：提供能耗集抄、能耗报表、碳排放集抄、碳排放报表等工具，帮助用户实现数据集抄和报表统计的数字化管理。提供时比分析、类比分析、分时电费分析、总能耗/碳排分析、单位产量能耗分析、碳强度分析、班组能耗/碳排放分析等多种分析工具，帮助系统使用人员掌握企业关键数据，快速识别能耗/碳排放浪费点并为其节能改造提供对比数据支撑。

设备精细化管理及费用智能生成：实现设备运行组态化展示，重点面向动力设备、暖通设备、光伏、储能、电机、安防、环保设备。同时，针对合同能源管理等商务模式，支持费用账单自定义配置，账单根据规则智能计算、智能生成，降低统计、核对账单等相关工作量，提高工作效率。

安全管理：提供用能安全、设备运行安全的实时监测和在线管理，实现企业的安全管理由人防到技防，由人管到数管的升级。

（4）定制化商业模式

提供软硬件与 SaaS（软件即服务）服务、设备投资与运营服务、资产智能运营服务等多种商业模式。以空压机设备投资与运营为例，广州南网能源综合利用公司提供的设备购置、运维服务，利用平台数字化能力，对用户原有空压机运行能效进行监测，给出能效数据，针对测算出的初始能效数据，给出对应折扣数（如原设备用气成本为 1 元/立方米，新设备用气成本为 0.5 元/立方米，最终协议商定新模式为 0.8 元 / 立方米），依托平台技术能力，实现复杂费用的精准计算。用户仅支付用气费，且用气费单价低于原设备单位用气成本，客户在不投入额外资金的同时实现生产效率的提升和生产成本的降低。广州南网能源综合利用公司通过收取用气费用，实现对设备购置费用和运维服务费用的覆盖。

（5）打造综合服务生态

广州南网能源综合利用公司围绕智慧能碳管理平台，聚合上下游企业，在生物质锅炉、空压机、暖通设备等方面联合多家优质供应商，为用户提供"一站式"解决方案。

（二）解决的关键问题

1. 解决用户不专业，不懂如何"零碳智能"同步转型问题

智慧能源管理平台以数智化手段，帮助用户实现"全面数据采集—深度诊断分析—高效辅助决策—精益优化管理"的能源管理闭环和"高效算碳—持续减碳—便捷售碳—科学管碳"的碳管理闭环，将零碳技术与智能技术相结合，提供"一站式"解决方案，解决用户缺乏专业知识和技能带来的各项难题。

2. 解决用户无法找到具备综合能力且有实力的供应商问题

节能降碳是一个复杂的系统工程，需要极其专业的团队予以建设，用户在节能技改、绿色能源应用等方面很难找到合适的供应商。广州南网能源综合利用公司构建了庞大的生态系统，为用户提供绿色能源应用、设备改造等方面的各项解决方案，提供"一站式"服务。

3. 解决用户对"零碳智能"化转型的经济效益和环境效益缺乏信心问题

广州南网能源综合利用公司提供的各类服务，均通过智慧能源管理平台实现数字化管理，平台能够实时统计费用节约、能耗降低和碳排放减少等信息，让用户实时了解改造后的效果，建立转型升级信心。

4. 解决用户没有配套资金支撑"零碳智能"化转型问题

在商务模式上，提供基于合同能源管理模式的设备投资服务，用户无须支付设备购置费和运营期间的运维费用，仅需支付用能费用，用得多省得多，解决用户没有配套资金支撑问题，在不增加用户负担的情况下，实现节能、降碳、降本、增效。

（三）案例的创新性

1. 系统性创新

广州南网能源综合利用公司研发的平台为工厂在环境效益和经济效益之间寻求平衡提供了有效的解决方案。通过成熟的能碳管理解决方案推动生产流程优化，降低生产成本，提高资源利用效率，从而提升企业的竞争力和可持续发展能力。

智慧能碳管理平台可实时采集能源和碳排放数据，构建能源和碳排放模型，实现多场景能源和碳管理的数智化，为高效碳核算和精准节能减碳提供科技支撑。

在能源管理方面，智慧能碳管理平台可采集电、热、冷、油、气、水等多种能源数据和碳排放数据，还可接入屋顶光伏、生物质能、储能设备、充电设备等，实现"源网荷储充"一体化管理。广州南网能源综合利用公司在能源数字化基础上，进一步提升能源效率并实现价值闭环，解决各种场景问题，满足多种场景需求，提升企业能源管理信息化和精细化水平。

在碳排放管理方面，智慧能碳管理平台能够帮助用户排查清楚自身主要碳排放源，对碳足迹进行统一汇总和展示分析，形成碳管理总览，对减排目标进行跟踪管理，做到碳足迹清晰、碳管控到位、碳分配合理，形成"一站式"碳足迹管理闭环。

2. 应用的技术创新

智慧能碳管理平台，通过构建 SaaS 应用，实现能源数据的精准分析，刻画企业用能行为模式，有效降低企业用能成本。将深度学习与物联网技术相结合，形成"AI+IoT"（人工智能＋物联网），实现对企业能源全方位智能监控和预测，通过多维度能耗监控与分析，提供高准确性、高可靠性的分析与诊断服务。

在数据采集传感器方面进行技术创新，包含电、水、天然气、蒸汽、光伏发电等多维度的数据采集，采集数据颗粒度精细到设备级，采集频率颗粒度精细到秒级；融合了边缘计算技术，将采集设备与边缘计算相结合；将采集设备与有线/无线传输模块相结合，实现灵活组网及数据直接传输；设备具备精度高、体积小、防护等级高、安装方便等优点。

3. 商业模式创新

广州南网能源综合利用公司探索创新性商业模式，在生物质生产蒸汽、空压机制压缩空气、冷水机制冷等方面皆已实现"融资＋建设＋运营"模式的商业化应用，即为工厂提供投资、设计、采购、施工、运营一体化服务，并通过合同能源管理方式回收。广州南网能源综合利用公司还通过智慧能碳管理平台实现了设备和系统的数智化运维管理。

三、实施后效益

（一）实施效果及应用情况

在山东日照某轮胎工厂，通过部署数字化平台，实现全厂能源和碳排放的数字化监管，通过投资绿色智能生物质热力站，可年产 5 万吨蒸汽，为工厂累计节约能源成本 1000 多万元。对空气压缩机进行数字化改造和运营，可年产 1364 万方压缩空气，为工厂累计降低成本约 50 万元。工厂累计减少碳排放 2.3 万吨。

（二）实施后的价值

1. 实现能源、碳排放和成本的大幅降低

目前智慧能碳管理平台已在山东某轮胎厂等多家企业完成部署和运行，在帮助企业实现数字化管理的同时，以创新的商业模式，帮助企业实现成本节约和碳排放的大幅度降低。

2. 帮助客户申请绿色工厂，提升品牌价值和经济效益

智慧能碳管理平台、绿色低碳能源和先进高效设备的应用，能够帮助客户提高绿色工厂项目的申报成功率，在取得一定经济效益的同时，提升其品牌形象和综合竞争力。

四、总结

智慧能碳管理平台融合使用物联网技术、智能化技术、新能源技术等，将数智科技与工业机理深度融合，为客户提供降本增效、节能减碳"一站式"解决方案。智慧能碳管理平台凭借丰厚的技术底蕴、完善的生态体系、广泛的行业适配性、灵活的商业模式，已应用于能源、化工、轮胎、医疗、地产等多个行业，易被市场接受，具有广阔的发展前景。

案例六：智慧能碳打造低碳智能工厂——广州南网能源综合利用公司

本 篇 总 结

在本篇，我们通过一系列精心挑选的案例研究，深化了读者对实现碳中和目标路径的理解。这些案例涵盖了能源转型、工业减排、绿色金融、循环经济等多个关键领域，为达成碳中和目标提供了丰富的经验和深刻的启示。

新疆交投集团实施的智能分布式光伏用能自洽系统，不仅揭示了能源转型的低碳化途径，而且为边远地区提供了一条能源自给自足的新途径。天风证券的绿色债券承销发行案例，展现了金融机构如何利用金融创新手段支持碳中和项目，同时促进了资本市场对环境友好型投资的关注。

启润零碳数科构建的绿色金融服务平台，通过提供碳资信评价和融资服务，显著提高了碳中和项目的融资效率。金房能源集团通过综合能源管理，优化能源配置，实现了能源的高效利用，有效降低了能源消耗和碳排放。中红普林的能碳管理实践，推动了产业向绿色低碳方向转型，增强了产业的可持续发展能力。广州南网能源综合利用有限公司提供的智慧能碳服务，通过打造低碳智能工厂，不仅提升了生产效率，还显著改善了环境效益。

总体而言，这些案例研究不仅加深了我们对碳中和理论的理解，还提供了实现碳中和目标的明确路径。这些案例研究凸显了跨领域合作的重要性，以及政策、技术和金融支持在实现碳中和中的潜力。随着全球气候治理的不断深化，这些案例将成为推动碳中和进程的重要参考，为构建一个更加绿色、可持续的未来奠定了坚实的基础。

附录

1. 英文缩写说明表

2. 中英名称术语对照表

3. 碳达峰碳中和"1+N"政策汇总

4. 碳排放权交易系统与流程

5. 中国碳交易所基本情况

注：更多资料的获取和问题反馈请前往"清华大学全球证券市场研究院"微信公众号，后台发送"碳中和投融资指导手册"以查看资料和留言。